高职高专"十三五"规划精品教材

中文版 AutoCAD 2010 基础教程
(第二版)

朱仁成　孙爱芳　编著

徐亚娥　主审

西安电子科技大学出版社

内 容 简 介

本书以 AutoCAD 2010 版为基础,结合职业技术院校的教学特点和培养目标,在内容上以够用为原则,以提高学生的实际操作能力为目的,通过大量的实例详细介绍了 AutoCAD 软件的功能和使用方法。本书的主要内容包括:AutoCAD 基础入门、辅助绘图工具的使用、二维图形的绘制、面域与图案填充、编辑二维图形、文字与表格、尺寸标注、图块与外部参照、三维绘图与实体造型、图形输出与打印等。

本书结构合理,层次清晰,语言简明通俗,内容实用,具有很强的操作性,既可作为高职院校非计算机专业的教材,也可作为初、中级用户的培训教材及工程技术人员的自学参考书。

图书在版编目(CIP)数据

中文版 AutoCAD 2010 基础教程/朱仁成,孙爱芳编著. —2 版.
—西安:西安电子科技大学出版社,2012.5(2015.8 重印)
高职高专"十三五"规划精品教材
ISBN 978-7-5606-2773-1

Ⅰ. ① 中⋯　Ⅱ. ① 朱⋯　② 孙⋯　Ⅲ. ① AutoCAD 软件—高等职业教育—教材
Ⅳ. ① TP391.72

中国版本图书馆 CIP 数据核字(2012)第 054710 号

策　　划　毛红兵
责任编辑　买永莲　毛红兵
出版发行　西安电子科技大学出版社(西安市太白南路 2 号)
电　　话　(029)88242885　88201467　　　邮　　编　710071
网　　址　www.xduph.com　　　　　　电子邮箱　xdupfxb001@163.com
经　　销　新华书店
印刷单位　陕西天意印务有限责任公司
版　　次　2012 年 5 月第 2 版　　2015 年 8 月第 7 次印刷
开　　本　787 毫米×1092 毫米　1/16　印　张　18.5
字　　数　438 千字
印　　数　20 001～23 000 册
定　　价　33.00 元

ISBN 978-7-5606-2773-1/TP · 1334

XDUP 3065002-7
如有印装问题可调换

前　　言

AutoCAD 是由美国 Autodesk 公司于 1982 年为在微机上应用 CAD 技术而开发的绘图程序软件包，集二维绘图、三维设计、渲染等功能于一体，是目前功能最强大的计算机辅助设计工具，广泛应用于建筑、机械、电子、土木工程、造船、气象、航天、轻工等诸多领域。随着计算机技术的普及，掌握计算机辅助设计技能已经成为对工程技术人员的基本要求，同时由于 AutoCAD 具有简单易学、高效精确等优点，所以 AutoCAD 当之无愧地成了最流行的计算机辅助设计软件之一。

本书结合高职高专的教学特点，由浅入深、循序渐进地介绍了 AutoCAD 2010 的基本功能、使用方法和绘图技巧。在编写过程中，针对高职教育的特点，即培养学生具有较强的动手能力和实际操作能力，注意以实例教学为主，通过大量实例详细介绍了 AutoCAD 软件的绘图方法。

另外，本书还考虑了高职院校学生参加国家计算机认证考试的实际需求，在编写过程中，尽可能比较全面地涵盖了相关的知识点，以便于学生在完成本书教学内容后即可参加相应的考试。

本书共分 10 章，各章节的内容如下：

第 1 章　介绍了 AutoCAD 界面组成、图形文件的基本操作、绘图环境设置、坐标系等内容。

第 2 章　介绍了绘图过程中辅助工具的使用，包括图层、视图控制、各种捕捉工具等。

第 3 章　介绍了各种二维图形的绘制，包括二维等轴测投影图的绘制。

第 4 章　介绍了 AutoCAD 中面域、填充图案以及填充图形的创建与编辑。

第 5 章　介绍了二维图形的常用编辑技术。

第 6 章　介绍了文字与表格的使用技术。

第 7 章　介绍了尺寸的标注方法。

第 8 章　介绍了图块、外部参照、设计中心的操作与使用，同时还介绍了图形信息查询操作，它们都是提高工作效率的有效手段。

第 9 章　介绍了三维绘图常识，包括三维坐标系、三维视图、创建与编辑三维实体对象等内容。

第 10 章　介绍了图形文件的输出与打印。

本书从实用的角度出发，力求以通俗的语言、详尽的讲解、合理的结构，层层深入地剖析 AutoCAD 2010 的使用方法与技巧。本书可作为高职院校非计算机专业的教材，也可作为初、中级用户的培训教材及工程技术人员的自学参考书。

本书由朱仁成、孙爱芳编著，参加编写的还有石高峰、崔树娟、朱艺、张晓玮、于岁、朱海燕、梁东伟、谭桂爱、赵国强、于进训、孙为钊、葛秀玲等。

由于编者水平有限，书中或有不妥之处，欢迎广大读者朋友批评指正。

编　者

2012 年 2 月

目　录

AutoCAD 2010

中文版 AutoCAD 2010 基础教程

第 1 章　AutoCAD 基础入门

◎本章主要内容◎

- ■ AutoCAD 2010 的工作空间
- ■ 图形文件的基本操作
- ■ 设置绘图环境
- ■ AutoCAD 中的坐标系
- ■ 命令与系统变量
- ■ 本章习题

随着 CAD(Computer Aided Design，计算机辅助设计)技术的飞速发展，越来越多的工程设计人员开始使用计算机软件绘制工程图形，使计算机技术与工程设计技术密切配合，从而提高了工作效率。在目前的计算机绘图领域中，AutoCAD 是应用最为广泛的工程绘图软件，它在建筑、机械、电子、航天、土木工程、服装设计等行业都有着重要应用。

AutoCAD 是美国 Autodesk 公司开发的通用计算机辅助绘图与设计软件包，具有功能强大、易学易用的特点，自 1982 年问世以来，已经进行了多次改版，功能越来越完善。本章将介绍 AutoCAD 2010 中文版的基础使用。

1.1　AutoCAD 2010 的工作空间

如果您是一位 AutoCAD 老用户，那么对您来说 AutoCAD 2010 的工作空间将是一副全新的面孔。与以往的界面相比，它更加简洁、美观，并且可以定制与扩展，大大提高了用户的绘图效率，减少了执行命令所需要的步骤。启动 AutoCAD 2010 后的默认工作空间如图 1-1 所示。

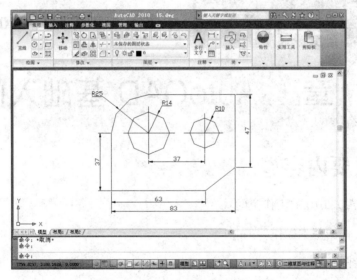

图 1-1　默认的 AutoCAD 2010 工作空间

与以前的版本相比，该工作空间最大的特点是没有了菜单与工具栏，而多出了"功能区"选项板，如图 1-2 所示。

图 1-2　"功能区"选项板

"功能区"选项板包括【常用】、【插入】、【注释】、【参数化】、【视图】、【管理】和【输出】等七个选项卡。每个选项卡都包含了若干面板，每个面板中又都包含了许多由按钮表示的命令。

默认状态下，各个面板都不是完全展开的，单击下方的三角形按钮 ▾ ，可以展开折叠区域，显示其他的相关命令。如图 1-3 所示为展开的【修改】面板。

如果某个按钮的右侧有三角形按钮，说明这个按钮下还有其他命令。如图 1-4 所示为【绘图】面板中的"圆"按钮展开后的效果。

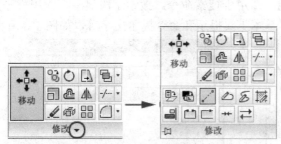

图 1-3　展开的【修改】面板　　　　　　　　　图 1-4　展开的按钮

实际上，AutoCAD 2010 提供了 3 种工作空间，分别是"二维草图与注释"、"三维建模"和"AutoCAD 经典"。在状态栏上单击"切换工作空间"按钮 ⚙二维草图与注释▼，然后在弹出的菜单中选择【AutoCAD 经典】命令，如图 1-5 所示，可以切换到传统的经典工作空间。

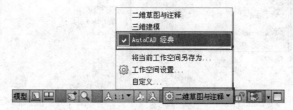

图 1-5　切换工作空间

当切换到"AutoCAD 经典"工作空间以后，界面如图 1-6 所示。这是 AutoCAD 老用户比较熟悉的界面，它主要由标题栏、菜单栏、工具栏、绘图窗口、命令行窗口、状态栏等组成。

图 1-6　AutoCAD 经典工作空间

1.1.1　应用程序菜单

在 AutoCAD 2010 界面的左上角有一个非常明显的大按钮(见图 1-6)，单击它可以打开一个菜单，这个菜单称为"应用程序菜单"。通过它可以完成 CAD 文件的创建、打开、保存、打印和发布等操作，如图 1-7 所示。该菜单的左侧为常用命令，右侧为最近打开过的文档。

另外，应用程序菜单还有一个功能，即用于搜索命令。搜索字段显示在应用程序菜单的顶部，搜索结果可以包括菜单命令、基本工具提示和命令提示文字等，如图 1-8 所示。

图 1-7　应用程序菜单

图 1-8　搜索命令

1.1.2　快速访问工具栏

快速访问工具栏位于工作空间的顶部，用于新建、打开、保存、打印文件等命令的快速操作。默认状态下，它包含 6 个快捷按钮。如果想在快速访问工具栏中添加其他按钮，可以单击其右侧的三角形按钮，在弹出的菜单中选择相应的命令，如图 1-9 所示。另外，也可以单击【更多命令】选项，在弹出的【自定义用户界面】对话框中添加更多的按钮。

图 1-9　快速访问工具栏

1.1.3　菜单栏

AutoCAD 2010 的菜单栏与大部分 Windows 应用软件的菜单栏一样,使用方法也相同。它总共包括 12 个主菜单项,分别对应了 12 个下拉菜单,分别是【文件】、【编辑】、【视图】、【插入】、【格式】、【工具】、【绘图】、【标注】、【修改】、【参数】、【窗口】和【帮助】。这些下拉菜单中包含了 AutoCAD 常用的功能和命令。单击菜单栏中的某一个菜单项即可打开相应的下拉菜单,如图 1-10 所示。

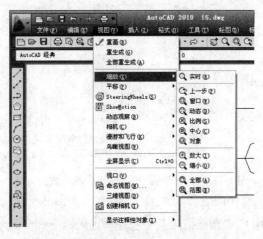

图 1-10　打开的【视图】下拉菜单

通常情况下,下拉菜单中的命令对应于相应的 AutoCAD 命令。例如,【视图】菜单下的【重画】命令就相当于 Redraw 命令。但是有的菜单命令含有子菜单,这时子菜单命令就对应了 AutoCAD 命令的选项。例如,【视图】菜单下的【缩放】命令相当于 Zoom 命令,而其子菜单则对应了 Zoom 命令的各选项。

AutoCAD 的菜单有如下特点:

❖ 在下拉菜单中,菜单命令右侧如果有小三角,则表示含有下一级子菜单。
❖ 菜单命令后面若有省略号,则表示执行该菜单命令后会弹出一个对话框,以便于进一步选择和设置。
❖ 菜单命令后面若没有任何内容,则对应于相应的 AutoCAD 命令。执行该菜单命令等效于在命令行窗口中执行 AutoCAD 命令。

1.1.4　工具栏

工具栏是执行各种操作命令的快捷方式的集合。与下拉菜单相比,工具栏是一种更加简便、快捷的工具,只需一个简单的单击动作,便可访问大部分常用的功能。

AutoCAD 2010 的工具栏非常多,已命名的工具栏就有 40 多个,常规状态下只显示【标准】工具栏、【绘图】工具栏、【修改】工具栏、【图层】工具栏、【工作空间】工具栏等。如果要显示其他的工具栏,最简单的方法就是在任意工具栏上单击鼠标右键,在弹出的快捷菜单中选择相应的命令即可,如图 1-11 所示。另外,也可以单击菜单栏中的【工具】/【工具栏】/【AutoCAD】子菜单下的相应命令。

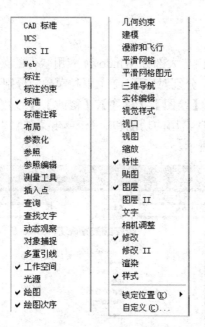

图 1-11　在工具栏上单击右键出现的快捷菜单

AutoCAD 2010 的工具栏中有许多代表 AutoCAD 命令的工具按钮。为了帮助用户了解每一个工具的用途，当用户将光标指向某个按钮时，光标下面会显示出该工具的提示信息，告诉用户此工具的功能，如图 1-12 所示。如果光标在按钮上停留较长时间，则提示信息会扩展开，显示更详细的内容，如图 1-13 所示。

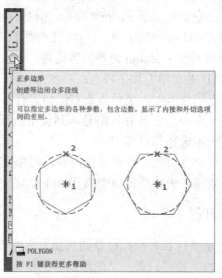

图 1-12　工具按钮的提示信息　　　　　　　图 1-13　扩展开的提示信息

单击大部分工具按钮时都会立即启动一条 AutoCAD 命令，但是有的工具按钮右下角有一个小三角标记，表示含有隐藏的工具，单击它会弹出一个工具条。这时，继续按住鼠标左键并拖动鼠标到其中的某一个按钮上，释放鼠标后才能激活对应的命令，同时将这个按钮切换为该工具栏的默认显示按钮，如图 1-14 所示。

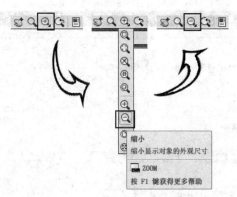

图 1-14　执行隐藏按钮命令的方法

1.1.5　绘图窗口

在 AutoCAD 工作空间中，中间的空白区域被称为绘图窗口。绘图窗口是用户绘图和编辑对象的工作区域。它就像手工绘图时的一张图纸，只不过图纸是有固定尺寸的，而绘图窗口却是没有边界的，可以无限放大或缩小。

绘图窗口内包含坐标系图标和光标。移动鼠标时可以看到一个"十"字光标在绘图窗口内移动。绘制图形时，该光标显示为"十"字形，"十"字的交点即为光标的当前位置；执行修改命令后，该光标显示为"口"字形，即拾取框，要求用户拾取要修改的对象；当选择菜单命令或指向对话框中的按钮时，光标又显示为白色箭头 ↳ 。

绘图窗口的左下角显示的是当前坐标系的图标。默认情况下，坐标系为世界坐标系(WCS)。

另外，绘图窗口的下方还包括一个【模型】选项卡和两个【布局】选项卡，分别用于显示图形的模型空间和图纸空间。

1.1.6　命令行窗口

命令行窗口是 AutoCAD 用来进行人机交互的窗口，它是用户输入命令和系统反馈信息的地方。

默认状态下，命令行窗口是固定的，位于绘图窗口的下方。拖动命令行窗口左侧的灰色条，可以将其由固定状态变为浮动状态，如图 1-15 所示为浮动状态的命令行窗口。

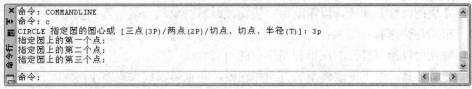

图 1-15　浮动状态的命令行窗口

命令行窗口可以增大或缩小。将光标指向命令行窗口的上边框，当光标变成双向箭头时拖曳鼠标，即可调整命令行窗口的大小。

AutoCAD 的文本窗口相当于放大的命令行窗口，用于记录 AutoCAD 命令。单击菜单栏中的【视图】/【显示】/【文本窗口】命令，或者按下 F2 键，可以打开 AutoCAD 文本窗口，如图 1-16 所示。

图 1-16 AutoCAD 文本窗口

1.1.7 状态栏

状态栏位于 AutoCAD 工作空间的最下方，主要用于显示当前光标所处位置的坐标值、辅助绘图工具、导航工具以及快速查看工具、切换工作空间等，如图 1-17 所示。

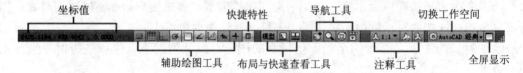

图 1-17 状态栏

❖ 坐标值：在绘图窗口中移动光标时，状态栏中的该区域将动态显示当前光标所处位置的坐标值。坐标值的显示取决于所选择的模式和程序中运行的命令，有"相对"、"绝对"和"无"三种模式。

❖ 辅助绘图工具：这组工具主要是一些辅助绘图功能的开关，主要有"捕捉"、"栅格"、"正交"、"极轴"、"动态输入"等。通过这些开关可以打开或关闭各项辅助功能。

❖ 快捷特性：这也是一种辅助绘图工具。当开启这项功能以后，在绘图时可以显示【快捷特性】面板，以帮助用户快捷地编辑对象的一般特性。

❖ 布局与快速查看工具：通过这组工具可以在模型空间与图纸空间之间进行切换，并且可以预览打开的图形和图形中的布局。

❖ 导航工具：用于更改模型的方向和视图，并且可以放大或缩小对象、平移视图等，还可以访问当前图形中已经存储的某个区域的视图。

❖ 注释工具：提供了若干控制注释的工具，如注释比例、注释可见性等。

❖ 切换工作空间：单击该按钮可以弹出一个菜单，用于快速切换 AutoCAD 2010 提供的三种不同的工作空间。

❖ 全屏显示：单击该按钮可以隐藏工具栏、"功能区"选项板、浮动窗口等界面元素，使 AutoCAD 的绘图窗口最大化显示，即充满全屏。

1.2　图形文件的基本操作

在 AutoCAD 2010 中，图形文件的基本操作包括创建新文件、打开文件、关闭文件和保存文件。这些操作与其他的 Windows 应用程序相似，可以通过菜单、工具栏或在命令行窗口中输入相应的命令来完成。

1.2.1　新建图形文件

新建图形文件的方法如下：

> 应用程序菜单：执行【新建】命令
>
> 菜单栏：执行【文件】/【新建】命令
>
> 快速访问工具栏：单击【新建】按钮▢(也可以单击【标准】工具栏中的▢按钮)
>
> 快捷键：Ctrl + N
>
> 命令行：New

通过上面的任意一种方法，都可以创建新图形文件，这时系统将弹出一个【选择样板】对话框，如图 1-18 所示。

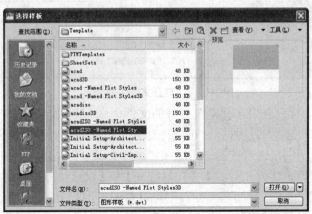

图 1-18　【选择样板】对话框

在【选择样板】对话框的样板列表中选择某一个样板文件，这时右侧的"预览"框中将显示该样板的预览图像。单击 打开(0) 按钮，可以基于选择的样板创建新的图形文件。以这种方法创建的文件会含有一些通用的设置，如图层、线型、文字样式等。使用样板创建新图形不仅能提高工作效率，还可以保证图形的一致性。

另外，单击 打开(0) 按钮右侧的三角形按钮，将出现一个菜单，其中包括【打开】、【无样板打开-英制】和【无样板打开-公制】三个选项。

❖ 【打开】：基于选择的样板创建新图形文件。

❖ 【无样板打开-英制】：基于英制度量衡系统创建新图形文件，无样板，默认图形界限为 12 英寸×9 英寸。

❖ 【无样板打开-公制】：基于公制度量衡系统创建新图形文件，无样板，默认图形界限为 420 毫米×297 毫米。

1.2.2 打开图形文件

打开图形文件的方法如下：

> 应用程序菜单：执行【打开】命令
>
> 菜单栏：执行【文件】/【打开】命令
>
> 快速访问工具栏：单击【打开】按钮📷（也可以单击【标准】工具栏中的📂按钮）
>
> 快捷键：Ctrl + O
>
> 命令行：Open

执行【打开】命令之后，将弹出【选择文件】对话框，如图1-19所示。

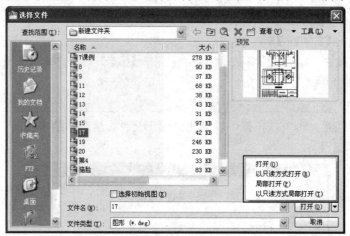

图1-19 【选择文件】对话框

在该对话框的文件列表中选择需要打开的文件，则右侧的"预览"框中将显示该文件的预览图像。这时单击 打开(O) 按钮，可以打开 AutoCAD 图形文件。

另外，单击 打开(O) 按钮右侧的三角形按钮，将出现一个菜单，提供了4种打开文件的方式，即【打开】、【以只读方式打开】、【局部打开】和【以只读方式局部打开】。如果以【打开】或【局部打开】方式打开图形文件，则可以对图形进行编辑；如果以【以只读方式打开】或【以只读方式局部打开】方式打开图形，则只能浏览而不能对图形进行编辑。

1.2.3 保存图形文件

当我们在 AutoCAD 中完成了图形的绘制以后，需要及时存储文件。存储文件的方法很多，具体方法如下：

> 应用程序菜单：执行【保存】命令
>
> 菜单栏：执行【文件】/【保存】命令
>
> 快速访问工具栏：单击【保存】按钮💾（也可以单击【标准】工具栏中的💾按钮）
>
> 快捷键：Ctrl + S
>
> 命令行：Qsave

第一次保存绘制的图形文件时，系统将弹出【图形另存为】对话框，要求用户对文件进行命名保存，如图1-20所示。

图 1-20　【图形另存为】对话框

　　默认情况下，文件以 "AutoCAD 2010 图形(*.dwg)" 的格式保存。为了确保版本之间的兼容，用户也可以在【文件类型】下拉列表中选择其他格式，如 "AutoCAD 2004/LT2004(*.dwg)" 格式，这样就可以在 AutoCAD 2004 中打开图形文件了。否则，由高版本 AutoCAD 绘制的图形无法在低版本 AutoCAD 中打开。

　　另外，如果要对 AutoCAD 图形文件进行加密保护，可以在【图形另存为】对话框中单击 工具(L) ▼ 按钮，在弹出的菜单中选择【安全选项】命令，此时将打开【安全选项】对话框，如图 1-21 所示。在【用于打开此图形的密码或短语】文本框中输入密码，然后单击 确定 按钮，即打开【确认密码】对话框，如图 1-22 所示，在此重新输入一次密码并确认即可。

图 1-21　【安全选项】对话框

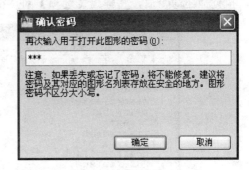

图 1-22　【确认密码】对话框

1.2.4　关闭图形文件

　　当完成了图形的绘制以后，可以关闭图形文件，具体方法如下：

> 应用程序菜单：执行【关闭】命令
> 绘图窗口：单击右上角的 ⊠ 按钮
> 命令行：Close

　　执行了【关闭】命令以后，如果图形文件已被保存，则直接关闭当前的图形文件，否则系统将弹出 AutoCAD 警告信息框，询问是否保存文件，如图 1-23 所示。

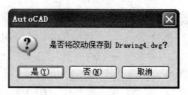

图 1-23　警告信息框

单击[是(Y)]按钮，则弹出【图形另存为】对话框，保存当前图形文件后将其关闭；单击[否(N)]按钮，可以关闭当前图形文件而不保存；单击[取消]按钮，则取消当前操作。

1.3　设置绘图环境

绘图环境是指在绘制图形前应该设置的、决定绘图结果的一些重要参数，如绘图单位、图形界限等，它直接影响绘图的效率与准确度。

1.3.1　设置参数选项

AutoCAD 2010 系统提供了默认的系统配置，用户如果要修改系统配置，可以通过【选项】对话框来完成。打开【选项】对话框的方法如下：

> 应用程序菜单：单击下方的 [选项] 按钮
>
> 菜单栏：执行【工具】/【选项】命令
>
> 命令行：Options

执行上述命令后，将弹出【选项】对话框，如图 1-24 所示。

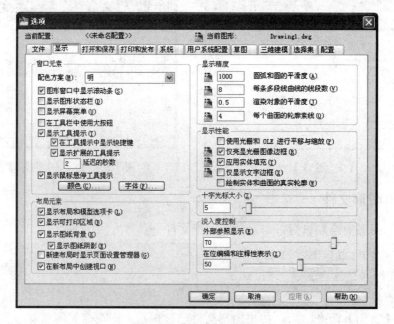

图 1-24　【选项】对话框

在【选项】对话框中，用户可以对操作界面、绘图环境进行重新配置，例如可以修改 AutoCAD 将图形自动保存成临时文件的时间间隔、屏幕颜色、光标大小与形状以及拾取框的大小等等。

该对话框各选项卡的功能如下：

❖ 【文件】选项卡：用于确定 AutoCAD 2010 搜索支持文件、设备驱动程序文件、工程文件和其他文件时的路径以及用户定义的一些其他设置。

❖ 【显示】选项卡：主要用于修改窗口、布局等元素的显示效果。在该选项卡下可以调整十字光标的大小。

❖ 【打开和保存】选项卡：主要用于设置有关打开和保存图形文件的各个选项。在此可以设置自动保存成临时文件的时间间隔、最近使用的文件数等内容。

❖ 【打印和发布】选项卡：用于设置有关图形文件打印和发布的相关参数。

❖ 【系统】选项卡：用于定义 AutoCAD 2010 的一些系统设置，如三维性能、布局重生成选项、是否允许长符号名等。

❖ 【用户系统配置】选项卡：用于设置个性化的工作方式。

❖ 【草图】选项卡：用于设置自动捕捉、自动追踪的相关参数。在此可以设置自动捕捉标记的大小、颜色等参数。

❖ 【三维建模】选项卡:用于设置与创建三维模型相关的用户界面元素，如三维十字光标、动态输入、三维对象的显示设置、三维导航等。

❖ 【选择集】选项卡：用于设置有关对象的选择方式及其各个相关参数。在此可以设置拾取框的大小、夹点大小及颜色等参数。

❖ 【配置】选项卡：用于对系统配置进行重命名、删除、输入、输出等。

1.3.2　设置图形单位

默认情况下，AutoCAD 的图形单位采用十进制单位。在实际绘图过程中，可以采用 1：1 的比例因子绘图。例如，一个零件长 10 厘米，那么可以将单位设置为"厘米"，这时就可以按真实大小进行绘图了。所以，绘图单位的设置非常关键，绘图之前必须合理设置，一个单位可以代表 1 米、1 厘米、1 毫米、1 英寸……

AutoCAD 允许用户根据具体情况设定图形单位和数据精度。在【图形单位】对话框中可以设置绘图单位。打开【图形单位】对话框的方法如下：

> 菜单栏：执行【格式】/【单位】命令
> 命令行：Units

执行上述命令之一后，将弹出【图形单位】对话框，在这里可以设置绘图时使用的长度单位、角度单位，以及单位的显示格式和精度等参数，如图 1-25 所示。

在【长度】和【角度】选项区中可以设置图形单位的类型和精度。在【插入时的缩放单位】列表中选择一个单位，AutoCAD 2010 将使用该单位对插入图形中的块或其他内容进行比例缩放。单击对话框下方的 方向(D)... 按钮，在弹出的【方向控制】对话框中可以设置角度测量的起始位置，系统默认水平向右(即向东)为角度测量的起始位置，如图 1-26 所示。

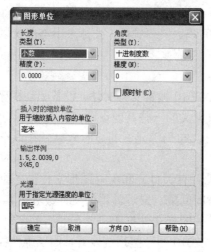

图 1-25 【图形单位】对话框   图 1-26 【方向控制】对话框

1.3.3 设置图形界限

图形界限用于定义用户的工作区域和图纸的边界。设置图形界限的目的是防止所绘图形超出某一范围。定义了图形界限，就相当于用户在手工绘图时选好了图纸尺寸。

设置图形界限的命令如下：

> 菜单栏：执行【格式】/【图形界限】命令
>
> 命令行：Limits

用户可通过指定左下角点和右上角点的坐标来确定图形的界限，如图 1-27 所示。

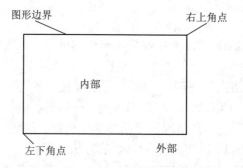

图 1-27 图形界限示意图

设置图形界限的具体操作步骤如下：

(1) 通过上述方法启动 Limits 命令后，系统提示：

    重新设置模型空间界限：
    指定左下角点或 [开(ON)/关(OFF)] <0.0000,0.0000>：

提示用户确定图形界限左下角点的位置，默认值为(0,0)。可以直接回车接受默认值，也可以重新指定一点作为图形界限的左下角点。

(2) 根据情况指定左下角点的坐标值，则系统继续提示：

    指定右上角点 <420.0000,297.0000>：

要求用户确定图形界限右上角点的位置，默认值为(420,297)。

(3) 指定右上角点的坐标值后，按下回车键，则完成了图形界限的设置。

说明：当系统提示"指定左下角点或 [开(ON)/关(OFF)] <0.0000,0.0000>:"时，如果选择"开(ON)"选项，表示打开界限检查开关，此时，如果输入的点超过了图形界限，系统会提示"**超出图形界限"；如果选择"关(OFF)"选项，表示关闭界限检查开关，此时，如果输入的点超过了图形界限，系统不会给出提示。

多讲几句　　　　设置好图形界限后，必须使用 Zoom 命令中的"All"选项才能使图形界限达到最大限度，否则图形界限不会发生变化。

1.4　AutoCAD 中的坐标系

在手工绘图时我们可以借助直尺、量角器等来确定关键点的坐标，然后利用这些关键点绘制出图形。那么在 AutoCAD 中用户怎样确定关键点呢？下面我们来认识一下 AutoCAD 中的坐标系。

1.4.1　笛卡尔坐标系

笛卡尔坐标系又称为直角坐标系，它由一个原点(0,0)和两个通过原点、相互垂直的坐标轴构成，如图 1-28 所示。其中，水平方向的坐标轴为 X 轴，以向右为其正方向；垂直方向的坐标轴为 Y 轴，以向上为其正方向。平面上任何一点 P 的位置都可以由 X 轴和 Y 轴的坐标所定义，即用一对坐标值(x,y)来定义一个点。例如，某点的直角坐标为(4,3)。

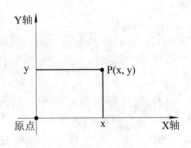

图 1-28　笛卡尔坐标系

1.4.2　极坐标系

极坐标系由一个极点和一个极轴构成，如图 1-29 所示。极轴的方向为极点水平向右。平面上任何一点 P 的位置都可以由该点到极点的连线长度 $L(L>0)$ 和连线与极轴的夹角 α(极角，逆时针方向为正)所定义，即用一对坐标值($L<\alpha$)来定义一个点，其中"<"表示角度。例如，某点的极坐标为($5<30$)。

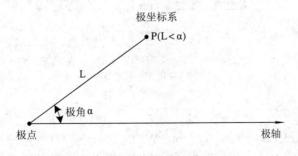

图 1-29　极坐标系

1.4.3　相对坐标

在某些情况下，用户需要直接通过点与点之间的相对位移来绘制图形，而不必指定每个点的绝对坐标。为此，AutoCAD 提供了使用相对坐标的办法。所谓相对坐标，就是某点与相对点的相对位移值。在 AutoCAD 中相对坐标用"@"标识。使用相对坐标时可以使用笛卡尔坐标，也可以使用极坐标，根据具体情况而定。例如，某一直线的起点坐标为(5,5)，终点坐标为(10,5)，则终点相对于起点的相对坐标为(@5,0)，用相对极坐标表示应为(@5<0)。

1.4.4　坐标值的显示

在屏幕底部状态栏中显示了当前光标所处位置的坐标值，该坐标值有四种显示状态，如图 1-30 所示。

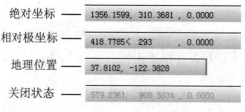

图 1-30　坐标值的显示状态

各显示状态说明如下：

(1) 绝对坐标：显示光标所在位置的绝对坐标。该值是动态更新的，在默认状态下是打开的。

(2) 相对极坐标：显示光标所在位置的相对极坐标。只有在相对于前一点来指定第二点时才可以使用此状态。

(3) 地理位置：显示光标所在位置的 WCS 坐标的纬度或经度。只有通过【工具】/【地理位置】命令定义了地理位置以后才可以显示该项数据。

(4) 关闭状态：颜色变为灰色，并冻结关闭时所显示的坐标值。

用户可以根据需要在这四种状态之间进行切换，方法如下：

❖ 在状态栏中显示坐标值的区域中双击可以进行切换。

❖ 在状态栏中显示坐标值的区域中单击鼠标右键可弹出快捷菜单，选择相应的命令即可，如图 1-31 所示。

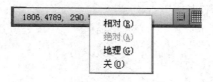

图 1-31　快捷菜单

1.4.5　WCS 和 UCS

世界坐标系(World Coordinate System，WCS)是 AutoCAD 默认的基本坐标系统，它由三个相互垂直的轴(X、Y、Z)相交组成。在绘图过程中，世界坐标系的坐标原点及坐标轴方向都不会改变。世界坐标系常用于二维图形的绘制。在绘制二维图形时，用户无论是采用键盘输入还是通过选点设备指定点的 X 轴和 Y 轴坐标，系统都将自动定义 Z 轴的坐标值为 0。

默认情况下，世界坐标系的 X 轴正方向为水平向右，Y 轴的正方向为垂直向上，Z 轴的正方向为垂直于 XY 平面并指向屏幕外侧，坐标原点位于屏幕的左下角。

为了能够更好地辅助绘图，经常需要修改坐标系的原点和位置，这时世界坐标系就变成了用户坐标系(User Coordinate System，UCS)。用户坐标系的 X 轴、Y 轴与 Z 轴仍然相互垂直于原点，但是可以移动与旋转，在方向与位置上更加灵活。

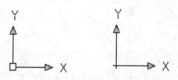

图 1-32　WCS 与 UCS 标记

在一个图形中可以同时存在多个用户坐标系，但世界坐标系只有一个。另外，WCS 标记有"口"形，UCS 标记没有"口"形，如图 1-32 所示。

1.5　命令与系统变量

在 AutoCAD 中，每一个操作几乎都建立在相应命令的基础上。我们首先要通过命令告诉 AutoCAD 要完成什么操作，然后 AutoCAD 才作出响应，并在命令行窗口中显示执行状态或给出执行命令的相关选项。

1.5.1　命令的使用

AutoCAD 中命令的种类很多，启动方式也各异，主要有以下几种方式：通过菜单栏执行命令、单击工具栏中相应的按钮执行命令、单击鼠标右键从快捷菜单中选取命令、在命令行窗口中直接输入命令。此外，AutoCAD 中的许多命令具有快捷键，用户在启动这些命令时，还可以通过快捷键的方式启动。

不论用户以哪一种方式启动命令，命令行窗口中都会首先显示出该命令的名称，接着给出提示信息，要求用户根据提示进行操作。当用户根据提示操作后，系统又将显示下一步操作要求，直到这种交互式命令信息提示完毕，该命令才结束。在操作各种绘图命令的过程中，用户应该随时观察命令行窗口中的提示信息，以便进行下一步操作。如果操作有误，系统还将提示错误所在并要求用户重新操作。

下面以执行 Zoom 命令为例，说明提示信息中经常出现的一些符号的含义：

[全部(A)/中心(C)/动态(D)/范围(E)/上一个(P)/比例(S)/窗口(W)/对象(O)] <实时>:

❖　[ ]：该符号中列出的选项表示该提示下的备选选项，用户如果需要选择其中的某个选项，输入该选项后面括号内的英文字母后按下回车键即可。例如：在提示中要选择"全部"选项，只需输入 A 并按下回车键即可。

❖　/：该符号用于分隔提示中的并列选项。

❖　< >：该符号中的数据为系统当前值或默认值。如果用户要以该值作为输入值，可以直接按回车键。在 AutoCAD 中，空格键可以代替回车键使用。

1.5.2　透明命令

在 AutoCAD 中，有些命令不仅可以直接在命令行窗口中使用，还可以在其他命令的执行过程中插入并执行，执行结束后再返回原命令，这种命令称为"透明命令"。透明命令多为修改图形设置或控制辅助工具的命令，如 Snap、Grid、Zoom 等。

使用透明命令的方法是：在输入命令之前输入单引号。透明命令的提示前有一个双折号 >>，执行完透明命令后将继续执行原命令。例如，画线时要打开栅格并设置间隔，输入方式如下：

命令: Line↵

指定第一点: 'Grid↵　　（使用透明命令 Grid 打开栅格）

>>指定栅格间距(X) 或 [开(ON)/关(OFF)/捕捉(S)/主(M)/自适应(D)/界限(L)/跟随(F)/纵横向间距(A)] <10.0000>: 15↵　　（执行 Grid 命令）

正在恢复执行 LINE 命令。

指定第一点:　　（返回原命令，继续画线）

在 AutoCAD 中，凡是可以用上述方式执行的命令都是透明命令。这里要注意，在使用一个透明命令的过程中，不可以再使用其他的透明命令，也就是说，透明命令不可以嵌套使用。

1.5.3　命令的重复、放弃与重做

在 AutoCAD 中，可以方便地重复执行同一条命令，或放弃前面执行的一条或多条命令。此外，执行过的命令被放弃后，还可以通过重做来恢复。

1. 重复命令

如果要重复执行刚刚结束的命令，可以在命令行窗口中提示"命令:"时，直接按回车键或空格键；也可以在绘图窗口内单击鼠标右键，在弹出的快捷菜单中选择【重复】命令。另外，如果选择【最近的输入】命令，在其子菜单中可以重复执行前六次的操作命令，如图1-33 所示。

图 1-33　【最近的输入】命令子菜单

在命令行窗口提示下输入 Multiple 命令，按下回车键，系统提示"输入要重复的命令名:"，此时输入要重复执行的命令(如 Line)，则 AutoCAD 将重复执行该命令，直到按 Esc 键为止。

2. 放弃与重做命令

在绘制图形的过程中，执行了错误的操作是难免的。为了帮助用户及时改正错误的操作，AutoCAD 提供了【放弃】命令，用户可以使用该命令逐步放弃有关操作。

启动【放弃】命令的方法如下：

菜单栏：执行【编辑】/【放弃】命令
工具栏：单击【标准】工具栏中的【放弃】按钮↰
命令行：Undo

当使用命令行窗口进行放弃操作时，既可以放弃上一步操作，也可以放弃前面进行的多步操作。执行【放弃】命令后，在命令提示行中输入要放弃的操作数目即可。例如，要放弃最近的 3 步操作，应输入 3，然后回车确认，示例如下。

命令: Undo↵   (执行【放弃】命令)

输入要放弃的操作数目或 [自动(A)/控制(C)/开始(BE)/结束(E)/标记(M)/后退(B)] <1>: 3↵   (输入要放弃的步数)

正多边形 GROUP 圆弧 GROUP 样条曲线 GROUP   (显示放弃的操作)

在 AutoCAD 中，关于放弃的操作方法比较多。除了前面介绍的方法之外，还可以按下快捷键 Ctrl + Z，也可以单击鼠标右键，在弹出的快捷菜单中选择【放弃】命令。

如果要恢复使用【放弃】命令放弃的最后一步操作，可以执行【重做】命令。启动【重做】命令的方法如下：

菜单栏：执行【编辑】/【重做】命令
工具栏：单击【标准】工具栏中的【重做】按钮↱
命令行：Redo

同样，使用快捷键 Ctrl + Y 或快捷菜单中的【重做】命令，也可以恢复前面放弃的最后一步操作。

1.5.4 命令的终止与退出

在绘图操作的过程中，有时需要终止命令，有时需要退出命令，这是两种截然不同的操作，初学者要正确区分。

1. 终止命令

所谓终止命令，是指在命令执行的过程中强行停止。通常是在发现绘图失误的情况下才终止命令。在 AutoCAD 中，用户可以随时按 Esc 键终止正在执行的任何命令，因为 Esc 键是 Windows 程序用于取消操作的标准键。

多讲几句   如果用户在系统并未结束当前操作命令的情况下又启动了其他命令，那么系统将终止当前命令而进入新的命令执行状态。

2. 退出命令

在 AutoCAD 中有两种类型的退出命令：一种是在执行命令后，命令行窗口中出现提示，完成操作后自动结束并返回等待状态；另一种则要求用户执行退出操作才能返回等待状态，例如 Zoom、Pan 等，这种命令执行后必须退出才能结束，否则一直响应用户的操作。

退出操作的方法有两种：一种是在用户觉得满意时按下回车键，有的按下 Esc 键也可以；另一种方法是单击鼠标右键，在弹出的快捷菜单中选择【退出】命令。

1.5.5　使用系统变量

在 AutoCAD 中，系统变量用于控制某些功能和设计环境、命令的工作方式。它可以打开或关闭捕捉、栅格或正交等绘图模式，设置默认的填充图案，或存储当前图形和 AutoCAD 配置的有关信息。

系统变量通常是 6～10 个字符长的缩写名称。许多系统变量有简单的开关设置，例如 GRIDMODE 系统变量用来显示或关闭栅格，当在命令行提示“输入 GRIDMODE”的新值 <1>:”下输入 0 时，可以关闭栅格显示；输入 1 时，可以打开栅格显示。有些系统变量则用来存储数值或文字，例如 DATE 系统变量用来存储当前日期。

用户既可以在对话框中修改系统变量，也可以直接在命令行窗口中修改系统变量。例如要使用 SAVETIME 系统变量设置自动保存的时间间隔，可以在命令行提示下输入该系统变量名称并按回车键，然后输入新的系统变量值即可，示例如下：

命令: SAVETIME↵　　　(输入系统变量的名称)

输入 SAVETIME 的新值 <10>: 15↵　　　(输入系统变量的新值)

1.6　本章习题

1. AutoCAD 2010 提供了哪几种工作空间，如何在它们之间切换？
2. 利用哪些方法可以启动 AutoCAD 命令？
3. 在 AutoCAD 快速访问工具栏中添加“打印预览”按钮和“特性”按钮。
4. 为什么要设置图形界限？怎样设置图形界限？
5. 在 AutoCAD 中如何对图形文件进行加密保存？
6. AutoCAD 中有哪几种坐标系？
7. 在 AutoCAD 中，点的坐标有哪几种表示法？
8. 怎样快速执行上一个命令？如何取消正在执行的命令？

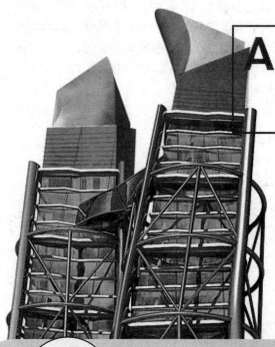

AutoCAD® 2010

中文版 AutoCAD 2010 基础教程

第 **2** 章 辅助绘图工具的使用

◎本章主要内容◎

■ 使用图层

■ 视图的控制

■ 辅助工具的使用

■ 本章习题

为了便于绘制图形，AutoCAD 提供了许多辅助绘图工具。其中，图层工具可以非常简单地对图层进行管理，从而方便地控制不同的图形信息，降低绘图的复杂程度。而对象捕捉工具、栅格与正交工具、对象追踪工具等可以准确地实现图形的绘制与编辑，不但可以提高工作效率，而且能更好地保证图形的质量。视图显示控制工具可以对视图进行放大、缩小、平移等操作，以便于观察。它只改变图形在绘图区中的显示方式，不影响图形的实际尺寸与相对位置。本章将介绍辅助绘图工具的使用，包括图层、捕捉、正交、视图控制等内容。

2.1　使用图层

在一个复杂的图形中会包含许多不同类型的图形对象。为了便于区分与管理，可以创建多个图层，将特性相似的对象绘制在同一个图层上。这样不仅可以同时修改它们的颜色、线型等属性，还可以关闭、冻结等，使绘图工作简单化。

2.1.1　图层简介

图层是 AutoCAD 管理图形的有效工具，它可以将不同种类和用途的图形分别置于不同的图层上。例如，绘制一幅图形时，可以将图形对象放置在一层，参考线置于一层，尺寸标注置于一层，文字说明置于一层。每一个图层都好比是一张透明的图纸，透过上层可以看到下层，将所有图层重合在一起时，则如同在一张图纸上看到了整个复杂的图形。如图 2-1 所示为多个图层叠加绘图的工作原理。

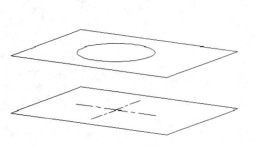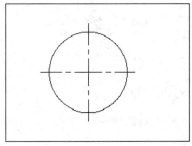

图 2-1　多个图层叠加绘图的工作原理

在 AutoCAD 中，系统允许用户根据绘图需要建立无限多个图层，并为每个图层指定相应的名称、颜色、线型、线宽等特性参数。通过使用图层不但可以方便用户绘制、编辑图形，还可以随时从所有图形中提取出需要的实体对象，从而大大加快图形的装载及显示速度，为用户节省宝贵的时间。

2.1.2　图层特性管理器

创建一个新的图形文件后，系统会自动产生一个名称为 0 的特殊图层。如果要使用更多的图层，则需要在【图层特性管理器】中创建新图层并设置相关属性。

打开【图层特性管理器】的方法如下：

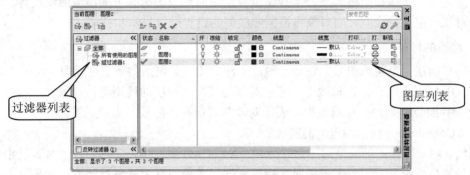
执行上述命令之一后，系统将打开【图层特性管理器】，如图 2-2 所示。

过滤器列表

图层列表

图 2-2　图层特性管理器

整个【图层特性管理器】分为左、右两部分，左侧为过滤器列表，右侧为图层列表。过滤器列表以树状结构显示，在树状图中选择一个过滤器，右侧的图层列表中将显示当前过滤器中的图层。图层列表显示了当前文件中的所有图层及其属性，其中图层以行显示，图层属性以列显示。

1. 新建图层

在 AutoCAD 中，一个图形文件中可以有无数的图层，并规定图层名称由不超过 255个字符的字母、数字及部分特殊符号组成。新建图层的具体操作步骤如下：

(1) 在【图层特性管理器】中单击 按钮，则创建一个名为"图层*"的新图层。

(2) 此时图层名称处于激活状态，输入新名称即可。

多讲几句

如果在创建新图层时选中了一个现有的图层，那么，新建的图层将继承选定图层的特性；如果在创建新图层时没有选中任何已有的图层，则新建的图层使用缺省设置。

2. 删除图层

在绘图的过程中，对于一些没有意义的图层，可以随时将其删除。删除图层的具体操作步骤如下：

(1) 在【图层特性管理器】中选择要删除的图层。

(2) 单击删除图层按钮 ，可以将选定的图层删除，但是 0 图层、当前图层、包含对象的图层、被块定义参照的图层、依赖外部参照的图层和名为"Defpoints(定义点)"的特殊图层不能被删除。

3. 置为当前图层

当前图层就是当前正在绘图使用的图层。用户只能在当前图层中绘制图形，并且所绘制的实体对象将继承当前图层的属性。当前图层的状态及特性参数分别显示在【图层】工具栏和【特性】工具栏中。

要将某一图层设置为当前图层，可以在【图层特性管理器】中选择该图层，然后单击置为当前按钮 ✅ 即可，但不能将被冻结或依赖外部参照的图层设置为当前图层。

2.1.3　设置图层线型

线型是点、横线和空格等按一定规律重复出现而形成的图案，如虚线或实线等。如果为图形对象指定某种线型，则对象将根据此线型的设置进行显示和打印。

1. 线型的种类

当用户创建一个新的图形文件后，图形文件中通常会包括如下三种线型：

❖　ByLayer(随层)：逻辑线型，表示对象与其所在图层的线型保持一致。
❖　ByBlock(随块)：逻辑线型，表示对象与其所在块的线型保持一致。
❖　Continuous(连续)：连续的实线。

当然，用户可使用的线型远不止这几种。AutoCAD 系统提供了线型库文件，其中包含了数十种线型的定义。用户可以随时加载该文件，并使用其定义各种线型。如果这些线型仍不能满足用户的需要，则可以自定义某种线型，并在 AutoCAD 中使用。

2. 设置线型

AutoCAD 允许用户根据需要为每个图层分配不同的线型，以便更直观地将对象相互区分开来，使图形易于查看。在缺省情况下，图层线型为 Continuous(连续的实线)。设置线型的具体操作步骤如下：

(1) 在【图层特性管理器】中选择要设置线型的图层。

(2) 在所选图层的【线型】列上单击鼠标，即单击"Continuous"，则弹出【选择线型】对话框，如图 2-3 所示。

(3) 单击对话框中的 加载(L)… 按钮，则可以打开【加载或重载线型】对话框，这里列出了线型库中的所有线型，如图 2-4 所示。

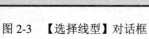

图 2-3　【选择线型】对话框

图 2-4　【加载或重载线型】对话框

(4) 在该对话框中选择要装载的线型，单击 确定 按钮，则为选择的图层设置了所选线型。

多讲几句　　　AutoCAD 中的线型包含在线型库文件 acad.lin 和 acadiso.lin 中。其中，在英制测量系统下，使用线型定义文件 acad.lin；在公制测量系统下，使用线型定义文件 acadiso.lin。

3. 调整线型比例

绘图过程中，用户经常会遇到所选图层或对象的线型明明已经设置为不连续线，可在绘图区内却显示为连续的情况，这是由于线型比例与用户设定的绘图边界不匹配造成的。遇到这种情况时，需要及时调整所选线型的比例，以便在屏幕上能够真实反映出实体对象的线型。单击菜单栏中的【格式】/【线型】命令，打开【线型管理器】对话框，如图 2-5 所示。

图 2-5　【线型管理器】对话框

在【详细信息】选项区中修改【全局比例因子】或【当前对象缩放比例】的值，即可改变线型比例。这两个选项用于控制非连续线型的线型比例，默认情况下其值均为 1。值越小，每个绘图单位中生成的重复图案就越多。

在【线型管理器】对话框中，其他各选项的作用如下：

- ❖ 【线型过滤器】：该下拉列表中有 3 种过滤方式，即"显示所有线型"、"显示所有使用的线型"和"显示所有依赖于外部参照的线型"，它们的作用是控制哪些线型可以在线型列表中显示。
- ❖ 【反转过滤器】：勾选该选项后，线型列表中将显示不满足过滤器要求的全部线型。
- ❖ 【当前线型】：显示当前线型的名称。
- ❖ 【线型】：这里显示了满足过滤条件的线型及其基本信息，包括线型名称、外观和说明等信息。
- ❖ 加载(L)…按钮：该按钮的作用是加载其他可用的线型。单击该按钮，则弹出【加载或重载线型】对话框。
- ❖ 删除按钮：单击该按钮，可以删除选择的线型。注意，ByLayer、ByBlock、Continuous 与当前线型、被引用的线型以及依赖于外部参照的线型等都不能被删除。
- ❖ 当前(C)按钮：单击该按钮，可以将在线型列表中选择的线型设置为当前线型。
- ❖ 显示细节(D)按钮：单击该按钮，将显示选定线型的更多信息，如名称、说明、全局比例因子等，此时该按钮变为隐藏细节(D)按钮。

2.1.4　设置图层线宽

通俗地说，线宽就是线条的粗细。在 AutoCAD 中，线宽可用于除 TrueType 字体、光栅图像、点和实体填充(二维实体)之外的所有图形对象。如果为图形对象指定线宽，则对象将根据此线宽的设置进行显示和打印。

1．线宽的设置

设置线宽的具体操作步骤如下：

(1) 在【图层特性管理器】中选择要设置线宽的图层。

(2) 在所选图层的【线宽】列上单击鼠标，即单击"——默认"，将弹出【线宽】对话框，其中有 20 多种线宽可供选择，如图 2-6 所示。

(3) 在该对话框中选择一个需要的线宽，单击 确定 按钮即可。

另外，通过单击菜单栏中的【格式】/【线宽】命令，也可以设置线宽，这时将弹出【线宽设置】对话框，如图 2-7 所示。

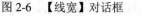
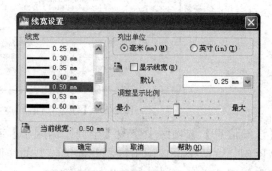

图 2-6　【线宽】对话框　　　　图 2-7　【线宽设置】对话框

在【线宽设置】对话框中不仅可以设置线宽，还可以设置其单位和显示比例等参数。其中各选项的功能如下：

- ❖ 【线宽】：该列表中显示了可用的线宽值，可以根据需要选择其中一项作为当前线宽。
- ❖ 【当前线宽】：显示当前线宽值。
- ❖ 【列出单位】：用于指定线宽的单位，可以是"毫米"或"英寸"。
- ❖ 【显示线宽】：勾选该选项，可以使设置的线宽在当前图形的模型空间中显示出来。
- ❖ 【默认】：用于设置"默认"项的取值。
- ❖ 【调整显示比例】：通过拖动滑块，可以设置线宽的显示比例。

2．线宽的显示

设置线宽返回绘图窗口后，往往发现对象没有任何变化。这是因为线宽属性属于打印设置，默认情况下系统并不显示线宽的设置效果。如果希望在绘图窗口内显示出线宽设置的真实效果，可以在【线宽设置】对话框中勾选【显示线宽】选项。另外，单击状态栏中的【显示/隐藏线宽】按钮 ，也可以在显示与隐藏线宽之间进行切换。

2.1.5　设置图层颜色

颜色在图形中具有非常重要的作用，可以用来表示不同的组件、功能和区域。在 AutoCAD 中，可以通过图层指定对象的颜色，也可以不依赖图层指定颜色，使用颜色后可以更加直观地标识对象。每一个图层都拥有自己的颜色。如果要设置图层的颜色，可以按照如下步骤进行操作：

(1) 在【图层特性管理器】中选择要设置颜色的图层。

(2) 在所选图层的【颜色】列上单击鼠标，将弹出【选择颜色】对话框，如图 2-8 所示，选择一种颜色并单击 确定 按钮即可。

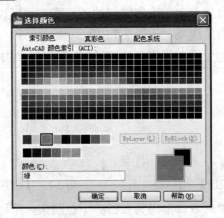

图 2-8　【选择颜色】对话框

在【选择颜色】对话框中，可以使用【索引颜色】、【真彩色】和【配色系统】三个选项卡设置颜色。

❖ 【索引颜色】选项卡：可以使用 AutoCAD 的标准颜色(ACI 颜色)。在 ACI 颜色表中，每一种颜色都用一个 ACI 编号(1～255 之间的整数)标识。

❖ 【真彩色】选项卡：允许使用更丰富的颜色，可以使用 RGB 与 HSL 两种颜色模式来指定颜色，如图 2-9 所示。

❖ 【配色系统】选项卡：使用标准 Pantone 配色系统设置颜色，如图 2-10 所示。

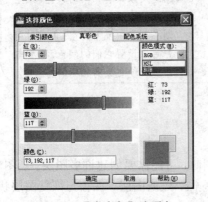

图 2-9　【真彩色】选项卡

图 2-10　【配色系统】选项卡

2.1.6　使用【特性】工具栏

AutoCAD 2010 提供了一个【特性】工具栏，如图 2-11 所示，用户通过它可以快速地查看和改变所选图形的颜色、线型和线宽等特性。在绘图区中选择任何对象以后，在【特性】工具栏中都将自动显示它的颜色、线型、线宽等属性。

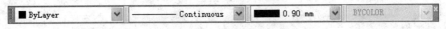

图 2-11　【特性】工具栏

【特性】工具栏中各部分的功能介绍如下：

❖ 　【颜色控制】下拉列表：单击其右侧的下拉箭头，可以从打开的列表中选择一种颜色，使其成为当前颜色，如图 2-12 所示。

❖ 　【线型控制】下拉列表：单击其右侧的下拉箭头，可以从打开的列表中选择一种线型，使其成为当前线型，如图 2-13 所示。

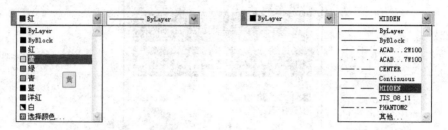

图 2-12 　【颜色控制】下拉列表　　　　　图 2-13 　【线型控制】下拉列表

❖ 　【线宽控制】下拉列表：单击其右侧的下拉箭头，可以从打开的列表中选择一种线宽，使其成为当前线宽，如图 2-14 所示。

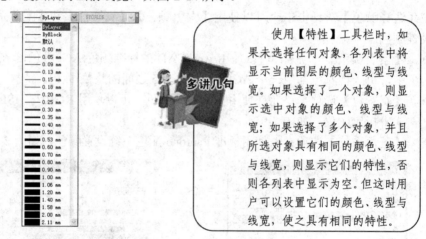

多讲几句

使用【特性】工具栏时，如果未选择任何对象，各列表中将显示当前图层的颜色、线型与线宽。如果选择了一个对象，则显示选中对象的颜色、线型与线宽；如果选择了多个对象，并且所选对象具有相同的颜色、线型与线宽，则显示它们的特性，否则各列表中显示为空。但这时用户可以设置它们的颜色、线型与线宽，使之具有相同的特性。

图 2-14 　【线宽控制】下拉列表

2.1.7 　图层的管理

在 AutoCAD 中绘制一些复杂的机械和建筑图时，可能需要创建许多图层。当图层太多时，就需要对图层进行排列管理，包括设置图层特性、过滤图层、保存与恢复图层状态等。

1. 设置图层特性

在 AutoCAD 中，每一个图层都以一个名称作为标识，并具有颜色、线型、线宽等各种特性，开/关、锁定和冻结等不同的控制状态，如图 2-15 所示。

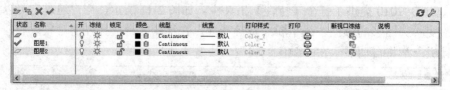

图 2-15 　图层的特性

❖ 状态：用于显示图层是否为当前图层。

❖ 名称：用于标识图层。图层名称具有唯一性，并且每个图层都具有各种特性和状态。图层的名称最长可使用 255 个字符，可以包括字母、数字、特殊字符(如"$"、"–"和"_")和空格。图层的命名应该便于用户辨识图层的内容。

❖ 开：用于显示与设置图层的"打开"与"关闭"状态。如果某个图层被设置为"关闭"状态，则该图层上的图形对象不能被显示或打印，但可以重新生成。暂时关闭与当前工作无关的图层可以减少干扰，使用户更加方便快捷地工作。

❖ 冻结：用于显示与设置图层为"冻结"或"解冻"状态。如果某个图层被冻结，则该图层上的图形对象不能被显示、打印或重新生成。因此用户可以将长期不需要显示的图层冻结，提高对象选择的性能，减少复杂图形的重新生成时间。

多讲几句　　不能冻结当前图层，也不能将冻结图层设置为当前图层。冻结图层与关闭图层的可见性是相同的，但是冻结的对象不能参加处理过程中的运算，而关闭的图层则要参加运算。

❖ 锁定：用于显示与设置图层为"锁定"或"解锁"状态。如果某个图层被设置为"锁定"状态，则该图层上的图形对象不能被编辑或选择，但可以查看。这个功能对于编辑重叠在一起的图形对象非常有用。

❖ 颜色、线型、线宽：用于显示与设置图层的颜色、线型、线宽等特性。如果要设置某个属性，单击图层所对应的列即可。

❖ 打印样式：用于设置图层的打印样式。如果使用的是彩色绘图仪，则不能改变这些打印样式。

❖ 新视口冻结：用于设置新视口中特定图层的冻结或解冻状态。改变新视口的设置不会影响现有视口的状态。

❖ 打印：用于设置图层能否被打印，打印功能只对没有冻结与关闭的图层起作用。

❖ 说明：首先选择图层，然后单击"说明"列，可以为图层添加必要的说明信息。

在图层列表中，不同的图层状态使用了不同的图标显示。它们类似于开关，单击一次就切换到相对应的状态。各种图标所代表的含义如下：

图标	💡	💡	❄	☀	🔒	🔓	🖨	🖨
含义	开	关	冻结	解冻	锁定	解锁	可打印	不可打印

2. 过滤图层

【图层特性管理器】的左侧为过滤器列表，其作用就是控制右侧的图层列表中如何显示图层，既可以按图层名称或图层特性(例如颜色或可见性)排序显示，也可以仅显示要处理的图层，这就是"过滤"的意义所在。AutoCAD 中有两种图层过滤器，分别介绍如下：

❖ 图层特性过滤器：包括名称或其他特性相同的图层。也就是说，用户可以基于图层名称、颜色、线型、线宽等属性，以及图层的可见性、冻结或解冻状态、锁定或解锁状态等条件来建立图层过滤条件，从而使符合条件的图层显示在右侧的列表中。在【图层特性管理器】的左上角单击【新建特性过滤器】按钮🔲，可以打开【图层过滤器特性】对话框，如图 2-16 所示。在这里可以根据图层的一个或多个特性创建新的图层过滤器，创建后将显示在过滤器的树状列表中。

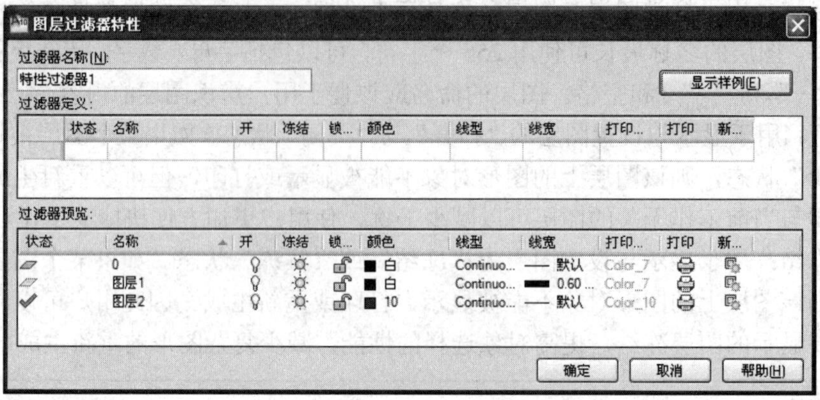

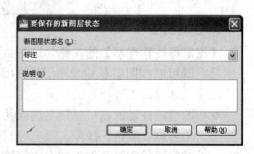

图 2-16　【图层过滤器特性】对话框

❖　图层组过滤器：只包括那些明确指定到该过滤器中的图层，而不考虑其名称或特性。即使修改了指定到该过滤器中的图层特性，这些图层仍然属于该过滤器。在【图层特性管理器】的左上角单击【新建组过滤器】按钮 🖳，可直接创建新的图层组过滤器，并出现在过滤器的树状列表中，但是它只包括明确指定给该过滤器的图层，而不考虑图层的名称或特性。

> 在过滤器列表中选择一个过滤器并单击鼠标右键，可以使用快捷菜单中提供的命令进行修改。例如，可以将图层特性过滤器转换为图层组过滤器，也可以修改过滤器中图层的某个特性；当然也可以删除当前过滤器，或重新改名等。

3. 保存与恢复图层状态

AutoCAD 允许将当前图层状态进行命名保存，在绘图的不同阶段或打印的过程中可以随时恢复保存过的图层状态，这样可以为用户的工作带来很大的方便。

图层设置包括图层状态的设置和图层特性的设置，用户可以选择要保存的图层状态和图层特性。例如，可以只保存图层的"冻结/解冻"设置，忽略所有其他设置。恢复图层状态时，除了每个图层的冻结或解冻设置以外，其他设置仍保持当前设置。

1) 保存图层状态

如果要保存图层状态，可以在【图层特性管理器】右侧的图层列表中的图层上单击鼠标右键，在弹出的快捷菜单中选择【保存图层状态】命令，打开【要保存的新图层状态】对话框，如图 2-17 所示。在【新图层状态名】文本框中输入图层状态的名称，在【说明】文本框中输入相关的说明文字，然后单击 确定 按钮即可。

图 2-17　【要保存的新图层状态】对话框

2) 恢复图层状态

改变了图层的显示状态以后，还可以恢复以前保存的图层状态。在【图层特性管理器】

中单击左上角的【图层状态管理器】按钮 ，打开【图层状态管理器】对话框，选择需要恢复的图层状态，然后单击 恢复(R) 按钮即可，如图 2-18 所示。

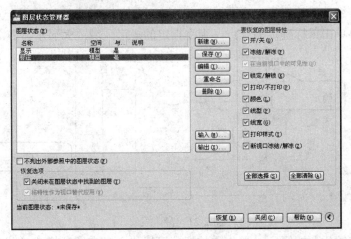

图 2-18 【图层状态管理器】对话框

2.2 视图的控制

AutoCAD 提供了视图控制功能。这些功能只改变图形在绘图窗口中的显示方式，不影响图形的实际尺寸，既不会改变图形的实际尺寸，也不影响图形对象间的相对关系，只是为了便于观察，按照用户期望的位置、比例和范围进行显示。

2.2.1 视图缩放

AutoCAD 提供了两种视图缩放方案，既可以使用工具按钮或菜单命令进行缩放，也可以使用 Zoom 命令进行缩放。下面分别进行介绍。

1. 使用工具按钮缩放视图

在【标准】工具栏中，AutoCAD 为那些习惯使用工具按钮的用户安排了视图缩放的相关按钮，如图 2-19 所示。另外，单击菜单栏中的【工具】/【工具栏】/【AutoCAD】/【缩放】命令，可以打开【缩放】工具栏，如图 2-20 所示，这里也提供了视图缩放按钮。使用这些按钮控制视图的显示既方便又快捷，用户不妨一试。

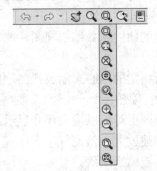

图 2-19 视图缩放工具按钮

图 2-20 【缩放】工具栏

❖ 【实时缩放】按钮🔍：单击该按钮，可以进入实时缩放状态，此时向上拖动鼠标是放大，向下拖动鼠标是缩小。

❖ 【窗口缩放】按钮🔍：单击该按钮，在绘图窗口单击鼠标确定一点，然后移动光标，再单击鼠标确定另一点，则将指定的矩形区域放大显示，如图 2-21 所示。

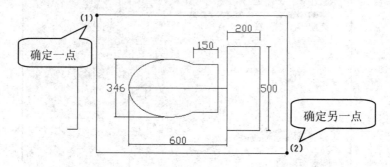

图 2-21　窗口缩放

❖ 【动态缩放】按钮🔍：单击该按钮，可以进入动态缩放模式。此时会出现两个虚线框，蓝色虚线框代表使用 Limits 命令设置的图形界限或图形对象实际占据的区域；绿色虚线框代表当前屏幕上显示的图形区域。除此以外，还有一个黑色的实线框，称为视图框，它好像照相机的取景窗一样，用于确定缩放范围，如图 2-22 所示。缩放视图时的操作为：首先单击鼠标，则视图框的右边缘出现一个箭头，移动鼠标可以改变视图框的大小。当视图框大小合适时单击鼠标结束调整，这时将视图框移动到要缩放的视图区域上，按下回车键即可放大或缩小指定区域。

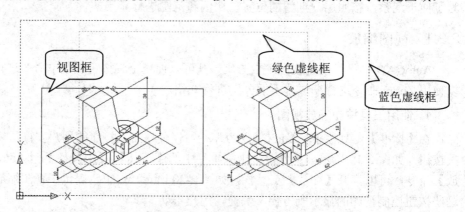

图 2-22　动态缩放的屏幕显示

❖ 【比例缩放】按钮🔍：单击该按钮，将按指定的比例系数缩放视图，此时需要在命令行中输入比例数。

❖ 【中心缩放】按钮🔍：单击该按钮，将按重新指定的中心来缩放视图。操作时需要先指定中心，然后在命令行中输入比例数进行缩放。

❖ 【缩放对象】按钮🔍：单击该按钮，将对所选图形对象以最大尺寸显示。

❖ 【放大】按钮🔍：每单击一次该按钮，视图将被放大一倍。

❖ 【缩小】按钮🔍：每单击一次该按钮，视图将被缩小一倍。

❖ 【全部缩放】按钮🔍：单击该按钮，将在图形界限内显示整个图形。

❖　【范围缩放】按钮：单击该按钮，将使所有图形以尽可能大的尺寸显示在屏幕上。

❖　【缩放上一个】按钮：单击该按钮，可以恢复前一次视图的显示。

多讲几句　　　　视图缩放操作是用户完成精确绘图的有力保障，它贯穿于整个绘图过程之中。虽然 AutoCAD 的【缩放】工具栏中提供了丰富的视图操作按钮，但是有的缩放操作不能使用它来完成，只能通过命令行完成。

2. 使用 Zoom 命令

在 AutoCAD 中，Zoom 命令用来实现视图的缩放。该命令提供了准确观察局部视图及浏览整体图形的全部功能。

在命令行中输入 Zoom，按下回车键，则系统提示：

指定窗口的角点，输入比例因子(nX 或 nXP)，或者[全部(A)/中心(C)/动态(D)/范围(E)/上一个(P)/比例(S)/窗口(W)/对象(O)] <实时>:

【选项说明】

(1)　全部(A)：在图形界限内显示整个图形的内容。当图形全部处于图形界限以内时，系统将按图形界限尺寸显示全部图形；当图形中有实体处于图形界限以外时，系统将以图形范围尺寸显示全部图形。

(2)　中心(C)：重新设定图形的显示中心与放大倍数。当用户在提示下输入 C 并回车后，系统继续提示：

指定中心点：　　(这里通过鼠标指定图形中心)

输入比例或高度<当前值>：　　(输入新的视图高度或放大倍数)

(3)　动态(D)：对视图进行动态缩放显示。当用户在提示下输入 D 并回车后，屏幕上显示出三个视图框，具体操作过程参照【动态缩放】按钮的使用。

(4)　范围(E)：使所有图形尽可能大地显示在整个屏幕上。

(5)　上一个(P)：恢复上一次的视图显示状态。系统允许最多恢复此前的 10 个视图，只要连续使用"上一个(P)"选项即可。

(6)　比例(S)：按指定比例缩放当前视图。当用户在提示下输入 S 并回车后，系统继续提示：

输入比例因子(nX 或 nXP)：　　(输入缩放比例系数)

用户输入缩放比例系数时，可以采用以下三种方法：

❖　以"n"方式输入，是相对于图形实际尺寸的比例进行缩放。

❖　以"nX"方式输入，是相对于当前视图的比例进行缩放。例如，输入 0.5X 表示使屏幕上的每个对象显示为当前视图的二分之一。

❖　以"nXP"方式输入，是相对于图纸空间的比例进行缩放。

(7)　窗口(W)：以矩形的两个对角点来确定屏幕显示区域。当用户在提示下输入 W 并回车后，系统继续提示：

指定第一个角点：　　(输入矩形窗口的一个角点)

指定对角点：　　(输入矩形窗口的另一个对角点)

按回车键结束操作后，则两个对角点所确定的矩形区域将放大显示到整个屏幕上。

当指定矩形的宽高比与绘图窗口的宽高比不同时，系统将以矩形的最长边为基准对视图进行缩放，以保证所选区域内的图形都能显示在视图中。正因为用户很难保证指定矩形的宽高比与绘图窗口的宽高比相同，因此，所选区域外的对象经常被显示在视图中。

(8) 对象(O)：使选定的一个或多个对象缩放后尽可能大地显示在绘图区域的中心。当用户在提示下输入 O 并回车后，系统继续提示：

选择对象：　　(选取要缩放的对象)

选择对象：　　(继续选取对象或回车)

(9) <实时>：该选项为默认选项，表示实时缩放视图。当用户在提示下直接按下回车键时，表示选择了"实时"选项，此时光标显示为放大镜形状，向上拖动鼠标可放大视图，向下拖动鼠标可缩小视图。

当视图处于实时缩放状态时，单击鼠标右键，将弹出如图 2-23 所示的快捷菜单。该快捷菜单中各命令的功能如下：

❖ 【退出】：退出当前缩放命令，返回到"命令："提示状态下。

❖ 【平移】：转换到视图平移状态。

❖ 【缩放】：重新返回到视图实时缩放状态。

❖ 【三维动态观察器】：在三维空间内对图形进行旋转和缩放。

❖ 【窗口缩放】：进入视图的窗口缩放模式。

❖ 【缩放为原窗口】：返回上一个缩放视图状态。

❖ 【范围缩放】：进入视图的范围缩放状态，以最大尺寸显示全部图形对象。

退出
平移
✓ 缩放
三维动态观察器
窗口缩放
缩放为原窗口
范围缩放

图 2-23　缩放状态下的快捷菜单

在该快捷菜单中除了【退出】命令外，其他命令均为透明命令(在运行其他命令的过程中可以执行的命令)，即执行完成后，又返回到实时缩放视图状态。

使用系统提供的该快捷菜单，可以让用户在实时缩放视图的同时更方便地进行其他视图操作，为用户节省宝贵的时间。

2.2.2　平移视图

平移视图是指上、下、左、右移动视图区域，以便于观察不在当前屏幕内的图形细节。虽然使用窗口的水平和垂直滚动条可以查看视图，但是当图形文件很大时，这种操作很不方便，因此 AutoCAD 为用户提供了 Pan(平移)命令用于平移视图。平移视图操作分为三种形式，下面分别进行介绍。

1. 实时平移

实时平移和实时缩放类似，都是靠鼠标的拖动来完成操作。用户可以通过以下方式调用实时平移命令：

菜单栏：执行【视图】/【平移】/【实时】命令

工具栏：单击【标准】工具栏中的【实时平移】按钮 🖑

命令行：–Pan

调用 Pan 命令后,光标将变成 ✋ 形状。平移图形时,按住鼠标左键将光标锁定在当前视口,并沿任意方向拖动鼠标,此时绘图窗口内的图形将随光标在同一方向上移动。释放鼠标左键将中断平移操作,最后按下回车键或 Esc 键可结束命令。

2. 定点平移

除了实时平移外,AutoCAD 还可以实现定点平移,即通过两个点确定平移视图的位置。调用定点平移命令的方法如下:

> 菜单栏: 执行【视图】/【平移】/【定点】命令
> 命令行: -Pan

执行定点平移命令以后,系统提示如下:

> 指定基点或位移:　　(指定平移视图的基准点或移动的距离)
>
> 指定第二点:　　(指定第二个点)

执行上述操作后,系统将以基点与第二个点所确定的距离和方向平移视图。最后的提示中,如果直接按下回车键,则将基点坐标(x,y)中的数值当作位移,即在 X 轴方向移动 x 个单位,在 Y 轴方向移动 y 个单位。

3. 上、下、左、右平移视图

单击菜单栏中的【视图】/【平移】/【上】命令,如图 2-24 所示,则视图将向上平移一定的距离,其他方向的平移视图操作与向上平移视图操作相同,选择相应的命令即可。需要注意的是,这种平移视图的方式只能由菜单完成。

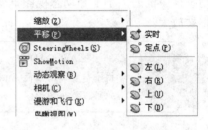

图 2-24　【平移】菜单命令

2.2.3　使用鸟瞰视图

鸟瞰视图是一种定位工具。它在一个独立的窗口中显示整个图形,以帮助用户快速移动到目标区域。当图形相对于绘图窗口非常大时,使用鸟瞰视图十分方便,可以更直接地对视图进行平移、缩放以及观察图形的整体效果。

在默认状态下,AutoCAD 将整个图形显示在【鸟瞰视图】窗口中,如图 2-25 所示,在此窗口中可以进行实时平移和缩放。如果在【鸟瞰视图】窗口中选择任一部分图形,AutoCAD 将在当前视口中显示这部分图形。

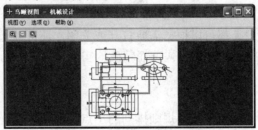

图 2-25　【鸟瞰视图】窗口

打开【鸟瞰视图】窗口的方法如下:

> 菜单栏: 执行【视图】/【鸟瞰视图】命令
> 命令行: Dsviewer 或 AV

执行上述命令之一后，将打开【鸟瞰视图】窗口。它提供了【视图】、【选项】和【帮助】三个菜单项，利用【视图】和【选项】菜单可以进行实时平移和缩放。

❖ 【视图】：共有【放大】、【缩小】和【全局】三个命令，前两个命令分别表示将【鸟瞰视图】中的视图放大或缩小一倍显示，而【全局】命令则表示在【鸟瞰视图】窗口中显示整个图形和当前视图。

❖ 【选项】：共有【自动视口】、【动态更新】和【实时缩放】三个命令，选择【自动视口】命令，将自动显示活动视口的模型空间视图；选择【动态更新】命令，则【鸟瞰视图】窗口中的图形将随着绘图窗口中图形的修改而自动更新；选择【实时缩放】命令，则在【鸟瞰视图】窗口中对图形进行平移或缩放时，绘图窗口将同步变化。

❖ 【帮助】：单击该菜单，可以得到【鸟瞰视图】的相关帮助信息。

在【鸟瞰视图】窗口中，默认显示当前视图中的全图，窗口中绿色的粗线框为当前视口的边界。在窗口中单击鼠标将出现一个平移视图框，这时可以利用该框平移显示视图。在平移视图模式下再次单击鼠标，平移视图框就切换成了动态视图框，移动鼠标可以调节动态视图框的大小。当动态视图框变大后，按下回车键，则当前视图将被缩小，反之视图将被放大。

在 AutoCAD 中，使用鼠标的滚轮同样可以控制图形的缩放或平移显示，而不需要调用任何 AutoCAD 命令。向上滚动滚轮可以放大图形，向下滚动滚轮可以缩小图形。

2.3　辅助工具的使用

栅格、捕捉、正交、极轴追踪和对象捕捉是绘图的辅助工具，不能单独用于创建对象，但是在这些辅助工具的配合下，AutoCAD 可以更加容易、准确地创建和修改对象。绘图窗口下方是这些辅助工具的快捷按钮，如图 2-26 所示，从左到右分别是捕捉、栅格、正交、极轴追踪、对象捕捉、对象捕捉追踪、动态 UCS、动态输入、线宽和快捷特征。

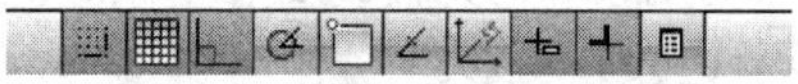

图 2-26　辅助工具按钮

其中，每一个辅助工具都可以根据需要打开或关闭，还可以通过鼠标右键来修改它们的设置。正确地使用这些工具，可以快速而精确地实现计算机辅助设计绘图。

2.3.1　栅格和捕捉

栅格是显示在图形界限内的一些规则排列的小点，其作用与坐标纸极其相似，是用来定位图形对象的，不能打印输出。一般情况下，栅格和捕捉是配合使用的。当打开捕捉模式以后，用户移动鼠标时会发现，鼠标指针就像有磁性一样，被吸附在栅格点上。

1. 栅格的打开与关闭

AutoCAD 只是在图形界限内显示栅格，所以栅格显示的范围与用户指定的图形界限大小密切相关。用户可以使用下列方法打开栅格，同样也可以用这些方法关闭栅格。

> 菜单栏：执行【工具】/【草图设置】命令
>
> 状态栏：单击【栅格显示】按钮▦（仅限于打开与关闭）
>
> 快捷键：按下 F7 或 Ctrl + G 键（仅限于打开与关闭）

由于栅格显示与图形界限范围有关，因此当打开栅格以后，视图中如果看不到栅格，需要执行 Zoom 命令，对视图进行适当的缩放。另外，栅格点间的横、纵比不一定是 1 : 1，可以根据实际作图需要适时调整。设置栅格时，栅格间距不宜太小，否则将导致图形模糊及屏幕重画太慢，甚至无法显示栅格。

2. 捕捉的打开与关闭

使用捕捉功能有助于精确定位。打开捕捉功能以后，鼠标只能在栅格方向上精确移动。在 AutoCAD 中打开与关闭捕捉模式的方法如下：

> 菜单栏：执行【工具】/【草图设置】命令
>
> 状态栏：单击【捕捉模式】按钮▦（仅限于打开与关闭）
>
> 快捷键：按下 F9 键（仅限于打开与关闭）

捕捉和栅格通常配合使用，所以捕捉和栅格的 X、Y 轴间距最好分别对应，这样有助于鼠标拾取到精确的位置。

3. 设置捕捉和栅格的参数

当用户执行【工具】/【草图设置】命令时，实际上并不是直接打开或关闭捕捉和栅格功能，而是弹出【草图设置】对话框，如图 2-27 所示。在这里可以控制捕捉和栅格的打开与关闭，并且可以进一步设置详细的参数。

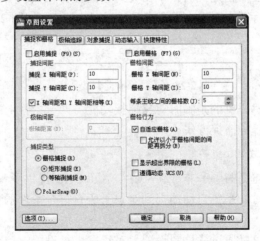

图 2-27　【草图设置】对话框

在【捕捉和栅格】选项卡中，左侧为捕捉参数，右侧为栅格参数。其各选项的功能如下：

❖ 　【启用捕捉】：用于打开或关闭捕捉模式。

❖ 　【捕捉间距】：该选项区用于控制捕捉的间距。其中【捕捉 X 轴间距】和【捕捉 Y 轴间距】文本框分别用于设置捕捉栅格点在水平和垂直方向上的间距。

❖ 【极轴间距】：该选项区只有选择了下方的【PolarSnap(极轴捕捉)】捕捉类型时才可用，用于控制极轴捕捉增量的距离。

❖ 【捕捉类型】：用于控制捕捉模式的设置。AutoCAD 提供了两种捕捉栅格的方式，即"栅格捕捉"和"PolarSnap(极轴捕捉)"，"栅格捕捉"又分为"矩形捕捉"和"等轴测捕捉"两种方式。

❖ 【启用栅格】：用于打开或关闭栅格显示。

❖ 【栅格间距】：该选项区用于控制栅格的间距。其中【栅格 X 轴间距】和【栅格 Y 轴间距】文本框分别用于设置栅格在水平和垂直方向上的间距。如果其值为 0，则 AutoCAD 采用"捕捉间距"的值作为栅格间距。

❖ 【栅格行为】：该选项区用于设置在不同的视觉样式下栅格线的显示样式。注意：视觉样式是一组设置，用来控制视口中对象的边和着色的显示。

在【栅格 X 轴间距】与【栅格 Y 轴间距】文本框中输入数值时，可以只在一个文本框中输入数值，然后按下回车键，这时系统会自动设置另一个文本框的值，这样可以减少工作量。

2.3.2　对象捕捉

对象捕捉是一个十分有用的工具，它可以使光标准确地定位在已存在对象的特定点或特定位置上，从而保证了绘图的精确度。

1. 使用【对象捕捉】工具栏

在绘图过程中，当要求指定点时，单击【对象捕捉】工具栏中的相应按钮，再将光标移动到要捕捉对象上的特征点附近，即可捕捉到相应特征点，如图 2-28 所示为【对象捕捉】工具栏。

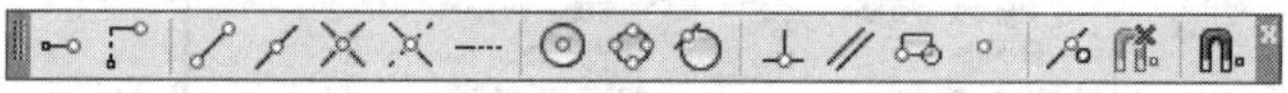

图 2-28　【对象捕捉】工具栏

【对象捕捉】工具栏提供的是临时对象捕捉功能，即一次性对象捕捉，也就是说这种捕捉功能一次只能设置一种捕捉方式。

2. 自动对象捕捉方式

在绘图过程中使用捕捉的频率非常高，为此，AutoCAD 提供了一种自动对象捕捉方式，即将光标移动到对象上时，系统自动捕捉到对象上所有符合条件的特征点，并显示相应的标记。

自动对象捕捉功能可以通过【草图设置】对话框进行设置。启动自动捕捉功能后，绘图中一直保持着对象捕捉状态，直至取消该功能为止。在 AutoCAD 中打开与关闭自动对象捕捉方式的方法如下：

菜单栏：执行【工具】/【草图设置】命令
状态栏：单击【对象捕捉】按钮□(仅限于打开与关闭)
快捷键：按下 F3 键(仅限于打开与关闭)
命令行：Osnap

当使用菜单栏与命令行调用对象捕捉命令时，将弹出【草图设置】对话框，在【对象捕捉】选项卡中可以设置对象捕捉的方式，如图 2-29 所示。在该选项卡中，各选项的功能如下：

❖ 【启用对象捕捉】：该选项用于打开或关闭对象捕捉。
❖ 【启用对象捕捉追踪】：该选项用于打开或关闭对象捕捉追踪。
❖ 【对象捕捉模式】：该选项区用于设置各种对象捕捉模式，可以选择一个或多个选项。单击 全部选择 按钮，则选择所有对象捕捉模式；单击 全部清除 按钮，则取消所有对象捕捉模式。

3. 对象捕捉快捷菜单

当要求指定点时，可以按下 Shift 键或 Ctrl 键的同时单击鼠标右键，打开对象捕捉快捷菜单，如图 2-30 所示。选择需要的子命令，再把光标移到要捕捉对象的特征点附近，即可捕捉到相应的对象特征点。

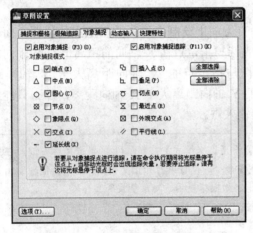

图 2-29 【对象捕捉】选项卡   图 2-30 对象捕捉快捷菜单

4. 常用捕捉模式介绍

AutoCAD 提供的对象捕捉功能是对某一特定图形的特征点而言的。它共有 13 种对象捕捉模式，其中常用的有 8 种，具体介绍如下：

捕捉模式	快捷命令	功　　　能
端点	ENDP	用于捕捉对象(如线段或圆弧等)的端点
中点	MID	用于捕捉对象(如线段或圆弧等)的中点
圆心	CEN	用于捕捉圆或圆弧的圆心
节点	NOD	用于捕捉 Point 或 Divide 命令生成的点
象限点	QUA	用于捕捉圆周上 0°、90°、180°、270° 位置上的点
交点	INT	用于捕捉对象(如线段、圆、多段线或圆弧等)的交点
切点	TAN	在圆或圆弧上捕捉到一个点，使该点与上一点的连线和圆或圆弧相切
垂足	PER	在线段、圆、圆弧或它们的延长线上捕捉一个点，使之与前一点的连线和该线段、圆或圆弧等对象正交

AutoCAD 提供了命令行、工具栏、状态栏、快捷键和快捷菜单等多种打开对象捕捉功能的方法，绘图过程中可以灵活运用，不必拘泥于某一种方法。

2.3.3　正交模式

在 AutoCAD 中绘图时，经常需要绘制水平直线或垂直直线，如果仅靠光标控制，很难保证水平或垂直。为此，系统提供了正交功能。当打开正交模式后，画线或移动对象时只能沿水平方向或垂直方向移动光标，也只能绘制平行于坐标轴的正交线段。在 AutoCAD 中，有以下三种方法可以打开或关闭正交模式：

> 状态栏：单击【正交模式】按钮 ▙
>
> 快捷键：按下 F8 键
>
> 命令行：Ortho

当使用命令行打开或关闭正交模式时，则系统提示：

　　　输入模式 [开(ON)/关(OFF)] <开>:　　　(此时输入 ON 并回车，可以打开正交模式；输入 OFF
　　　　　并回车，可以关闭正交模式)

使用正交功能，可以只在水平或垂直方向上绘制直线，并指定点的位置，而不用考虑屏幕上光标的位置。绘图的方向由当前光标与指定点在 X 轴向的距离值和 Y 轴向的距离值中较大值的方向来确定：如果当前光标与指定点的 X 轴向距离大于 Y 轴向距离，则 AutoCAD 将绘制水平线；相反地，如果 Y 轴向距离大于 X 轴向距离，那么只能绘制垂直线。另外，正交模式并不影响从键盘上输入点。

> 在状态栏中，将光标置于【正交模式】按钮 ▙ 上，单击鼠标右键，在弹出的快捷菜单中选择【启用】命令，也可以打开正交模式。对于其他辅助工具按钮，也可以执行类似操作，如栅格显示、对象捕捉等。

2.3.4　自动追踪

自动追踪可以帮助用户沿指定方向(称为对齐路径)按照指定的角度或按照与其他对象的特定关系绘制对象。自动追踪分为极轴追踪和对象捕捉追踪，是非常有用的辅助绘图工具。

1. 极轴追踪

极轴追踪是按照事先给定的角度增量来追踪特征点。通过状态栏上的【极轴追踪】按钮 ▧ 或快捷键 F10 可以打开或关闭极轴追踪功能。使用极轴追踪进行绘图时，对齐路径是由指定点与增量角决定的，它是一条无限延长的虚线，为用户绘制一定角度的直线提供了极大帮助，如图 2-31 所示。

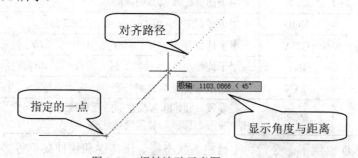

图 2-31　极轴追踪示意图

通过极轴追踪示意图可以看到，使用它很容易绘出一定角度、一定方向与一定长度的线段，其中增量角的大小很关键，它可以在【草图设置】对话框的【极轴追踪】选项卡中进行设置，如图 2-32 所示。

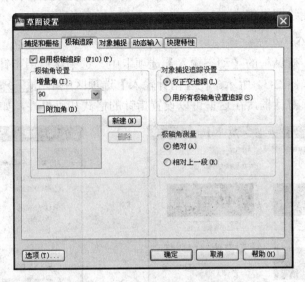

图 2-32　【极轴追踪】选项卡

该选项卡中各选项的功能如下：

❖　【启用极轴追踪】：用于打开或关闭极轴追踪。

❖　【极轴角设置】：用于设置极轴追踪使用的角度。在【增量角】下拉列表中可以选择系统预设的角度；如果不能满足需要，可以选中【附加角】选项，然后单击 新建(N) 按钮添加新角度。

❖　【对象捕捉追踪设置】：用于设置对象的捕捉追踪选项。

❖　【极轴角测量】：用于设置测量极轴追踪对齐角度的基准。

2. 对象捕捉追踪

使用对象捕捉追踪，可以沿着基于对象捕捉点的对齐路径进行追踪，例如，可以基于对象的端点、中点、切点或者对象的交点等，如图 2-33 所示。

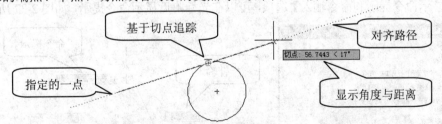

图 2-33　对象捕捉追踪示意图

通过状态栏上的【对象捕捉追踪】按钮 ∠ 或快捷键 F11 可以打开或关闭对象捕捉追踪功能。打开对象捕捉追踪以后，将光标移动到对象的捕捉点上，AutoCAD 获取点后会出现一个小加号(+)，在光标移离已获取的点时将出现一条临时对齐路径(一条无限延长的虚线)，这样非常便于定位。

2.3.5　动态输入

在 AutoCAD 中，使用动态输入功能可以在指针位置处显示标注输入和命令提示等信息，从而极大地方便绘图操作。

1. 启用指针输入

在【草图设置】对话框的【动态输入】选项卡中，选中【启用指针输入】选项可以启用指针输入功能，如图 2-34 所示。在【指针输入】选项区中单击 设置(E)... 按钮，则打开【指针输入设置】对话框，在这里可以设置指针的格式和可见性，如图 2-35 所示。

图 2-34　【动态输入】选项卡　　　　　　　图 2-35　【指针输入设置】对话框

2. 启动标注输入

在【草图设置】对话框的【动态输入】选项卡中，选中【可能时启用标注输入】选项可以启用标注输入功能。在【标注输入】选项区中单击 设置(E)... 按钮，则打开【标注输入的设置】对话框，在这里可以设置标注的可见性，如图 2-36 所示。

3. 显示动态提示

在【草图设置】对话框的【动态输入】选项卡中，选中【动态提示】选项区中的【在十字光标附近显示命令提示和命令输入】选项，可以在光标附近显示命令提示，如图 2-37 所示。

图 2-36　【标注输入的设置】对话框

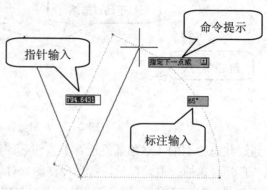

图 2-37　显示动态提示

2.3.6　使用快捷特性

快捷特性功能是 AutoCAD 中非常实用的一种功能。它是动态变化的，当用户选择对象时，即自动出现快捷特性面板，显示选中对象的相关参数，如图 2-38 所示，这样可以非常方便地修改对象的属性。

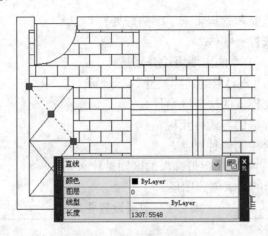

图 2-38　快捷特性面板

在【草图设置】对话框的【快捷特性】选项卡中，选中【启用快捷特性选项板】选项可以启用快捷特性功能，如图 2-39 所示。

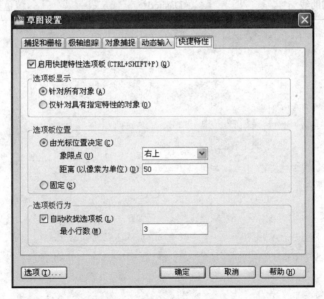

图 2-39　【快捷特性】选项卡

【快捷特性】选项卡中其他各选项的含义如下：

❖ 【选项板显示】：用于选择显示所选对象的快捷特性面板，还是显示已指定特性的对象的快捷特性面板。

❖ 【选项板位置】：用于设置快捷特性面板出现的位置，选择【由光标位置决定】选项，快捷特性面板将根据【象限点】和【距离】的值显示在某个位置；选择【固定】选项，快捷特性面板将显示在上一次关闭时的位置处。

❖　【选项板行为】：可以设置快捷特性面板显示的高度以及是否自动收拢。

2.4 本章习题

1. 图层给图形的绘制和管理带来了哪些好处？
2. 与图层相关的属性有哪些？
3. Zoom 命令、Pan 命令的主要用途分别是什么？
4. Zoom 命令能否改变对象的实际尺寸？
5. 开启、关闭正交模式的快捷键是什么？
6. 打开"对象捕捉"的方式有几种？
7. 正交模式下适合绘制何种对象？
8. "对象捕捉"与"对象捕捉追踪"的区别是什么？
9. 参照表 2-1 所示的要求创建图层。

表 2-1　图层设置要求

图 层 名	线 型	颜 色
轮廓线	Continuous	蓝色
中心线	Center	红色
辅助线	Dashed	黄色

AutoCAD® 2010

中文版AutoCAD 2010基础教程

第 **3** 章　二维图形的绘制

◎本章主要内容◎

- 绘制线

- 绘制圆、圆弧、椭圆

- 绘制多边形

- 绘制点

- 样条曲线

- 绘制二维等轴测投影图

- 本章习题

　　绘图是 AutoCAD 的主要功能，也是最基本的功能，而二维图形的绘制是最基础的内容。AutoCAD 提供了大量的绘图工具，可以帮助用户完成二维图形与封闭几何图形的绘制。实际上，无论多么复杂的图形，都可以拆分成不同类型的最基本的二维图形，所以掌握二绘图形的绘制方法至关重要。本章我们将学习线、圆、圆弧、椭圆、点、多边形、样条曲线、二维等轴测投影图的绘制方法。

3.1　绘　制　线

　　AutoCAD 中包含了多种画线的工具。直线、射线、构造线、多线、多段线等等，都是 AutoCAD 中最简单的绘图命令。下面分别介绍它们的功能与使用方法。

3.1.1　直线(Line)

　　直线是图形中最常见、最简单的一种图形对象，只要指定了起点与终点即可绘制一条直线。用户可以通过 AutoCAD 提供的 Line 命令绘制一条或多条连续的直线段。
　　调用【直线】命令的方法如下：

> 菜单栏：执行【绘图】/【直线】命令
> 工具栏：单击【绘图】工具栏中的【直线】按钮
> 命令行：Line

　　命令行提示与操作如下：

　　　　命令: Line↙　　(执行直线命令)
　　　　指定第一点：　　(指定直线段的起点)
　　　　指定下一点或 [放弃(U)]:　　(指定直线段的下一个端点或结束)
　　　　指定下一点或 [放弃(U)]:　　(此时回车结束命令，或继续指定下一段直线的端点)
　　　　指定下一点或 [闭合(C)/放弃(U)]:　　(指定直线的其他端点或闭合、结束)

　　【选项说明】
　　(1) 在"指定下一点或[放弃(U)]:"提示下输入 U 并回车，则撤消当前所画的直线，连续键入 U 并回车，则可依次向前撤消所画的直线，依此类推，直至出现"指定第一点"提示。
　　(2) 当绘制了两条以上的直线段后，在"指定下一点或[闭合(C)/放弃(U)]:"提示下输入 C 并回车，系统会自动连接起点与最后一个端点，形成一个闭合的图形，同时自动结束 Line 命令。
　　(3) 在指定直线段的起点与端点时，可以使用鼠标单击的方法，也可以通过输入坐标值的方法。
　　(4) 如果要结束直线的绘制，可以按回车键或空格键；结束了直线的绘制以后，如果要在上一次直线的基础上继续绘制，则连续两次按下回车键或空格键即可。
　　(5) 如果打开了正交模式，则只能绘制水平或垂直的直线段。
　　(6) 在绘制线段起点时可以通过 From 命令设置一个基点，并以相对坐标方式给出起点坐标。

例 3-1 使用【直线】命令绘制一个二极管符号，如图 3-1 所示，该图形由一个三角形和两条直线组成。

绘制该图形时，不要求图形精度，主要是练习配合鼠标操作绘制不连续的直线段，具体操作步骤如下：

(1) 绘制直线段 AB。

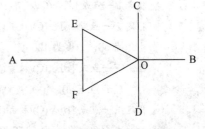

图 3-1 绘制的二极管符号

命令: Line↵ （执行直线命令）

指定第一点: 点取 A 点 （用鼠标确定线段 AB 的起点 A）

指定下一点或 [放弃(U)]: <正交 开> 点取 B 点，按回车 （按 F8 键打开正交模式，用鼠标确定线段 AB 的终点 B，按回车键结束线段 AB 的绘制）

(2) 绘制直线段 CD。

命令: ↵ （按回车键重复执行直线命令）

Line 指定第一点: 点取 C 点 （用鼠标确定线段 CD 的起点 C）

指定下一点或 [放弃(U)]: 点取 D 点，按回车 （用鼠标确定线段 CD 的终点 D，按回车键结束线段 CD 的绘制，使 CD 与 AB 相交于 O 点）

(3) 绘制三角形 OEF。

命令: ↵ （按回车键重复执行直线命令）

Line 指定第一点: <对象捕捉 开> <极轴 开>: 拾取 CD 与 AB 的交点 O （按 F3 键打开对象捕捉，按 F10 键打开极轴追踪，拾取点 O 作为起点）

指定下一点或 [放弃(U)]: 点取 E 点 （依据极轴追踪功能，在 150 度的对齐路径上确定一点 E）

指定下一点或 [闭合(C)/放弃(U)]: 点取 F 点 （垂直于 AB 线段并在 AB 线段的下方确定一点 F）

指定下一点或 [闭合(C)/放弃(U)]: C↵ （输入 C 并回车，闭合图形）

多讲几句

在 AutoCAD 中，按下回车键或空格键可以结束当前命令；如果用户想继续执行上一次的操作命令，可以直接在命令提示行下按回车键或空格键，这样可以大大提高绘图效率。

例 3-2 已知点 A(120,100)的绝对坐标及图形尺寸如图 3-2 所示，用 Line 命令绘制该图形。

上一例主要是学习如何结合鼠标操作来完成图形的绘制，而在本例中要求有精确的数据，所以需要通过在命令行中输入坐标值来完成。操作上更加专业一些，同时也要求用户对绝对坐标与相对坐标的运用比较熟练。具体操作步骤如下：

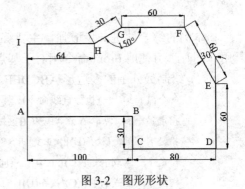

图 3-2 图形形状

命令: Line↵ （执行直线命令）

指定第一点: 120,100↵ （通过绝对坐标确定 A 点的位置）

指定下一点或 [放弃(U)]: @100,0↵ （确定 B 点，AB 之间的水平距离为 100）

指定下一点或 [放弃(U)]: @0,-30↵ （确定 C 点，位于 B 点正下方，并且垂直距离为 30）

指定下一点或 [闭合(C)/放弃(U)]: @80,0↵ （确定 D 点，CD 之间的水平距离为 80）

指定下一点或 [闭合(C)/放弃(U)]: @0,60↵　　(确定 E 点，位于 D 点正上方，并且垂直距离为 60)

指定下一点或 [闭合(C)/放弃(U)]: @60<120↵　　(通过相对极坐标确定 F 点，与 E 点的距离为 60，角度为 120 度)

指定下一点或 [闭合(C)/放弃(U)]: @-60,0↵　　(确定 G 点，与 F 点的水平距离为 60，但是在 F 点左侧)

指定下一点或 [闭合(C)/放弃(U)]: @30<-150↵　　(通过相对极坐标确定 H 点，与 G 点的距离为 30，角度为 –150 度)

指定下一点或 [闭合(C)/放弃(U)]: @-64,0↵　　(确定下一个端点 I，与 H 点的水平距离为 64，但是在 H 点左侧)

指定下一点或 [闭合(C)/放弃(U)]: C↵　　(闭合图形，完成操作)

 在绘制本例图形的过程中，没有过多的操作，基本上一气呵成。这种绘图方式的优点是速度快、精度高；缺点是要求用户对 AutoCAD 非常熟练，初学者需要多加练习。

例 3-3　用正交、极轴、对象追踪等辅助工具绘制如图 3-3 所示的图形。

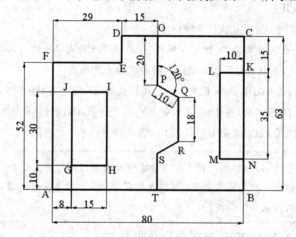

图 3-3　图形形状

本例的综合性进一步增强，主要练习辅助工具(正交、极轴、对象追踪)在绘图中的应用，同时学习使用 From 命令相对于基点确定起点坐标的方法。具体操作步骤如下：

(1) 绘制最外围的多边形 ABCDEF。

命令: Line↵　(执行直线命令)

指定第一点: 点取 A 点↵　　(用鼠标在绘图窗口中单击，确定 A 点的位置)

指定下一点或 [放弃(U)]: <正交 开>80↵　　(按 F8 键打开正交，向右移动光标，确定 B 点的位置)

指定下一点或 [放弃(U)]: 63↵　　(向上移动光标，确定 C 点)

指定下一点或 [闭合(C)/放弃(U)]: 51↵　　(向左移动光标，确定 D 点)

指定下一点或 [闭合(C)/放弃(U)]: 11↵　　(向下移动光标，确定 E 点)

指定下一点或 [闭合(C)/放弃(U)]: 29↵　　(向左移动光标，确定 F 点)

指定下一点或 [闭合(C)/放弃(U)]: C↵　　(闭合图形)

(2) 绘制矩形 GHIJ。

命令: ↵　　(按回车键重复执行直线命令)

Line 指定第一点: From↵　　(执行 From 命令)

基点: <对象捕捉 开> 拾取 A 点　　(按 F3 键打开对象捕捉，通过鼠标在绘图窗口中拾取 A 点)

基点: <偏移>: @8,10↵　　(设置 A 点的偏移量，得到 G 点)

指定下一点或 [放弃(U)]: 15↵　　(向右移动光标，确定 H 点)

指定下一点或 [放弃(U)]: 30↵　　(向上移动光标，确定 I 点)

指定下一点或 [闭合(C)/放弃(U)]: 15↵　　(向左移动光标，确定 J 点)

指定下一点或 [闭合(C)/放弃(U)]: C↵　　(闭合图形)

(3) 绘制折线 KLMN。

命令: ↵　　(按回车键重复执行直线命令)

Line 指定第一点: From↵　　(执行 From 命令)

基点: 拾取 C 点　　(通过鼠标在绘图窗口中拾取 C 点)

基点: <偏移>: 15↵　　(向下移动光标，设置 C 点向下的偏移量，得到 K 点)

指定下一点或 [放弃(U)]: 10↵　　(向左移动光标，确定 L 点)

指定下一点或 [放弃(U)]: 35↵　　(向下移动光标，确定 M 点)

指定下一点或 [闭合(C)/放弃(U)]: 10↵　　(向右移动光标，确定 N 点)

指定下一点或 [闭合(C)/放弃(U)]: ↵　　(按回车键结束本次操作)

(4) 绘制折线 OPQRST。

命令: ↵　　(按回车键重复执行直线命令)

Line 指定第一点: From↵　　(执行 From 命令)

基点: 拾取 D 点　　(通过鼠标在绘图窗口中拾取 D 点)

基点: <偏移>: 15↵　　(向右移动光标，设置 D 点向右的偏移量，得到 O 点)

指定下一点或 [放弃(U)]: 20↵　　(向下移动光标，确定 P 点)

指定下一点或 [放弃(U)]: @10<-30↵　　(通过相对极坐标确定 Q 点)

指定下一点或 [闭合(C)/放弃(U)]: 18↵　　(向下移动光标，确定 R 点)

指定下一点或 [闭合(C)/放弃(U)]: @10<210↵　　(通过相对极坐标确定 S 点)

指定下一点或 [闭合(C)/放弃(U)]: 15↵　　(向下移动光标，确定 T 点)

指定下一点或 [闭合(C)/放弃(U)]: ↵　　(按回车键结束本次操作)

多讲几句　　由于【直线】命令使用得最频繁，所以这里列举了 3 个由简到繁的实例，每一个实例中都包含了不同的操作方法与技巧。其中，例 3-1 重点突出使用鼠标绘图；例 3-2 是使用相对坐标值绘图；例 3-3 则是两者结合，并配合辅助工具进行绘图，既保证了图形的精确度，也保证了操作的灵活性。

3.1.2　射线(Ray)

射线是由起点延伸至无穷远的直线，在 AutoCAD 中可以通过 Ray 命令来绘制射线。射线一般用作绘图过程中的辅助线。

调用【射线】命令的方法如下：

菜单栏：执行【绘图】/【射线】命令
命令行：Ray

下面通过绘制一组射线来说明射线(Ray)命令的使用方法。具体操作步骤如下：

命令: Ray↵　　(执行射线命令)

指定起点: 点取 A 点　　(用鼠标在绘图窗口中单击，
　　确定射线的起点 A)

指定通过点: 点取 B 点　　(确定 B 点，则生成沿 AB
　　方向无限延伸的射线)

指定通过点: 点取 C 点(确定 C 点，生成射线 AC)

指定通过点:↵　　(按回车键，结束绘制)

绘制结果如图 3-4 所示。

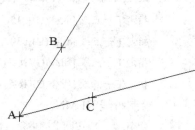

图 3-4　绘制的射线

3.1.3　构造线(Xline)

构造线是一条没有起点和终点的无限长直线，用户可使用 Xline 命令来绘制它。构造线具有普通 AutoCAD 图形对象的各种属性，如图层、颜色、线型等，主要用于绘制辅助线。构造线还可以修改成射线或直线。

调用【构造线】命令的方法如下：

菜单栏：执行【绘图】/【构造线】命令
工具栏：单击【绘图】工具栏中的【构造线】按钮✐
命令行：Xline

命令行提示与操作如下：

命令: Xline↵　　(执行构造线命令)

指定点或 [水平(H)/垂直(V)/角度(A)/二等分(B)/偏移

(O)]:　　(指定构造线上的一点 A，作为构造线的根点)

指定通过点:　　(指定构造线上的另一点 B，则由
　　该点与根点确定一条构造线)

指定通过点:　　(继续指定另一点 C，则确定另一
　　条构造线，依次类推)

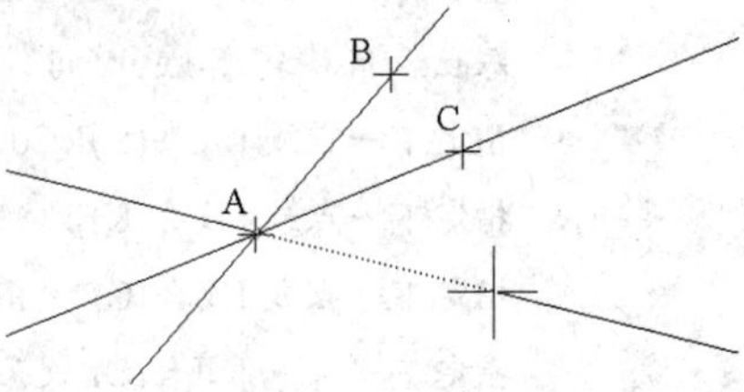

图 3-5　通过根点与另一点绘制构造线

指定通过点:↵　　(结束绘制)

上述方法是使用系统默认选项(即指定点的方法)进行绘制的，如图 3-5 所示。

【选项说明】

在构造线命令的提示中，除了默认选项以外，系统还为我们提供了其他 5 个选项，即 5 种绘制构造线的方法。

(1) 在"指定点或[水平(H)/垂直(V)/角度(A)/二等分(B)/偏移(O)]:"提示下输入 H 并回车，然后拾取一点，可以绘制通过指定点的水平构造线，如图 3-6 所示。

(2) 在"指定点或[水平(H)/垂直(V)/角度(A)/二等分(B)/偏移(O)]:"提示下输入 V 并回车，然后拾取一点，可以绘制通过指定点的垂直构造线，如图 3-7 所示。

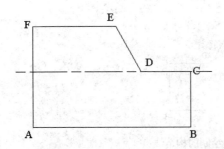 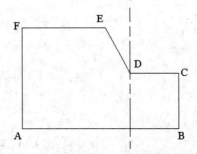

图 3-6 过 D 点绘制水平构造线   图 3-7 过 D 点绘制垂直构造线

(3) 在"指定点或[水平(H)/垂直(V)/角度(A)/二等分(B)/偏移(O)]:"提示下输入 A 并回车,可以绘制与 X 轴正向成固定角度的构造线,如图 3-8 所示。

命令: Xline↵

指定点或 [水平(H)/垂直(V)/角度(A)/二等分(B)/偏移(O)]: A↵

输入构造线的角度(0)或 [参照(R)]: 30↵   (设置角度)

指定通过点: 拾取 A 点

指定通过点:↵   (按回车键结束操作)

(4) 在"指定点或[水平(H)/垂直(V)/角度(A)/二等分(B)/偏移(O)]:"提示下输入 B 并回车,可以绘制平分指定角度的构造线,如图 3-9 所示。

命令: Xline↵

指定点或[水平(H)/垂直(V)/角度(A)/二等分(B)/偏移(O)]: B↵

指定角的顶点: 拾取 D 点   (确定角的顶点)

指定角的起点: 拾取 C 点   (由该点与顶点确定角的一条边)

指定角的端点: 拾取 E 点   (由该点与顶点确定角的另一条边)

指定角的端点:↵   (按回车键结束操作)

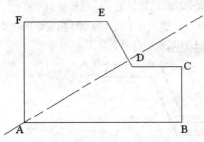 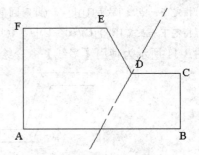

图 3-8 过 A 点的 30 度角构造线   图 3-9 等分角 CDE 的构造线

(5) 在"指定点或[水平(H)/垂直(V)/角度(A)/二等分(B)/偏移(O)]:"提示下输入 O 并回车,可以绘制与指定线段平行的构造线,如图 3-10 所示。

命令: Xline↵

指定点或 [水平(H)/垂直(V)/角度(A)/二等分(B)/偏移(O)]: O↵

指定偏移距离或 [通过(T)] <1.0000>: 15↵   (指定偏移距离)

选择直线对象: 拾取 DE   (指定构造线平行于哪一条线)

指定向哪侧偏移: 在 DE 左下方单击鼠标   (指定偏移的方向,生成构造线)

选择直线对象:↵   (按回车键结束操作)

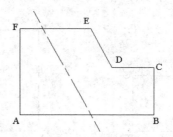

图 3-10　通过偏移绘制的构造线

3.1.4　多线(Mline)

多线是一种特殊类型的线型，是由多条平行直线组成的一个单独对象。多线的最大优点是能够大大提高绘图效率，保证线条之间的一致性。

1. 绘制多线

多线的绘制方法与直线基本一样，只是绘出的线条样式不同。默认的多线包括两条线，每条线都偏移中心线 0.5(上下偏移)个单位。下面以默认的多线样式介绍绘制多线的方法。

调用【多线】命令的方法如下：

> 菜单栏：执行【绘图】/【多线】命令
> 命令行：Mline

命令行提示与操作如下：

> 命令: Mline↵　　(执行多线命令)
>
> 当前设置: 对正=上，比例=20.00，样式=STANDARD　　　(系统自动显示的当前绘图设置)
>
> 指定起点或 [对正(J)/比例(S)/样式(ST)]:　　(指定多线的起点)
>
> 指定下一点:　　(指定多线的下一个端点)
>
> 指定下一点或 [放弃(U)]:　　(此时回车结束命令，或继续指定下一段多线的端点)
>
> 指定下一点或 [闭合(C)/放弃(U)]:　　(此时可以按 C 键闭合多线，或继续指定下一段多线的端点)

如图 3-11 所示为使用【多线】命令绘制的封闭图形。

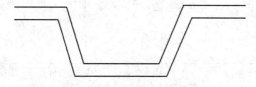

图 3-11　使用【多线】命令绘制的图形

【选项说明】

(1) 对正(J)：该选项可以确定多线随光标移动的方式。此时 AutoCAD 提示如下：

> 输入对正类型 [上(T)/无(Z)/下(B)] <上>:

选择"上(T)"时，多线最顶端的线随光标移动；选择"无(Z)"时，多线的中心线随光标移动；选择"下(B)"时，多线最底端的线随光标移动。

(2) 比例(S)：该选项可以设置多线的各条平行线之间的距离。

(3) 样式(ST)：该选项可以确定多线的样式。此时用户可以输入已有的线型名，也可以输入"?"。如果输入"?"，则打开 AutoCAD 文本窗口，并显示已加载的线型。

2. 设置多线样式

使用多线的场合不同，用户对多线的线型也就有不同的要求。AutoCAD 提供的【多线样式】命令可以帮助用户自定义多线的样式。

调用【多线样式】命令的方法如下：

> 菜单栏：执行【格式】/【多线样式】命令
> 命令行：Mlstyle

执行上述命令之一后，则弹出【多线样式】对话框，如图 3-12 所示。

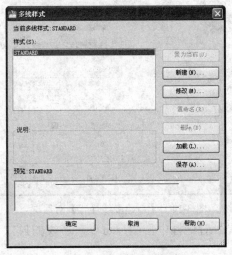

图 3-12　【多线样式】对话框

默认情况下，【样式】列表中只有 STANDARD 一种样式。如果有多种样式，用户可以在这里选择一种样式，然后单击 置为当前(U) 按钮，将其设置为当前样式，此时【当前多线样式】选项将显示已设置的样式名称；【说明】选项中显示多线样式的说明信息；【预览】选项中显示在【样式】列表中选择的多线样式。

在该对话框的右侧是一排功能按钮，各按钮的功能如下：

❖　单击 置为当前(U) 按钮，可以将所选样式设置为当前的多线样式。
❖　单击 新建(N)... 按钮，可以创建一个新的多线样式。
❖　单击 修改(M)... 按钮，可以修改在【样式】列表中所选的样式。
❖　单击 重命名(R) 按钮，可以为当前多线样式重新命名。
❖　单击 删除(D) 按钮，可以删除在【样式】列表中所选的多线样式。
❖　单击 加载(L)... 按钮，可以加载多线库文件(ACAD.MLN)中已定义的多线样式。
❖　单击 保存(A)... 按钮，可以将当前的多线样式存入多线库文件(ACAD.MLN)中。

3. 新建多线样式

通常情况下，在使用多线之前都要新建或修改多线样式，使之满足绘图的要求。新建多线样式的方法如下：

(1) 在【多线样式】对话框中单击 新建(N)... 按钮，则弹出【创建新的多线样式】对话框，如图 3-13 所示。

图 3-13　【创建新的多线样式】对话框

(2) 在【新样式名】文本框中输入新样式名称，并选择一种基础样式，然后单击 [继续] 按钮，则弹出【新建多线样式】对话框，如图 3-14 所示。

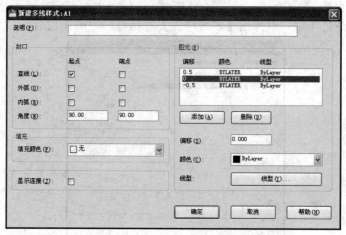

图 3-14　【新建多线样式】对话框

(3) 在【新建多线样式】对话框中，用户可以对多线的封口、图元、填充等属性进行设置。

❖ 【说明】：该文本框中可以输入多线样式的说明信息，最多可以输入 255 个字符。当在【多线样式】对话框中选择该多线时，说明信息将出现在【说明】选项中。

❖ 【封口】：用于设置多线起点与端点处的封口形式，分为直线与弧形两种形式。其中"直线"表示以直线形式封闭多线的起始端和终止端；"外弧"表示多线两端最外侧的两根线之间以弧线形式封闭；"内弧"表示以弧线形式连接成对元素，如果多线元素为奇数，则不连接中心线；"角度"用于控制多线两端的角度，如图 3-15 所示。

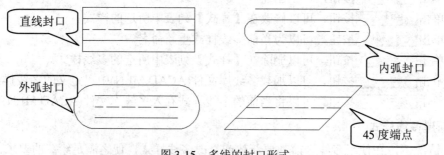

图 3-15　多线的封口形式

❖ 【填充】：用于设置是否填充多线的背景，在"填充颜色"下拉列表中可以选择不同的颜色，选择"无"则不填充颜色。

❖ 【显示连接】：选择该项，可以在连续多线的转折处显示交叉线，否则不显示交叉线，如图 3-16 所示。

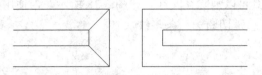

图 3-16　显示交叉线与不显示交叉线

❖ 【图元】：用于设置多线中每一条线相对于中心线的偏移量、颜色和线型等属性。单击下方的 添加(A) 按钮，可以为多线添加一条线；单击 删除(D) 按钮，可以删除多线中的某一条线。添加了一条新线以后，可以通过"偏移"、"颜色"和"线型"选项进一步设置其属性。

(4) 在【新建多线样式】对话框中设置了相关属性以后，单击 确定 按钮，则新建了一个多线样式。该样式将出现在【多线样式】对话框的【样式】列表中。

4．修改多线样式

在【多线样式】对话框中，首先从【样式】列表中选择一个多线样式，然后单击右侧的 修改(M)... 按钮，这时将打开【修改多线样式】对话框，通过该对话框可以修改已经创建的多线样式。【修改多线样式】对话框与【新建多线样式】对话框中的参数完全一致，用户可以参照创建多线样式的方法修改多线样式。

> 如果要修改多线样式，一定要确保在绘图窗口中没有使用该样式绘制的多线存在，否则无法修改多线样式。另外，对于使用频率比较高的多线样式，可以保存起来，以便今后绘图中使用。

5．编辑多线

多线编辑命令是一个专门编辑多线对象的命令，它的作用主要是处理多线的交叉点，使其符合绘图要求。单击菜单栏中的【修改】/【对象】/【多线】命令或者在命令行中输入 Mledit 命令并回车，可以打开【多线编辑工具】对话框，如图 3-17 所示。

图 3-17　【多线编辑工具】对话框

在该对话框中，每一幅图片都代表一种多线的编辑方式。选择某一图片后，用户只需继续按照系统提示选取目标对象即可完成操作。

使用三种十字型工具可以消除交叉线，如图 3-18 所示。当使用十字型工具时，需要选择两条多线，AutoCAD 总是切断第一条多线。

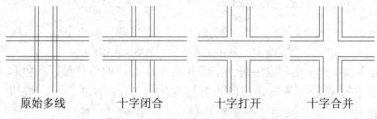

原始多线　　　　十字闭合　　　　十字打开　　　　十字合并

图 3-18　多线的十字型编辑效果

使用 T 形工具也可以消除交叉线，但是消除后将形成 T 形结构，如图 3-19 所示。使用 T 形工具时，AutoCAD 会将第一条多线剪裁或延伸到交点处。

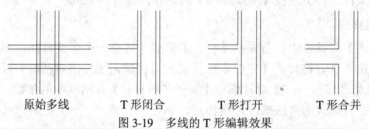

原始多线　　　　T 形闭合　　　　T 形打开　　　　T 形合并

图 3-19　多线的 T 形编辑效果

除此以外，【多线编辑工具】对话框还提供了角点结合、添加顶点、删除顶点、剪切多线、接合多线等工具。由于操作十分简单，这里不再一一介绍，读者可以根据操作提示逐一体验每个工具的编辑效果。

例 3-4　使用构造线、多线绘制一扇窗，如图 3-20 所示。

图 3-20　窗结构

通过本例的制作，重点学习使用构造线作为绘图的辅助线，掌握多线的绘制与编辑技术，同时还将学习图层的运用。具体操作步骤如下：

(1) 命令：Layer↵　　　(执行图层命令，打开【图层特性管理器】)

(2) 在【图层特性管理器】中单击上方的 按钮，创建一个新图层，并命名为"辅助线"。

(3) 在"辅助线"图层的【线型】列上单击鼠标，在弹出的【选择线型】对话框中单击 加载① … 按钮，打开【加载或重载线型】对话框，选择"ACAD_IS008W100"线型并单击[确定]按钮，如图 3-21 所示。返回【选择线型】对话框，在【已加载的线型】列表中选择 "ACAD_IS008W100" 线型并单击[确定]按钮，如图 3-22 所示。

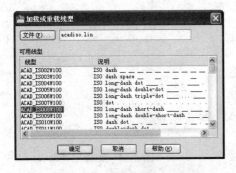

图 3-21　【加载或重载线型】对话框　　　　图 3-22　【选择线型】对话框

(4) 在 "辅助线" 图层的【颜色】列上单击鼠标，在弹出的【选择颜色】对话框中选择 "洋红" 并单击[确定]按钮，如图 3-23 所示。

(5) 用同样的方法再创建一个新图层并命名为 "轮廓线"，设置颜色为 "蓝"，如图 3-24 所示。

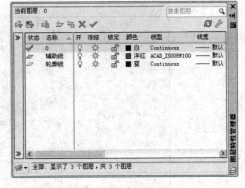

图 3-23　【选择颜色】对话框　　　　　　图 3-24　创建的图层

(6) 在【图层】工具栏中选择 "辅助线" 图层为当前图层。

(7) 使用构造线命令绘制辅助线。

命令: Xline↵　(执行构造线命令)

指定点或 [水平(H)/垂直(V)/角度(A)/二等分(B)/偏移(O)]: H↵

指定通过点:任意拾取一点↵　(绘制一条水平构造线)

指定通过点:↵　(按回车键结束操作)

命令:↵　(这里按回车键是重复执行构造线命令)

Xline 指定点或[水平(H)/垂直(V)/角度(A)/二等分(B)/偏移(O)]: V↵

指定通过点: 在适当位置拾取一点↵　(绘制一条垂直构造线)

指定通过点:↵　(按回车键结束操作)

命令:↵　(这里按回车键是重复执行构造线命令)

Xline 指定点或 [水平(H)/垂直(V)/角度(A)/二等分(B)/偏移(O)]: O↵

指定偏移距离或 [通过(T)]: 100↵　(指定偏移距离)

选择直线对象: 拾取水平构造线↵　　(指定偏移的基准对象)

指定向哪侧偏移: 在水平构造线上方单击鼠标

　　(指定偏移的方向)

选择直线对象: ↵　　(按回车键结束操作)

······

采用相同的方法，再次基于第一条水平构造线向上偏移 140，然后基于第一条垂直构造线分别向右偏移 60、120、180、240 绘制构造线，从而完成辅助线的绘制，如图 3-25 所示。

(8) 在【图层】工具栏中选择"轮廓线"图层为当前图层。

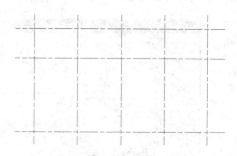

图 3-25　完成的辅助线

(9) 命令：Mlstyle↵　　(执行多线样式命令，打开【多线样式】对话框)

(10) 在打开的【多线样式】对话框中单击 新建(N)... 按钮，创建一个名称为"窗框线"样式的多线，在弹出的【新建多线样式】对话框中设置多线的属性，如图 3-26 所示。

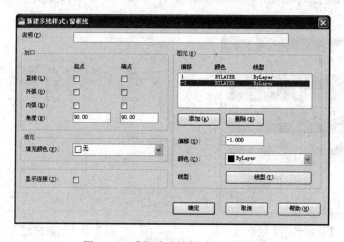

图 3-26　【新建多线样式】对话框

(11) 单击 确定 按钮，返回【多线样式】对话框，在列表中选择"窗框线"样式，单击 置为当前(U) 按钮，将其设置为当前多线样式，然后单击 确定 按钮关闭对话框，如图 3-27 所示。

(12) 使用定义的多线绘制窗结构。

命令: Mline↵　　(执行多线命令)

当前设置: 对正=上，比例=20.00，样式=窗框线　　(系统自动显示)

指定起点或 [对正(J)/比例(S)/样式(ST)]: S↵ (选择"比例"选项)

输入多线比例 <20.00>:1↵　　(设置多线比

图 3-27　【多线样式】对话框

例为 1:1)

当前设置: 对正=上, 比例=1.00, 样式=窗框线　　(系统自动显示)

指定起点或 [对正(J)/比例(S)/样式(ST)]: 点取 A 点　　(确定多线的起点)

指定下一点: <正交 开>点取 B 点　　(按 F8 键打开正交, 并确定一个端点)

指定下一点或 [放弃(U)]: 点取 C 点　　(确定一个端点)

指定下一点或 [闭合(C)/放弃(U)]: 点取 D 点　　(确定一个端点)

指定下一点或 [闭合(C)/放弃(U)]: C↵　　(闭合多线, 结束操作)

命令: ↵　　(重复执行多线命令)

当前设置: 对正=上, 比例=1.00, 样式=窗框线　　(系统自动显示)

指定起点或 [对正(J)/比例(S)/样式(ST)]: 点取 E 点

指定下一点: 点取 F 点

指定下一点: ↵　　(结束操作)

……

用同样的方法, 依据辅助线绘制其他多线, 绘制结果如图 3-28 所示。

(13) 编辑多线的交叉点。

命令: Mledit ↵　　(执行编辑多线命令, 打开

【多线编辑工具】对话框)

在打开的【多线编辑工具】对话框中选择"十字合并"工具。

选择第一条多线: 拾取 EF

选择第二条多线: 拾取 MN

选择第一条多线或 [放弃(U)]: ↵　　(结束操作)

命令: ↵

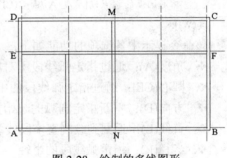

图 3-28　绘制的多线图形

在打开的【多线编辑工具】对话框中选择"T形合并"工具。

选择第一条多线: 拾取 EF

选择第二条多线: 拾取 AD

……

用同样的方法处理其他 T 形交叉点。在拾取多线时, 要先拾取内侧的多线, 再拾取外侧的多线。

3.1.5　多段线(Pline)

多段线是 AutoCAD 中最常用且功能较强的对象之一, 它由一系列首尾相连的直线和圆弧组成。多段线可以具有宽度, 并且可以绘制封闭区域, 因此它可以替代其他一些 AutoCAD 实体, 如直线、圆弧、实心体等。多段线与直线相比有以下两方面的优点:

(1) 多段线比较灵活, 可直可曲, 可宽可窄, 既可以宽度一致, 也可以有粗细变化。

(2) 整条多段线是一个单一对象, 便于编辑。

调用【多段线】命令的方法如下:

菜单栏：执行【绘图】/【多段线】命令

工具栏：单击【绘图】工具栏中的【多段线】按钮

命令行：Pline

命令行提示与操作如下：

命令: Pline↵   (执行多段线命令)

指定起点: (指定多段线的起点)

当前线宽为 0.0000   (系统默认设置)

指定下一点或 [圆弧(A)/半宽(H)/长度(L)/放弃(U)/宽度(W)]:   (指定多段线的下一个端点或选
    择其他选项)

指定下一点或 [圆弧(A)/闭合(C)/半宽(H)/长度(L)/放弃(U)/宽度(W)]:   (继续输入多段线的端
    点，或选择其他选项，或回车结束操作)

【选项说明】

Pline 命令的操作分为直线方式和圆弧方式两种，默认状态下为直线方式。在系统提示
中，若干选项代表不同的绘图方式与属性。

(1) 圆弧(A)：该选项可以切换到圆弧方式。此时系统提示如下：

指定圆弧的端点或[角度(A)/圆心(CE)/方向(D)/半宽(H)/直线(L)/半径(R)/第二个点(S)/放弃(U)/宽
度(W)]:

该命令提示中各选项的功能如下：

❖ 角度(A)：通过指定弧线段所对应的圆心角来绘制圆弧。

❖ 圆心(CE)：通过指定弧线段的中心来绘制圆弧。

❖ 方向(D)：重新指定圆弧的起始方向。

❖ 直线(L)：返回到绘制直多段线状态。

❖ 半径(R)：指定弧线段的半径。

❖ 第二个点(S)：指定弧线段的第二个点和端点，即采用三点法绘制弧线。

其余选项与 Pline 命令中的同名选项含义相同，不再赘述。

(2) 闭合(C)：该选项可以闭合多段线。但是要注意，只有绘制了两段多段线以后，才
会出现"闭合"选项。

(3) 半宽(H)：该选项可以指定多段线的半宽值，即多段线宽度的一半。每一段多段线
都可以重新定义半宽值。

(4) 长度(L)：该选项可以指定下一段多段线的长度。如果前一段是直线，则延长方向
和前一段相同；如果前一段是圆弧，则延长方向为前一段的切线方向。

(5) 放弃(U)：该选项可以取消刚绘制的一段多段线，重复输入此项可逐步删除之前的
操作。

(6) 宽度(W)：该选项可以设定多段线的线宽，默认值为 0。多段线的初始宽度和结束
宽度可不相同，而且可分段设置，操作灵活。

多讲几句

绘制多段线时，只有使用了"闭合(C)"选项，才可以真正形成封闭的图
形。而利用点捕捉功能将多段线的起点与终点重合形成的多段线，在该点处是
断开的，并不是真正的闭合。

例 3-5 用多段线绘制如图 3-29 所示的箭头。

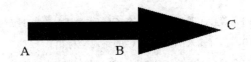

图 3-29 用多段线绘制的箭头

本例主要学习使用多段线的"宽度(W)"选项绘制不同宽度的线型，从而巧妙地形成一个箭头形状。具体操作步骤如下：

命令: Pline↵   (执行多段线命令)

指定起点:<正交 开> 点取 A 点   (按下 F8 键打开正交模式，然后在绘图窗口中单击鼠标来确定多段线的起点 A)

当前线宽为 0.0000   (系统默认宽度为 0，自动显示)

指定下一点或 [圆弧(A)/半宽(H)/长度(L)/放弃(U)/宽度(W)]: W↵   (选择"宽度"选项)

指定起点宽度 <0.0000>: 3↵   (指定起点的宽度)

指定端点宽度 <3.0000>:↵   (指定端点的宽度，不需要输入数值，直接按回车键)

指定下一点或 [圆弧(A)/半宽(H)/长度(L)/放弃(U)/宽度(W)]: 点取 B 点   (确定多段线的端点 B)

指定下一点或 [圆弧(A)/闭合(C)/半宽(H)/长度(L)/放弃(U)/宽度(W)]: W↵

  (再次选择"宽度"选项)

指定起点宽度 <3.0000>: 8↵   (指定第二段多段线的起点宽度)

指定端点宽度 <8.0000>: 0↵   (指定第二段多段线的端点宽度)

指定下一点或 [圆弧(A)/闭合(C)/半宽(H)/长度(L)/放弃(U)/宽度(W)]:点取 C 点   (确定第二段多段线的端点)

指定下一点或 [圆弧(A)/闭合(C)/半宽(H)/长度(L)/放弃(U)/宽度(W)]:↵   (按回车键结束操作)

例 3-6 绘制如图 3-30 所示的曲线。

本例将使用绝对坐标完成多段线的绘制，练习直线方式与圆弧方式交替绘制多段线的方法。具体操作步骤如下：

A(20,100)   B(100,100)

D(20,60)   C(100,60)

命令: Pline↵   (执行多段线命令)

指定起点: 20,100↵   (输入 A 点的绝对坐标值)

当前线宽为 0.0000   (系统默认宽度为 0，自动显示)

指定下一点或 [圆弧(A)/半宽(H)/长度(L)/放弃(U)/宽度(W)]:   图 3-30 用多段线绘制的曲线

W↵   (选择"宽度"选项)

指定起点宽度 <0.0000>: 4↵   (指定第一段多段线的起点宽度)

指定端点宽度 <4.0000>: ↵   (此处直接回车，指定第一段多段线的端点宽度)

指定下一点或 [圆弧(A)/半宽(H)/长度(L)/放弃(U)/宽度(W)]:100,100↵   (输入 B 点的绝对坐标值)

指定下一点或 [圆弧(A)/闭合(C)/半宽(H)/长度(L)/放弃(U)/宽度(W)]: W↵   (再次选择"宽度"选项)

指定起点宽度 <4.0000>:↵   (此处直接回车，指定第二段多段线的起点宽度)

指定端点宽度 <4.0000>: 0.5↵   (指定第二段多段线的端点宽度)

指定下一点或 [圆弧(A)/闭合(C)/半宽(H)/长度(L)/放弃(U)/宽度(W)]: A↵　　　　(选择圆弧绘图方式)

指定圆弧的端点或 [角度(A)/圆心(CE)/闭合(CL)/方向(D)/半宽(H)/直线(L)/半径(R)/第二个点(S)/放弃(U)/宽度(W)]: 100,60↵　　(输入圆弧端点 C 的绝对坐标值)

指定圆弧的端点或 [角度(A)/圆心(CE)/闭合(CL)/方向(D)/半宽(H)/直线(L)/半径(R)/第二个点(S)/放弃(U)/宽度(W)]: L↵　　(切换到直线绘图方式)

指定下一点或 [圆弧(A)/闭合(C)/半宽(H)/长度(L)/放弃(U)/宽度(W)]:20,60↵　　(输入 D 点的绝对坐标值)

指定下一点或 [圆弧(A)/闭合(C)/半宽(H)/长度(L)/放弃(U)/宽度(W)]: ↵　　　(按回车键结束操作)

3.1.6　徒手画线(Sketch)

为了使用户更加方便地绘图，AutoCAD 提供了"徒手画"的功能，即使用 Sketch 命令绘制一些不规则的线条。执行 Sketch 命令以后，用户可以将定点设备(如鼠标)当作画笔来使用，进行徒手画线，这些线实质上是一系列连续的直线或多段线的组合。

利用该功能，可以徒手绘制一些不规则的边界，如等高线、签名等，如图 3-31 所示，线段 AB 即为徒手画线。

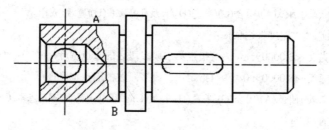

图 3-31　徒手画线

使用徒手画线命令时的提示与操作如下：

命令: Sketch↵　　(执行 Sketch 命令)

记录增量 <1.0000>:　　(输入新的记录增量，它控制了徒手画线的光滑度)

徒手画.画笔(P)/退出(X)/结束(Q)/记录(R)/删除(E)/连接(C)。　　(拖动鼠标进行画线即可，然后按下回车键结束操作)

【选项说明】

(1) 徒手画线的结果是由一段段小线段构成的，记录的增量值用来定义小线段的长度。定点设备移动的距离必须大于记录增量才能生成徒手画线。

(2) 画笔(P)：该选项不需要单击鼠标就落笔，此时只需要移动鼠标即可画线。

(3) 退出(X)：该选项可以记录及报告临时徒手画线的段数，并结束命令。

(4) 结束(Q)：该选项可以放弃上一次使用"记录"选项时所有临时的徒手画线，并结束命令。

(5) 记录(R)：该选项将永久保存临时线段且不改变画笔的位置，并报告线段的数量。

(6) 删除(E)：该选项可以删除临时线段的所有部分，如果画笔已落下则提起画笔。

(7) 连接(C)：选择该选项时，将落笔并继续从上次所画线段的端点或上次所删除线段的端点处开始画线。

3.2 绘制圆、圆弧、椭圆

在机械或工程图纸中，圆、圆弧、椭圆都是常用的图形对象。AutoCAD 2010 为用户提供了非常灵活的绘图工具，使用圆、圆弧、椭圆命令可以快速地完成这类图形的绘制，它们属于最简单的曲线对象。

3.2.1 圆(Circle)

圆是在绘图过程中使用最多的基本图形元素之一，常用来构造柱、轴等零件。在 AutoCAD 中调用【圆】命令的方法如下：

> 菜单栏：执行【绘图】/【圆】命令
> 工具栏：单击【绘图】工具栏中的【圆】按钮⊙
> 命令行：Circle

命令行提示与操作如下：

命令: Circle↵　　(执行画圆命令)

指定圆的圆心或 [三点(3P)/两点(2P)/切点、切点、半径(T)]:　　(在绘图窗口中单击鼠标，指定圆心)

指定圆的半径或 [直径(D)]:　　(如果以半径方式画圆，直接输入半径值；如果以直径方式画圆，则输入 D 并回车)

指定圆的直径:　　(输入直径值并回车)

AutoCAD 默认的画圆方法是以圆心与半径(或直径)来确定圆，其中圆心的位置可以通过单击鼠标来确定，也可以通过坐标值来确定。另外，如果用户不直接输入圆的半径(或直径)而是指定一点，则系统将以该点和圆心之间的距离作为半径(或直径)绘制圆，如图 3-32 所示。

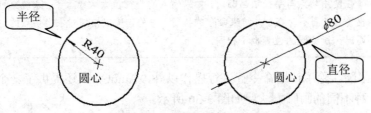

图 3-32 以圆心与半径或直径画圆

【选项说明】

绘制圆的方法多种多样，前面介绍的是默认的画圆方法，即通过圆心与半径(或直径)来确定圆。除此以外，还有其他几种方法可以画圆。

(1) 三点画圆。选择"三点(3P)"选项时，系统提示：

指定圆上的第一个点:　　(指定圆周上第一个点)

指定圆上的第二个点:　　(指定圆周上第二个点)

　　　　指定圆上的第三个点:　　　(指定圆周上第三个点)

　　指定三点以后，就可以确定一个圆。但是要注意，这三点是指圆周上的三点，不可能位于同一直线上，如图 3-33 所示。

　　(2) 两点画圆。选择"两点(2P)"选项时，系统提示：

　　　　指定圆直径的第一个端点:　　　(指定一点)

　　　　指定圆直径的第二个端点:　　　(指定另一点)

　　这里的两点是指直径上的两个端点，两点之间的距离即圆的直径，如图 3-34 所示。

　　　　图 3-33　三点画圆　　　　　　　　　　图 3-34　两点画圆

　　(3) 切点与半径画圆。选择"切点、切点、半径(T)"选项时，系统提示：

　　　　指定对象与圆的第一个切点:　　　(确定切点 T1)

　　　　指定对象与圆的第二个切点:　　　(确定切点 T2)

　　　　指定圆的半径:　　　(输入圆的半径，并回车确认)

　　使用切点与半径画圆时，选择的切点必须真正能够与圆相切，相切的对象可以是一个，也可以是两个，如图 3-35 所示。

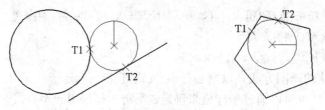

　　　　　　　　图 3-35　切点分别在两个对象与一个对象上

　　　　　　　　在使用切点与半径法画圆时，如果输入的半径值太大或太小，系统有可能给出警告"圆不存在"并结束命令的执行。另外，选取相切对象上切点的位置不同时，所绘圆的位置也不相同。

　　(4) 3 个切点画圆。除了使用命令行进行操作以外，AutoCAD 还提供了一个非常直观的菜单，代表了 6 种不同的画圆方法，如图 3-36 所示。

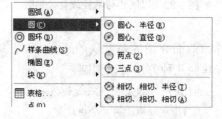

　　　　　　　　　　图 3-36　6 种画圆的方法

其中，【相切、相切、相切】命令即为 3 个切点画圆。使用该命令时，一定要确定圆与其他对象的 3 个切点，与圆相切的对象可以是一个、两个或三个。

指定圆上的第一个点:_tan 到　　(确定切点 T1)

指定圆上的第二个点:_tan 到　　(确定切点 T2)

指定圆上的第三个点:_tan 到　　(确定切点 T3)

使用 3 个切点画圆时，只能通过菜单调用命令而不能通过命令行完成，如图 3-37 所示是使用这种方法绘制的圆。

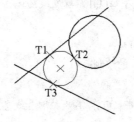 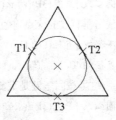

图 3-37　使用 3 个切点绘制圆

例3-7　绘制台灯灯罩图形，如图 3-38 所示。

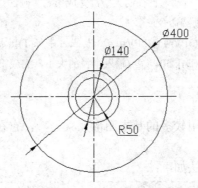

图 3-38　台灯灯罩图形

本例主要练习以圆心与半径(或直径)的方法来画圆，并且结合辅助线确定圆心。具体操作步骤如下：

(1) 单击菜单栏中的【格式】/【线型】命令，打开【线型管理器】对话框，单击其中的 加载(L)... 按钮，加载 "CENTER2" 线型。

(2) 在【特性】工具栏中的【线型控制】下拉列表中选择 "CENTER2" 线型为当前线型。

(3) 使用直线命令绘制十字型辅助线，以确定圆心。

命令:Line↵　(执行直线命令)

指定第一点:点取一点　　(确定直线的起点)

指定下一点或 [放弃(U)]: <正交 开>450↵　　(按 F8 键打开正交，向右移动光标，确定直线的另一个端点)

指定下一点或 [放弃(U)]: ↵　(按回车键结束操作，绘出一条水平线)

命令: ↵　(按回车键重复执行直线命令)

指定第一点: 在水平线的上方点取一点　　(首先捕捉水平线的中点，然后沿对齐路径在水平线

的上方大约 225 个单位的位置处单击鼠标)

　　指定下一点或 [放弃(U)]:450↵ 　　(向下移动光标,确定直线的另一个端点)

　　指定下一点或 [放弃(U)]: ↵ 　　(按回车键结束操作,绘出一条垂直线)

(4) 在【特性】工具栏中的【线型控制】下拉列表中选择 "ByLayer" 为当前线型,即随层属性中的线型。

(5) 绘制圆形。

　　命令: Circle↵ 　　(执行画圆命令)

　　指定圆的圆心或 [三点(3P)/两点(2P)/切点、切点、半径(T)]:拾取直线交点 　　(确定圆心,即将水平线与垂直线的交点作为圆心)

　　指定圆的半径或 [直径(D)]:D↵ 　　(选择直径选项)

　　指定圆的直径: 140↵ 　　(输入直径的大小,完成圆的绘制)

　　命令: ↵ 　　(这里按回车键是重复执行画圆命令)

　　指定圆的圆心或 [三点(3P)/两点(2P)/切点、切点、半径(T)]: 再次拾取直线交点 　　(两次拾取同一个点,以保证是同心圆)

　　指定圆的半径或 [直径(D)]: D↵ 　　(选择直径选项)

　　指定圆的直径: 400↵ 　　(输入直径的大小,完成第二个圆的绘制)

　　命令:↵ 　　(重复执行画圆命令)

　　指定圆的圆心或 [三点(3P)/两点(2P)/切点、切点、半径(T)]: 拾取直线交点

　　指定圆的半径或 [直径(D)]: 50↵ 　　(输入半径的大小,完成第三个圆的绘制)

3.2.2 圆弧(Arc)

圆弧也是绘制图形时使用较多的基本图形元素之一,它在实体元素之间起着光滑过渡的作用。

调用【圆弧】命令的方法如下:

菜单栏: 执行【绘图】/【圆弧】命令
工具栏: 单击【绘图】工具栏中的【圆弧】按钮
命令行: Arc

AutoCAD 2010 提供了 11 种画圆弧的方法,通过菜单栏中的【绘图】/【圆弧】命令即可看到,如图 3-39 所示为【圆弧】子菜单。下面介绍几种常用的画弧方法。

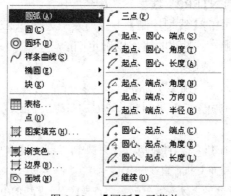

图 3-39 　【圆弧】子菜单

1. 通过圆弧上的三点画弧

三点绘制圆弧与三点绘制圆很相似，只是圆弧上的三点必须包括圆弧的起点和端点，而起点、第二点、端点的顺序决定了是顺时针还是逆时针绘制圆弧。确定了三点以后，AutoCAD 自动计算圆弧的圆心位置和半径大小，如图 3-40 所示。

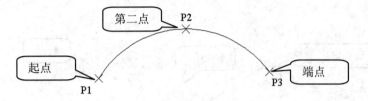

图 3-40　三点方式画弧

通过圆弧上的三点画弧的具体操作步骤如下：

命令: Arc↵　　(执行画弧命令)

指定圆弧的起点或 [圆心(C)]:　　(指定圆弧上的起点 P1)

指定圆弧的第二个点或 [圆心(C)/端点(E)]:　　(指定圆弧上的第二点 P2)

指定圆弧的端点:　　(指定圆弧上的第三点 P3)

2. 以起点、圆心、端点的方式画弧

如果已知圆弧的起点、圆心和端点，则可以通过这种方式画弧。给定圆弧的起点和圆心后，圆弧的半径就已经确定，圆弧的端点只决定圆弧的长度。输入起点和圆心后，圆心到端点的连线将动态拖动圆弧以达到适当位置，如图 3-41 所示。

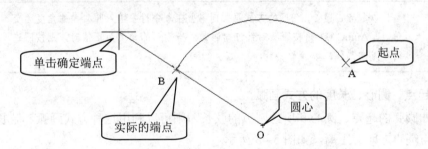

图 3-41　以起点、圆心、端点方式画弧

以起点、圆心、端点的方式画弧的具体操作步骤如下：

命令: Arc↵　　(执行画弧命令)

指定圆弧的起点或 [圆心(C)]:　　(指定起点 A)

指定圆弧的第二个点或 [圆心(C)/端点(E)]: C↵　　(选择"圆心"选项)

指定圆弧的圆心:　　(指定圆心点 O)

指定圆弧的端点或 [角度(A)/弦长(L)]:　　(指定圆弧的端点 B)

多讲几句　　　　从几何的角度来说，以起点、圆心、端点的方式画弧时，可以在图形上形成两段圆弧，即从不同的方向上截取圆弧。为了准确绘图，默认情况下系统将按逆时针方向截取所需的圆弧。

3. 以起点、圆心、角度的方式画弧

如果已知圆弧的起点、圆心和圆心角的角度，则可以利用这种方式画弧。起点和圆心决定圆弧的半径，圆心角的角度决定了圆弧的长度。确定角度时，用户既可以通过命令行输入精确的角度值，也可以通过单击鼠标确定角度，如图 3-42 所示。

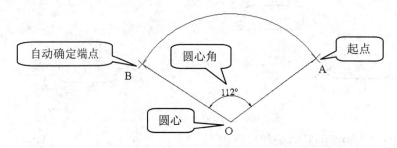

图 3-42　以起点、圆心、角度方式画弧

以起点、圆心、角度的方式画弧的具体操作步骤如下：

命令: Arc↵　　(执行画弧命令)

指定圆弧的起点或 [圆心(C)]:　　(指定起点 A)

指定圆弧的第二个点或 [圆心(C)/端点(E)]: C↵　　(选择"圆心"选项)

指定圆弧的圆心:　　(指定圆心点 O)

指定圆弧的端点或 [角度(A)/弦长(L)]: A↵　　(选择"角度"选项)

指定包含角:　　(输入圆心角的度数)

以起点、圆心、角度的方式画弧时，当在命令行中输入圆心角的角度为负值时，AutoCAD 将按照顺时针方向画弧；当输入的角度为正值时，则按照逆时针方向画弧。

4. 以起点、圆心、长度的方式画弧

如果已知圆弧的起点、圆心和所绘圆弧的弦长，则可以利用这种方式画弧。弦长是指圆弧的起点与端点之间的距离，如图 3-43 所示。

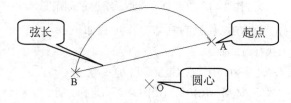

图 3-43　以起点、圆心、长度方式画弧

以起点、圆心、长度的方式画弧的具体操作步骤如下：

命令: Arc↵　　(执行画弧命令)

指定圆弧的起点或 [圆心(C)]:　　(指定圆弧的起点 A)

指定圆弧的第二个点或 [圆心(C)/端点(E)]: C↵　　(选择"圆心"选项)

指定圆弧的圆心: (指定圆心 O)

指定圆弧的端点或 [角度(A)/弦长(L)]: L↵   (选择"弦长"选项)

指定弦长: (输入弦长的值)

多讲几句　　　　使用起点、圆心、长度方式画弧时，弦的长度应小于圆弧所在圆的直径，否则系统将给出错误提示。另外，输入的弦长为正值，则取劣弧；输入的弦长为负值，则取优弧。

5. 以起点、端点、角度的方式画弧

如果已知圆弧的起点、端点和所画圆弧的圆心角的角度，则可以利用这种方式画弧，如图 3-44 所示。

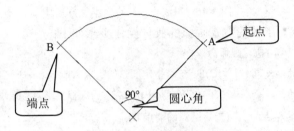

图 3-44   以起点、端点、角度方式画弧

以起点、端点、角度的方式画弧的具体操作步骤如下：

命令: Arc↵   (执行画弧命令)

指定圆弧的起点或 [圆心(C)]:   (指定圆弧的起点 A)

指定圆弧的第二个点或 [圆心(C)/端点(E)]: E↵   (选择"端点"选项)

指定圆弧的端点: (指定圆弧的端点 B)

指定圆弧的圆心或 [角度(A)/方向(D)/半径(R)]: A↵   (选择"角度"选项)

指定包含角: (输入圆心角的角度)

6. 以起点、端点、方向的方式画弧

如果已知圆弧的起点、端点和所画圆弧起点的切线方向，则可以利用这种方式画弧，如图 3-45 所示。

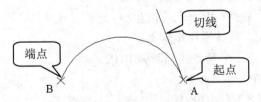

图 3-45   以起点、端点、方向方式画弧

以起点、端点、方向的方式画弧的具体操作步骤如下：

命令: Arc↵   (执行画弧命令)

指定圆弧的起点或 [圆心(C)]:   (指定圆弧的起点 A)

指定圆弧的第二个点或 [圆心(C)/端点(E)]: E↵   (选择"端点"选项)

指定圆弧的端点: (指定圆弧的端点 B)

指定圆弧的圆心或 [角度(A)/方向(D)/半径(R)]: D↵   (选择"方向"选项)

指定圆弧的起点切向：   (指定起点的切线方向，也可以用鼠标控制)

7. 以起点、端点、半径的方式画弧

如果已知圆弧的起点、端点和该段圆弧所在圆的半径，则可以利用这种方式画弧，如图 3-46 所示。

图 3-46   以起点、端点、半径方式画弧

以起点、端点、半径的方式画弧的具体操作步骤如下：

命令: Arc↵   (执行画弧命令)

指定圆弧的起点或 [圆心(C)]:   (指定圆弧的起点 A)

指定圆弧的第二个点或 [圆心(C)/端点(E)]: E↵   (选择"端点"选项)

指定圆弧的端点: (指定圆弧的端点 B)

指定圆弧的圆心或 [角度(A)/方向(D)/半径(R)]: R↵   (选择"半径"选项)

指定圆弧的半径: (输入半径值)

以上重点介绍了 7 种绘制圆弧的方法。除此以外，【圆弧】子菜单中还有 4 种方法，由于操作基本类似，不再详细介绍具体操作过程。

❖ 【圆心、起点、端点】：本操作方式与方式(2)类同。

❖ 【圆心、起点、角度】：本操作方式与方式(3)类同。

❖ 【圆心、起点、长度】：本操作方式与方式(4)类同。

❖ 【继续】：如果用户在"指定圆弧的起点或 [圆心(C)]:"提示后直接回车，则系统开始绘制一段新的圆弧。该段圆弧以最后绘制的直线或圆弧的端点为起点，且与前一图形实体相切。

例 3-8   绘制如图 3-47 所示的梅花图。

本例主要练习绘制圆弧的不同方法。在绘制本例时，一定要弄清每一段圆弧的端点相对于起点的坐标，这样才能够快速地完成图形的绘制。具体操作步骤如下：

(1) 使用起点、端点、半径方式画圆弧 P1P2。

命令: Arc↵   (执行画弧命令)

指定圆弧的起点或 [圆心(C)]: 任意点取一点   (确定第 1 段圆弧的起点 P1)

指定圆弧的第二个点或 [圆心(C)/端点(E)]: E↵   (选择"端点"选项)

指定圆弧的端点: @50<180↵   (以极坐标方式确定圆弧的端点 P2)

指定圆弧的圆心或 [角度(A)/方向(D)/半径(R)]: R↵   (选择"半径"选项)

指定圆弧的半径: 25↵   (输入圆弧的半径)

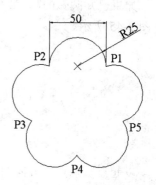

图 3-47   绘制的梅花图

(2) 使用起点、端点、角度方式画圆弧 P2P3。

　　命令:↵　（重复执行画弧命令）

　　Arc 指定圆弧的起点或 [圆心(C)]: 拾取 P2 点　　（第 2 段圆弧的起点）

　　指定圆弧的第二个点或 [圆心(C)/端点(E)]: E↵　　（选择"端点"选项）

　　指定圆弧的端点: @50<252↵　　（以极坐标方式确定圆弧的端点 P3）

　　指定圆弧的圆心或 [角度(A)/方向(D)/半径(R)]: A↵　　（选择"角度"选项）

　　指定包含角: 180↵　（输入圆心角的度数）

(3) 使用起点、圆心、角度方式画圆弧 P3P4。

　　命令:↵　（重复执行画弧命令）

　　Arc 指定圆弧的起点或 [圆心(C)]: 拾取 P3 点　　（第 3 段圆弧的起点）

　　指定圆弧的第二个点或 [圆心(C)/端点(E)]:C↵　　（选择"圆心"选项）

　　指定圆弧的圆心: @25<324↵　　（以极坐标方式确定圆心）

　　指定圆弧的端点或 [角度(A)/弦长(L)]:A↵　　（选择"角度"选项）

　　指定包含角: 180↵　（输入圆心角的度数）

(4) 使用起点、圆心、弦长方式画圆弧 P4P5。

　　命令:↵　（重复执行画弧命令）

　　Arc 指定圆弧的起点或 [圆心(C)]: 拾取 P4 点　　（第 4 段圆弧的起点）

　　指定圆弧的第二个点或 [圆心(C)/端点(E)]:C↵　（选择"圆心"选项）

　　指定圆弧的圆心: @25<36 ↵　　（以极坐标方式确定圆心）

　　指定圆弧的端点或 [角度(A)/弦长(L)]:L↵　　（选择"弦长"选项）

　　指定弦长: 50↵　（输入弦长的值）

(5) 使用起点、端点、角度方式画圆弧 P5P1。

　　命令:↵　（重复执行画弧命令）

　　Arc 指定圆弧的起点或 [圆心(C)]: 拾取 P5 点　　（第 5 段圆弧的起点）

　　指定圆弧的第二个点或 [圆心(C)/端点(E)]: E↵　　（选择"端点"选项）

　　指定圆弧的端点: 拾取 P1 点　　（第 5 段圆弧的端点）

　　指定圆弧的圆心或 [角度(A)/方向(D)/半径(R)]:A↵　　（选择"角度"选项）

　　指定包含角: 180↵　（输入圆心角的度数）

3.2.3　椭圆及椭圆弧(Ellipse)

　　椭圆也是一种常见的图形对象，它有长轴、短轴和椭圆中心三个参数。只要确定了这三个参数，即可绘制出椭圆，如图 3-48 所示。实际上，圆可以认为是椭圆的特例，即当椭圆的长轴和短轴相等时，椭圆就变成了圆。

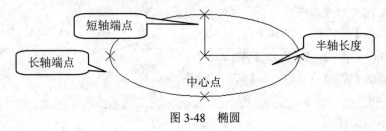

图 3-48　椭圆

1. 绘制椭圆

在 AutoCAD 中，绘制椭圆和椭圆弧的命令均为 Ellipse，只是选项不同。调用【椭圆】命令的方法如下：

> 菜单栏：执行【绘图】/【椭圆】命令
>
> 工具栏：单击【绘图】工具栏中的【椭圆】按钮 ⬭
>
> 命令行：Ellipse

命令行提示与操作如下：

> 命令: Ellipse↵　　（执行椭圆命令）
>
> 指定椭圆的轴端点或 [圆弧(A)/中心点(C)]:　　（指定一个轴的端点）
>
> 指定轴的另一个端点:　　（指定轴的另一个端点）
>
> 指定另一条半轴长度或 [旋转(R)]:　　（输入半轴长度）

【选项说明】

默认方式下，利用椭圆某一轴上两个端点的位置以及另一轴的半长来绘制椭圆。另外它还提供了"圆弧"和"中心点"两个选项。

(1) 圆弧(A)：该选项用以绘制椭圆弧，具体操作将在后面详细介绍。

(2) 中心点(C)：该选项可以根据椭圆的中心点、端点和半轴长度来绘制椭圆，此时系统提示：

> 指定椭圆的中心点:　　（指定中心点）
>
> 指定轴的端点:　　（确定轴的端点）
>
> 指定另一条半轴长度或 [旋转(R)]:　　（输入半轴长度）

(3) 每一种画椭圆的方法中，最后一行提示均为"指定另一条半轴长度或 [旋转(R)]:"。如果此时输入 R 并回车，则可以通过旋转角度确定椭圆的大小与位置。该角度是指椭圆绕指定的半轴旋转的角度，如图 3-49 所示。

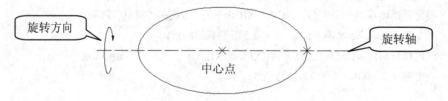

图 3-49　旋转角度示意图

2. 绘制椭圆弧

椭圆弧是椭圆上的一部分弧段。绘制椭圆弧前需要绘制出椭圆，然后输入椭圆弧的起始角度和终止角度（或所夹角度），从而得到椭圆弧。当用户指定椭圆弧角度时，可以使用键盘输入或在绘图窗口中选取。

调用【椭圆弧】命令的方法如下：

> 菜单栏：执行【绘图】/【椭圆】/【圆弧】命令
>
> 工具栏：单击【绘图】工具栏中的【椭圆弧】按钮 ⬭
>
> 命令行：Ellipse

命令行提示与操作如下：

命令: Ellipse↵　　(执行椭圆命令)

指定椭圆的轴端点或 [圆弧(A)/中心点(C)]: A↵　　(选择"圆弧"选项)

指定椭圆弧的轴端点或 [中心点(C)]:　　(指定轴端点)

指定轴的另一个端点:　　(指定轴的另一个端点)

指定另一条半轴长度或 [旋转(R)]:　　(指定半轴长度)

指定起始角度或 [参数(P)]:　　(指定椭圆弧的起始角度)

指定终止角度或 [参数(P)/包含角度(I)]:　　(指定椭圆弧的终止角度,或者椭圆弧包含的角度)

3.3　绘制多边形

在 AutoCAD 中,使用矩形(Rectangle)命令和正多边形(Polygon)命令可以分别绘制出矩形和三角形、五边形、六边形等,它们都属于多边形。因为它们是一个单独的图形对象,与使用直线绘出的矩形、多边形等完全不同,所以各边不能单独选择,并非单一对象。

3.3.1　矩形(Rectangle)

矩形是绘制平面图形时最常用的简单图形,也是构成复杂图形的基本元素之一。使用矩形(Rectangle)命令可以绘制出具有一定厚度、线宽和带有倒角的不同矩形。

调用【矩形】命令的方法如下:

菜单栏: 执行【绘图】/【矩形】命令

工具栏: 单击【绘图】工具栏中的【矩形】按钮□

命令行: Rectangle

命令行提示与操作如下:

命令: Rectangle↵　　(执行矩形命令)

指定第一个角点或 [倒角(C)/标高(E)/圆角(F)/厚度(T)/宽度(W)]:　　(确定矩形的一个角点)

指定另一个角点或 [面积(A)/尺寸(D)/旋转(R)]:　　(确定矩形的另一个角点,两个角点为斜对角关系)

【选项说明】

(1) 系统的默认选项是通过两个对角点来确定矩形的,这是最直接的一种方法,如图 3-50 所示。

(2) 倒角(C):该选项用以设置矩形的倒角尺寸,如图 3-51 所示。此时系统提示:

指定矩形的第一个倒角距离<当前值>:　　(用于指定第一条边的倒角距离)

指定矩形的第二个倒角距离<当前值>:　　(用于指定第二条边的倒角距离)

图 3-50　以对角点确定矩形

图 3-51　倒角矩形

(3) 标高(E):该选项可以设置矩形在三维空间中的高度,一般用于三维绘图。

(4) 圆角(F)：该选项可以设置矩形的四个角为圆角，如图 3-52 所示。此时需要用户指定圆角半径。

(5) 厚度(T)：该选项可以设置矩形的厚度，一般用于三维绘图。

(6) 宽度(W)：该选项可以设置矩形的线宽，如图 3-53 所示。

图 3-52　圆角矩形

图 3-53　设置线宽的矩形

(7) 绘制矩形时，最后一行提示为"指定另一个角点或 [面积(A)/尺寸(D)/旋转(R)]："，说明还可以通过面积、尺寸或旋转的方式来确定矩形。

例3-8　绘制如图 3-54 所示的单人沙发图样。

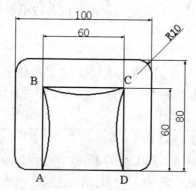

图 3-54　单人沙发

本例主要学习矩形的绘制方法，并结合绝对坐标与相对坐标进行定位，绘制出沙发的外形，最后使用圆弧绘制沙发的靠垫。具体操作步骤如下：

(1) 绘制外侧的圆角矩形。

　　命令: Rectangle↵　(执行矩形命令)

　　指定第一个角点或 [倒角(C)/标高(E)/圆角(F)/厚度(T)/宽度(W)]: F↵　(选择"圆角"选项)

　　指定矩形的圆角半径 <0.0000>: 10↵　(指定圆角半径)

　　指定第一个角点或 [倒角(C)/标高(E)/圆角(F)/厚度(T)/宽度(W)]: 50,50↵　(指定矩形第一个角点的位置)

　　指定另一个角点或 [面积(A)/尺寸(D)/旋转(R)]: @100,80↵　(指定矩形另一个角点的位置)

(2) 绘制内侧的矩形。

　　命令: ↵　(重复执行矩形命令)

　　当前矩形模式：圆角=10.0000　(系统自动显示的内容)

　　指定第一个角点或 [倒角(C)/标高(E)/圆角(F)/厚度(T)/宽度(W)]: F↵　(选择"圆角"选项)

　　指定矩形的圆角半径 <10.0000>: 0↵　(将圆角半径恢复为 0)

　　指定第一个角点或 [倒角(C)/标高(Z)/圆角(F)/厚度(T)/宽度(W)]: 70,50↵　(指定矩形第一个角点 A 的位置)

指定另一个角点或 [面积(A)/尺寸(D)/旋转(R)]: @60,60↵　　(指定矩形另一个角点 C 的位置)

(3) 使用起点、端点、角度的方式绘制圆弧。

命令: Arc↵　　(执行圆弧命令)

指定圆弧的起点或 [圆心(C)]: 拾取 A 点　　(确定圆弧的起点)

指定圆弧的第二个点或 [圆心(C)/端点(E)]: E↵　　(选择"端点"选项)

指定圆弧的端点: 拾取 B 点　　(确定圆弧的端点)

指定圆弧的圆心或 [角度(A)/方向(D)/半径(R)]: A↵　　(选择"角度"选项)

指定包含角: 40↵　　(设置圆心角为 40 度)

用同样的方法绘制其他两条圆弧，即可完成本例的绘制。

3.3.2　正多边形(Polygon)

正多边形是指由三条以上各边长相等的线段构成的封闭实体，也是绘图中经常用到的一种简单图形。在 AutoCAD 2010 中，用户可以利用 Polygon 命令方便地绘制出所需的正多边形。

调用【正多边形】命令的方法如下：

菜单栏：执行【绘图】/【正多边形】命令

工具栏：单击【绘图】工具栏中的【正多边形】按钮◯

命令行：Polygon

AutoCAD 中正多边形的画法主要有以下三种，下面分别进行介绍。

1. 定边法

AutoCAD 要求指定正多边形的边数以及一条边的两个端点，然后系统从指定边的第二个端点开始，按逆时针方向画出该正多边形。用定边法绘制如图 3-55 所示的正多边形，具体操作步骤如下：

命令: Polygon↵　　(执行正多边形命令)

输入边的数目 <当前值>: 5↵　　(输入正多边形的边数)

指定正多边形的中心点或 [边(E)]: E↵　　(选择定边法绘制正多边形)

指定边的第一个端点: 点取 A 点　　(指定边的一个端点)

指定边的第二个端点: 点取 B 点　　(指定边的一个端点)

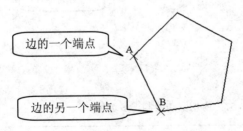

图 3-55　定边法绘制正多边形

2. 外接圆法

AutoCAD 要求指定正多边形外接圆的圆心和半径，通过该外接圆来绘制所需的正多边形。用外接圆法绘制正多边形的具体操作步骤如下：

命令: Polygon↵　　(执行正多边形命令)

输入边的数目 <当前值>: 5↵　　(输入正多边形的边数)

指定正多边形的中心点或 [边(E)]: 点取 O 点　　(指定外接圆的圆心)

输入选项 [内接于圆(I)/外切于圆(C)] <I>: ↵　　(直接回车，选择内接于圆)

指定圆的半径:　　(指定外接圆的半径)

输入圆的半径值后，系统自动结束命令，并在绘图窗口中绘出一个正多边形，此正多边形内接于圆，如图 3-56 所示。

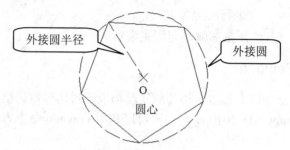

图 3-56　外接圆法绘制正多边形

3. 内切圆法

AutoCAD 要求指定正多边形内切圆的圆心和半径，通过该内切圆来绘制所需的正多边形。用内切圆法绘制正多边形的具体操作步骤如下:

命令: Polygon↵　　(执行正多边形命令)

输入边的数目 <当前值>: 5↵　　(输入正多边形的边数)

指定正多边形的中心点或 [边(E)]: 点取 O 点　　(指定内切圆的圆心位置)

输入选项 [内接于圆(I)/外切于圆(C)] <I>: C ↵　　(选择正多边形外切于圆)

指定圆的半径:　　(指定内切圆的半径)

输入圆的半径值后，系统自动结束命令，并在绘图窗口中绘出一个正多边形，此正多边形外切于圆，如图 3-57 所示。

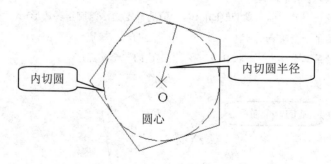

图 3-57　内切圆法绘制正多边形

在使用外接圆法绘制正多边形时，该圆是假想的，绘图时并不真正出现。另外，命令行提示选项中的"内接于圆"是指多边形内接于圆，而对圆来说，它就是多边形的外接圆。内切圆法同样存在该理解问题，需要初学者多注意一下。

3.4　绘　制　点

点是组成图形的最基本的实体对象。AutoCAD 2010 提供了多种点的绘制方法,用户可以根据自己的需要选择相应的绘制方式。

3.4.1　设置点的样式与大小

通常情况下,在绘制点之前要设置点的样式和大小,目的是区分实体对象上的点,以及便于点的定位和查找。AutoCAD 2010 提供了多种点的样式。

调用【点样式】命令的方法如下:

菜单栏:执行【格式】/【点样式】命令

命令行:Ddptype

执行上述命令之一后,系统弹出【点样式】对话框,如图 3-58 所示。在该对话框中的点样式表中可以选择一种点的样式,并根据需要对其进行设置。

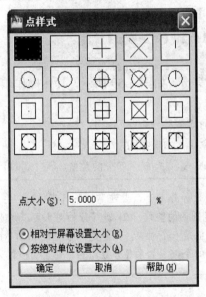

图 3-58　【点样式】对话框

❖　【点大小】:用于指定点的百分比数值。

❖　【相对于屏幕设置大小】:选择该项,表示点大小的百分比是相对屏幕尺寸而言的,此时点的大小不随视图的缩放而改变。

❖　【按绝对单位设置大小】:选择该项,表示点的大小为绝对尺寸,缩放视图时点的大小也将随着变化。

一个图形文件中点的样式是一致的,不会出现这个点的样式与其他点样式不同的情况。用户一旦更改了一个点的样式,该文件中所有的点都会发生变化。也就是说,点样式是针对一个图形文件中的所有点而言的。

3.4.2　绘制点(Point)

绘制点的操作非常简单。要在绘图窗口的指定位置绘制一个点，只需要使用【单点】或【多点】命令即可。调用【点】命令的方法如下：

> 菜单栏：执行【绘图】/【点】/【单点】或【多点】命令
>
> 工具栏：单击【绘图】工具栏中的【点】按钮·
>
> 命令行：Point

命令行提示与操作如下：

命令: Point↵　　(执行点命令)

当前点模式: PDMODE=0　PDSIZE=0.0000　　(系统自动显示的内容)

指定点:　　(输入点的坐标或用鼠标选取一点)

指定点:　　(按 Esc 键结束操作，此处不能按回车键)

3.4.3　定数等分点(Divide)

所谓定数等分点，是指在一定的距离内按指定的数量绘制多个点，这些点之间的距离均匀分布。调用【定数等分】命令的方法如下：

> 菜单栏：执行【绘图】/【点】/【定数等分】命令
>
> 命令行：Divide

假设对一个圆进行定数等分，如图 3-59 所示，具体操作步骤如下：

命令: Divide↵　　(执行定数等分命令)

选择要定数等分的对象:　　(选择圆)

输入线段数目或 [块(B)]: 8↵　　(输入等分的数量)

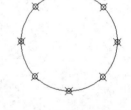

图 3-59　绘制定数等分点

多讲几句

使用定数等分点时，要注意以下几点：(1) 用户指定的等分数目必须是 2~32767 范围内的整数。(2) 被等分的对象可以是直线、圆、圆弧、多段线等实体，但只能是一个对象，不能是一组对象。(3) 对于非闭合图形，输入的等分数不是点的个数。如果等分数为 N，则点的个数为 N-1。

3.4.4　定距等分点(Measure)

所谓定距等分点，是指按指定的距离在被选对象的一定范围内绘制多个点，各点之间的距离就是指定的定距距离。调用【定距等分】命令的方法如下：

> 菜单栏：执行【绘图】/【点】/【定距等分】命令
>
> 命令行：Measure

假设对一条直线进行定距等分，如图 3-60 所示，具体操作步骤如下：

命令: Measure↵　　(执行定距等分命令)

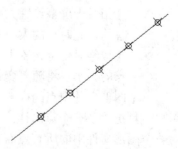

图 3-60　绘制定距等分点

选择要定距等分的对象：　　　(选择直线)

指定线段长度或 [块(B)]: 30↵　　(输入指定的距离)

使用定距等分点时，要注意以下几点：(1) AutoCAD 从被选对象上距选取点较近的端点处开始计算长度。(2) 如果被选对象的总长不能被指定的距离整除，则最后一个点到端点的距离将小于指定的距离。

例 3-10　绘制一个如图 3-61 所示的棘轮图形。

本例主要练习点的绘制，了解它在绘图中的辅助作用。如运用得当，会大大提高我们的工作效率。其具体操作步骤如下：

(1) 绘制三个同心圆。

　　命令: Circle↵　　(执行圆命令)

　　指定圆的圆心或 [三点(3P)/两点(2P)/切点、切点、半径(T)]: 点取 O 点　　(在绘图窗口中单击鼠标，确定圆心)

　　指定圆的半径或 [直径(D)] <当前值>: 40↵　　(指定圆的半径)

　　命令:↵　　(重复执行圆命令)

　　指定圆的圆心或 [三点(3P)/两点(2P)/切点、切点、半径(T)]: 拾取 O 点　　(打开捕捉功能，捕捉同一个圆心)

　　指定圆的半径或 [直径(D)] <40.0000>: 60↵　　(指定第二个圆的半径)

　　命令: ↵　　(重复执行圆命令)

　　指定圆的圆心或 [三点(3P)/两点(2P)/切点、切点、半径(T)]: 拾取 O 点　　(打开捕捉功能，捕捉同一个圆心)

　　指定圆的半径或 [直径(D)] <60.0000>: 90↵　　(指定第三个圆的半径)

绘制的三个圆如图 3-62 所示。

(2) 设置点样式。单击菜单栏中的【格式】/【点样式】命令，在弹出的【点样式】对话框中选择一种点样式，如图 3-63 所示。

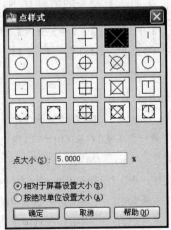

图 3-61　棘轮图形

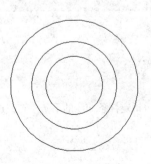

图 3-62　绘制的圆形　　　　　图 3-63　设置点样式

(3) 为外侧的圆设置等分点。

  命令: Divide↵ (执行定数等分命令)

  选择要定数等分的对象: 拾取最外侧的圆 (选择最外侧的圆形)

  输入线段数目或 [块(B)]: 16↵ (设置等分点数量)

(4) 用同样的方法为中间的圆设置 16 个等分点，结果如图 3-64 所示。

(5) 结合捕捉点功能，使用直线命令连接每一个等分点，结果如图 3-65 所示。

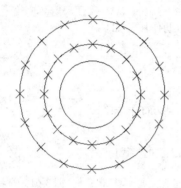
图 3-64 设置等分点

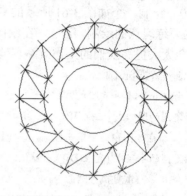
图 3-65 连接等分点

(6) 选择最外侧的两个圆，按下 Delete 键将其删除；用同样的方法再删除所有的等分点即可。

3.5　样 条 曲 线

  样条曲线(Spline)是经过一系列给定点的光滑曲线，AutoCAD 使用的是一种称为非均匀有理 B 样条曲线(NURBS)的特殊曲线，它是真正的样条曲线，而编辑多段线只能生成近似的样条曲线。与拟合样条曲线相比，样条曲线具有更高的精度，也会占用更多的内存和磁盘空间。

  调用【样条曲线】命令的方法如下：

> 菜单栏：执行【绘图】/【样条曲线】命令
> 工具栏：单击【绘图】工具栏中的【样条曲线】按钮 ∿
> 命令行：Spline

命令行提示与操作如下：

  命令: Spline↵ (执行样条曲线命令)

  指定第一个点或 [对象(O)]: (指定样条曲线的起始点)

  指定下一点: (指定样条曲线的第二点)

  指定下一点或 [闭合(C)/拟合公差(F)] <起点切向>: (指定样条曲线的下一个点或选择其他选项)

  指定起点切向: (指定一点确定切向或回车)

  指定端点切向: (指定一点确定切向或回车)

【选项说明】

(1) 在"指定第一个点或 [对象(O)]:"提示下输入 O 并回车，系统将继续提示"选择对象:",使用此选项可以将二次或三次样条拟合多段线转换成等价的样条曲线。

(2) 在"指定下一点或 [闭合(C)/拟合公差(F)] <起点切向>:"下输入 C 并回车,可以闭合样条曲线。此时,样条曲线的起始点和结束点重合,共享相同的顶点和切向。

(3) 在"指定下一点或 [闭合(C)/拟合公差(F)] <起点切向>:"下输入 F 并回车,系统则要求输入拟合公差,它可以控制样条曲线对数据点的接近程度,拟合公差仅对当前图形单元有效。公差越小,样条曲线就越接近数据点。如果为 0,则表明样条曲线精确通过数据点。

(4) 在"指定下一点或 [闭合(C)/拟合公差(F)] <起点切向>:"下直接回车,则表示选择了"起点切向"选项。这时 AutoCAD 2010 提示用户确定始末点的切向,然后结束该命令。

例 3-11 利用样条曲线绘制如图 3-66 所示的图形。

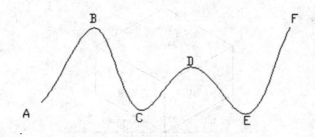

图 3-66 样条曲线

本例是一个简单的曲线图形,主要练习如何绘制样条曲线以及控制其形态。具体操作步骤如下:

命令: Spline↵ (执行样条曲线命令)
指定第一个点或 [对象(O)]: 点取 A 点
指定下一点: 点取 B 点
指定下一点或 [闭合(C)/拟合公差(F)] <起点切向>: 点取 C 点
指定下一点或 [闭合(C)/拟合公差(F)] <起点切向>: 点取 D 点
指定下一点或 [闭合(C)/拟合公差(F)] <起点切向>: 点取 E 点
指定下一点或 [闭合(C)/拟合公差(F)] <起点切向>: 点取 F 点↵ (这一步要回车才可以结束)
指定起点切向: ↵ (指定起点的切线方向)
指定端点切向: ↵ (指定终点的切线方向)

3.6 绘制二维等轴测投影图

在工程绘图中,对等轴测投影图的绘制是一种常见的绘图方法。等轴测投影图看似三维图形,但实际上是二维图形。因为它是采用一种二维绘图技术来模拟三维物体沿特定角度产生的平行投影图。

3.6.1 等轴测投影图的特点

在绘制等轴测投影图时,只要能够灵活使用 Isoplane 命令在不同等轴测平面之间切换即可。等轴测投影图的特点主要表现在以下几个方面。

❖ 由于等轴测投影图不是三维模型，所以无法运用旋转模型的方式来获得其他三维视图。

❖ 不能从等轴测投影图中生成透视图，测量时只能沿投影图的 X 轴、Y 轴和 Z 轴方向进行，沿其他方向测量均会被歪曲。

❖ 在等轴测投影图模式下绘图比较麻烦，并要求用中间构造线。

在等轴测投影模式下，有三个等轴测面。如果用一个正方体表示三维坐标系，那么在等轴测图中，这个正方体只有三个面可见，这三个面就是等轴测面，如图 3-67 所示。这三个面的平面坐标系是各不相同的，因此在绘制二维等轴测投影图时，首先要在左、俯、右三个等轴测面中选择一个，设置为当前的等轴测面。

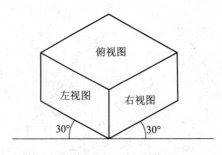

图 3-67　等轴测面示意图

3.6.2　等轴测投影图的绘制

等轴测投影图的实质是三维物体的二维投影图。因此，绘制等轴测投影图采用的是二维绘图技术，利用前面学过的知识就可以完成。AutoCAD 中提供了等轴测投影模式，在该模式下可以很容易地绘制等轴测投影图，其中直线、圆、圆弧、文字和尺寸线比较容易绘制，而螺旋线或椭圆则需要借助构造线才能画出来。

在绘制等轴测投影图时，可见轮廓线宜用中实线绘制，断面轮廓线宜用粗实线绘制，不可见轮廓线一般不绘出。必要时，也可用细虚线绘出所需部分。下面主要介绍一下直线、圆、平行线、圆弧的绘制方法。

1. 绘制直线

在等轴测投影模式下绘制直线的最简单方法就是使用捕捉、对象捕捉模式及相对坐标进行绘制，但是要注意以下几点：

❖ 绘制与 X 轴平行的直线时，极坐标角度应为 30°或 –150°。

❖ 绘制与 Y 轴平行的直线时，极坐标角度应为 150°或 –30°。

❖ 绘制与 Z 轴平行的直线时，极坐标角度应为 90°或 –90°。

2. 绘制圆

正交视图中绘制的圆，在等轴测投影图中将变为椭圆。因此，若要在一个等轴测面内画圆，必须画一个椭圆。在 AutoCAD 中，为了方便绘制等轴测投影图中的椭圆，可选择【椭圆(Ellipse)】命令中的"等轴测圆"选项，然后输入圆心的位置、半径或直径，这时椭圆就会自动出现在当前等轴测面内。

在使用【椭圆(Ellipse)】命令时，只有在等轴测投影模式下，才会出现"等轴测圆"选项。激活等轴测投影模式的方法是在【草图设置】对话框的【捕捉和栅格】选项卡中选择【等轴测捕捉】选项。

3. 绘制平行线

在等轴测投影模式下，【复制(Copy)】命令主要用于复制图形和绘制平行线。需要特别注意的是，如果使用【偏移(Offset)】绘制平行线，偏移距离为两条平行线之间的垂直距离，而不是沿 30°方向的距离。

4. 绘制圆弧

圆弧在等轴测投影图中以椭圆弧的形式出现，因此，在绘制圆弧时，可以先绘制一个整圆，然后使用【修剪】或【打断】工具删除多余部分即可。

3.6.3 使用等轴测投影模式

在绘制二维等轴测投影图之前，首先要在 AutoCAD 中打开并设置等轴测投影模式。单击菜单栏中的【工具】/【草图设置】命令，则弹出【草图设置】对话框，如图 3-68 所示。

图 3-68 【草图设置】对话框

在该对话框的【捕捉和栅格】选项卡中，选择【捕捉类型】选项区中的【等轴测捕捉】选项，即可进入等轴测投影模式。

用户也可以在命令提示行中直接或透明地调用 Isoplane 命令来指定当前的等轴测平面。调用该命令后系统提示如下：

命令: Isoplane↵   (执行 Isoplane 命令)

当前等轴测平面: 左视   (系统自动显示当前等轴测平面)

输入等轴测平面设置 [左视(L)/俯视(T)/右视(R)] <俯视>:   (选择要切换的等轴测平面)

【选项说明】

(1) 左视(L)：该选项用于选择左视图，此时表示在左视图内绘图。

(2) 俯视(T)：该选项用于选择俯视图，此时表示在俯视图内绘图。

(3) 右视(R)：该选项用于选择右视图，此时表示在右视图内绘图。

(4) 用户也可以使用快捷键 F5 在三个等轴测面间相互切换。

例 3-12　绘制如图 3-69 所示的等轴测图。

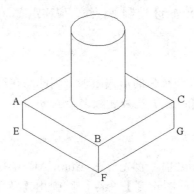

图 3-69　等轴测图

本例练习等轴测图的绘制方法，具体操作步骤如下：

(1) 绘制正方体底座。

　　命令: Dsettings↵　　(执行草图设置命令，进入等轴测投影模式)

　　命令: Line↵　　(执行直线命令)

　　指定第一点: 点取 A 点　　(在绘图窗口中单击鼠标，确定起点 A)

　　指定下一点或 [放弃(U)]: @100<-30↵　　(指定下一个端点 B)

　　指定下一点或 [放弃(U)]: @100<30↵　　(指定下一个端点 C)

　　指定下一点或 [闭合(C)/放弃(U)]: @100<150↵　　(指定下一个端点 D)

　　指定下一点或 [闭合(C)/放弃(U)]: C↵　　(闭合图形)

　　命令: ↵　　(重复执行直线命令)

　　指定第一点: 拾取 A 点　　(打开捕捉功能，捕捉 A 点)

　　指定下一点或 [放弃(U)]: @30<-90↵　　(指定下一个端点 E)

　　指定下一点或 [放弃(U)]: @100<-30↵　　(指定下一个端点 F)

　　指定下一点或 [闭合(C)/放弃(U)]: @100<30↵　　(指定下一个端点 G)

　　指定下一点或 [闭合(C)/放弃(U)]: 拾取 C 点　　(利用捕捉功能捕捉 C 点)

　　指定下一点或 [闭合(C)/放弃(U)]: ↵　　(按回车键结束操作)

　　命令: ↵　　(重复执行直线命令)

　　指定第一点: 拾取 B 点　　(利用捕捉功能捕捉 B 点)

　　指定下一点或 [放弃(U)]: 拾取 F 点　　(利用捕捉功能捕捉 F 点)

　　指定下一点或 [闭合(C)/放弃(U)]:↵　　(按回车键结束操作)

通过前面的操作，绘制的结果如图 3-70 所示。

(2) 绘制圆柱体。

命令: Isoplane↵　　(执行 Isoplane 命令)

当前等轴测平面: *左视*　　(系统自动显示)

输入等轴测平面设置 [左视(L)/俯视(T)/右视(R)] <俯视>: T↵　　　(选择俯视面)

命令: Ellipse↵　　(执行椭圆命令)

指定椭圆轴的端点或 [圆弧(A)/中心点(C)/等轴测圆(I)]: I↵　　　(选择等轴测圆绘图方式)

指定等轴测圆的圆心: *点取圆心*　　(在正方形的中心位置确定一点作为圆心)

指定等轴测圆的半径或 [直径(D)]: 25↵　　　(输入等轴测圆的半径)

　　用同样的方法，再绘制一个椭圆。绘制时打开极轴捕捉，确保两个椭圆的圆心在一条直线上，结果如图 3-71 所示。

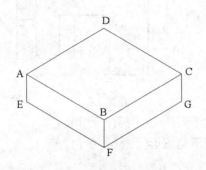

图 3-70　绘制的正方体底座　　　　　　　　图 3-71　绘制的两个椭圆

命令: Line ↵　　(执行直线命令)

指定第一点: *拾取上方椭圆左侧的象限点*

指定下一点或 [放弃(U)]: *拾取下方椭圆左侧的象限点*

指定下一点或 [放弃(U)]: ↵　　(按回车键结束操作)

命令: ↵　　(重复执行直线命令)

指定第一点: *拾取上方椭圆右侧的象限点*

指定下一点或 [放弃(U)]: *拾取下方椭圆右侧的象限点*

指定下一点或 [放弃(U)]: ↵　　(按回车键结束操作)

完成圆柱的绘制后，如图 3-72 所示。

(3) 使用【修剪(Trim)】命令将看不到的边线修剪掉，最终效果如图 3-73 所示。

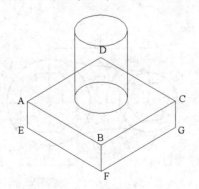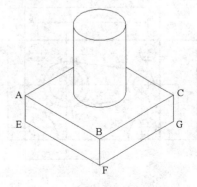

图 3-72　绘制的圆柱　　　　　　　　　　图 3-73　最终的等轴测图

3.7　本　章　习　题

1. 按题图 3-1 中给定的尺寸，1：1 地绘制下列图形(不标注尺寸)。
2. 按题图 3-2 中给定的尺寸，1：1 地绘制下列图形(不标注尺寸)。

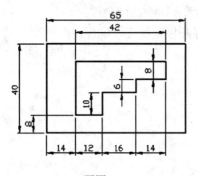
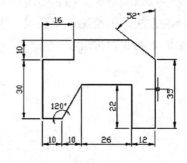

题图 3-1　　　　　　　　　　　　　　　　　题图 3-2

3. 按题图 3-3 中给定的尺寸，1：1 地绘制下列图形(不标注尺寸)。
4. 按题图 3-4 中给定的尺寸，1：1 地绘制下列图形(不标注尺寸)。

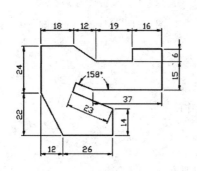
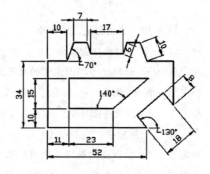

题图 3-3　　　　　　　　　　　　　　　　　题图 3-4

5. 按题图 3-5 中给定的尺寸，1：1 地绘制下列图形(不标注尺寸)。
6. 按题图 3-6 中给定的尺寸，1：1 地绘制下列图形(不标注尺寸)。

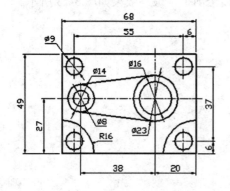
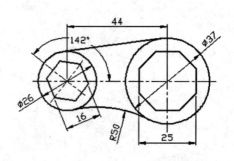

题图 3-5　　　　　　　　　　　　　　　　　题图 3-6

7. 按题图 3-7 中给定的尺寸，1∶1 地绘制下列图形(不标注尺寸)。

8. 按题图 3-8 中给定的尺寸，1∶1 地绘制下列图形(不标注尺寸)。

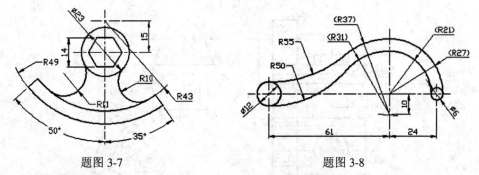

题图 3-7   题图 3-8

9. 按题图 3-9 中给定的尺寸，1∶1 地绘制下列图形(不标注尺寸)。

10. 按题图 3-10 中给定的尺寸，1∶1 地绘制下列图形(不标注尺寸)。

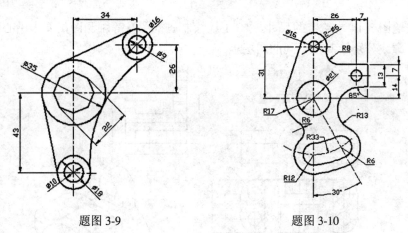

题图 3-9   题图 3-10

11. 按题图 3-11 中给定的尺寸，1∶1 地绘制下列图形(不标注尺寸)。

12. 按题图 3-12 中给定的尺寸，1∶1 地绘制下列图形(不标注尺寸)。

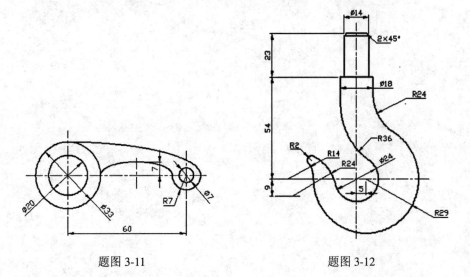

题图 3-11   题图 3-12

13．按题图 3-13 中给定的尺寸，1：1 地绘制三视图及等轴测图，要求中心线、虚线、尺寸线和轮廓线分别绘制在不同的图层上。

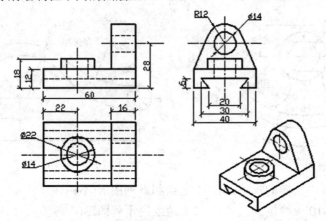

题图 3-13

14．按题图 3-14 中给定的尺寸，1：1 地绘制三视图及等轴测图，要求中心线、虚线、尺寸线和轮廓线分别绘制在不同的图层上。

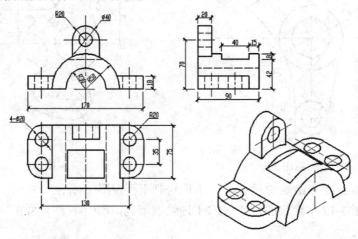

题图 3-14

中文版AutoCAD 2010基础教程

第 4 章 面域与图案填充

◎本章主要内容◎

- 面域
- 图案填充
- 绘制填充图形
- 本章习题

面域是指具有边界的平面区域。它是一个面对象，内部可以包含孔。从外观来看，面域和一般的封闭线框没有区别，但实际上面域就像是一张没有厚度的纸，除了包括边界外，还包括边界内的平面。图案填充是一种使用指定线条图案、颜色来充满指定区域的操作，常常用于表达剖切面和不同类型物体对象的外观纹理等，被广泛应用在绘制机械图、建筑图及地质构造图等各类图形中。

4.1　面　　域

所谓面域，就是由封闭边界创建的 2D 实体对象。用户可以给它填充图案或着色，同时还可以分析面域的几何特性(如面积)和物理特性(如质心、惯性矩等)。其边界可以是一条曲线或一系列相连接的曲线，组成边界的对象可以是直线、多段线、圆、圆弧、椭圆、椭圆弧、样条曲线等。

4.1.1　创建面域(Region)

创建面域的方法很多，可以将选择的图形对象转换为面域，也可以通过边界创建面域。下面分别介绍这两种方法。

1. 通过选择对象创建面域

用户可以将已经存在的图形对象转换为面域。在执行完操作后，命令行中将显示创建的面域个数。另外，只有封闭对象才可以创建面域。

调用【面域】命令的方法如下：

> 菜单栏：执行【绘图】/【面域】命令
> 工具栏：单击【绘图】工具栏中的【面域】按钮 ◙
> 命令行：Region

命令行提示与操作如下：

　　命令:Region↵　　　(执行面域命令)
　　选择对象：　　(选取要创建面域的对象)
　　选择对象：　　(继续选取要创建面域的对象或回车结束操作)
命令结束后，系统将给出提示：

　　已提取 n 个环。
　　已创建 n 个面域。

【选项说明】

(1) 在"选择对象："提示下选择的对象必须是闭合的多段线、直线、曲线或者圆弧、圆、椭圆弧、椭圆和样条曲线，否则将不能转换为面域。生成的面域可以当作普通图形对象，对其进行复制、移动、缩放等操作。

(2) 由于生成的面域以线框形式显示，所以在绘图区内看不出变化。用户需要通过观察命令行提示"已提取 n 个环"或"已创建 n 个面域"来确定是否成功创建面域。

(3) 系统变量DELOBJ用于控制创建面域后是否用面域对象取代源对象。当DELOBJ=1

时，创建面域后将删除源对象；当 DELOBJ=0 时，创建面域后仍然保留源对象。

(4) 圆、椭圆等封闭图形属于线框模型，而面域属于实体模型。虽然转换成面域前、后的外观没有变化，但是选中后的表现形式不一样，如图 4-1 所示。

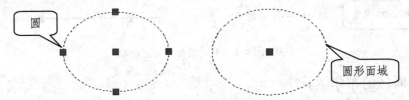

图 4-1 选中圆与圆形面域时的效果

2. 使用边界创建面域

边界就是某个封闭区域的轮廓，使用【边界(Boundary)】命令可以根据封闭区域内的任一指定点自动分析该区域的轮廓，并以"多段线"或"面域"的形式保存下来。所以，只要选择了"面域"选项就可以创建面域。

调用【边界】命令的方法如下：

> 菜单栏：执行【绘图】/【边界】命令
>
> 命令行：Boundary

执行上述命令之一后，则弹出【边界创建】对话框，如图 4-2 所示。

该对话框中各选项的说明如下：

❖ 【孤岛检测】：用于控制是否检测内部闭合边界(称为孤岛)。

❖ 【对象类型】：用于指定新边界对象的类型，可以选择"多段线"或"面域"选项。该选项只有选中【保留边界】选项时才可用。

❖ 【边界集】：用于定义从指定点定义边界时要分析的对象集，其缺省项为"当前视口"，即在定义边界时，AutoCAD 会分析所有在当前视口中的可见对象。

使用【边界】命令创建面域时，首先要在【对象类型】中选择"面域"选项，然后单击【拾取点】按钮，则返回到绘图窗口中，此时在图形中每个要定义为面域的闭合区域内单击一点(此点称为内部点)并按回车键，即可创建面域，如图 4-3 所示。

图 4-2 【边界创建】对话框

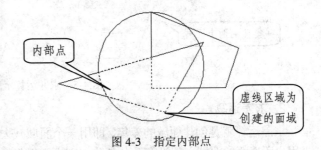

图 4-3 指定内部点

多讲几句 　【面域(Region)】命令只能将真正闭合的图形转换为面域，即组成边界的对象是自行封闭的，或者与其他对象有公共端点而形成封闭区域，而且它们必须在同一平面上。而【边界(Boundary)】命令则可以将不闭合的区域创建为面域，只要是一个相交区域即可，如图 4-4 所示。

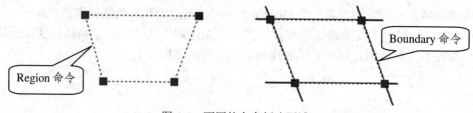

图 4-4　不同的命令创建面域

4.1.2　面域的布尔运算

AutoCAD 允许对已建立的面域进行"求并"、"求差"、"求交"等布尔运算来创建更为复杂的面域对象。布尔运算不仅可以在二维空间中使用，还可以在三维空间中使用，以便于创建复杂的三维实体。

1. 求并运算

求并运算就是创建面域的并集。它将选择的面域进行相加处理，合并为一个对象。操作时需要连续选择要进行并集操作的面域，直到按下回车键结束命令。

调用【并集】命令的方法如下：

> 菜单栏：执行【修改】/【实体编辑】/【并集】命令
>
> 工具栏：单击【实体编辑】工具栏中的【并集】按钮 ◎
>
> 命令行：Union

命令行提示与操作如下：

> 命令：Union↵　　　（执行并集命令）
>
> 选择对象：　　　（选择要进行并集操作的面域对象）
>
> 选择对象：　　　（选择另一个面域对象）
>
> 选择对象：↵　　（按回车键结束操作，如图 4-5 所示）

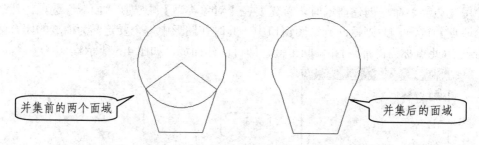

图 4-5　求并运算示例

2. 求差运算

求差运算就是创建面域的差集，即用一个面域减去另一个面域，从而得到剩余的部分。如果用户所选择的面域之间没有公共部分，则求差操作结束后系统将删除所有被减去的面域。

调用【差集】命令的方法如下：

> 菜单栏：执行【修改】/【实体编辑】/【差集】命令
>
> 工具栏：单击【实体编辑】工具栏中的【差集】按钮 ◎
>
> 命令行：Subtract

命令行提示与操作如下：

　　命令：Subtract↵　　（执行差集命令）

　　选择要从中减去的实体、曲面和面域...

　　选择对象：　（选择要从中减去面域的源面域）

　　选择对象：　（继续选择或回车）

　　选择要减去的实体、曲面和面域...

　　选择对象：　（选择被减去的面域）

　　选择对象：↵　　（按回车键结束操作，如图 4-6 所示）

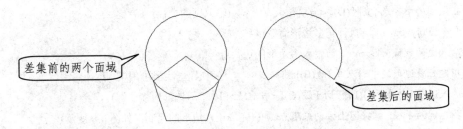

图 4-6　求差运算示例

3. 求交运算

　　求交运算就是创建多个面域的交集，即各个面域的公共部分。此时需要同时选择两个或两个以上面域对象，然后按下回车键即可。如果用户所选择的求交面域之间没有公共部分，则求交操作结束后系统将删除所选取的全部面域。

　　调用【交集】命令的方法如下：

　　菜单栏：执行【修改】/【实体编辑】/【交集】命令

　　工具栏：单击【实体编辑】工具栏中的【交集】按钮⑩

　　命令行：Intersect

命令行提示与操作如下：

　　命令：Intersect↵　　（执行交集命令）

　　选择对象：　（同时选择要交集的面域对象）

　　选择对象：↵　　（按回车键结束操作，如图 4-7 所示）

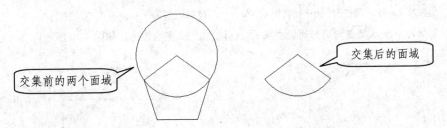

图 4-7　求交运算示例

多讲几句　　　　布尔运算是数学中的一种逻辑运算，用在 AutoCAD 中可以极大地提高绘图效率，但是运算对象只能是实体或共面面域，对于普通的图形对象则无法使用布尔运算。

例 4-1 运用面域知识绘制如图 4-8 所示的图形。

本例主要训练如何创建面域以及对面域进行布尔运算操作，从而得到所需要的图形。在完成本例时需要使用辅助图形，具体操作步骤如下：

(1) 绘制辅助图形。

    命令: Circle↵ (执行圆命令)

    指定圆的圆心或 [三点(3P)/两点(2P)/切点、切点、半径

(T)]: 任取一点 (在绘图窗口中确定圆心)

图 4-8 使用面域创建的图形

    指定圆的半径或 [直径(D)] <当前值>: 50↵ (输入圆的半径)

    命令: Polygon↵ (执行正多边形命令)

    输入边的数目 <4>: 6↵ (输入多边形的边数)

    指定正多边形的中心点或 [边(E)]:捕捉圆心 (确定正多边形的中心点)

    输入选项 [内接于圆(I)/外切于圆(C)] <当前值>: I↵ (选择内接于圆)

    指定圆的半径: 捕捉圆上方的象限点 (完成正六边形的绘制, 如图 4-9 所示)

(2) 绘制基础图形。

    命令: Polygon↵ (执行正多边形命令)

    输入边的数目 <6>: 3↵ (输入多边形的边数)

    指定正多边形的中心点或 [边(E)]:捕捉圆心

    输入选项 [内接于圆(I)/外切于圆(C)] <I>:↵ (取默认选项)

    指定圆的半径: 捕捉圆上方的象限点 (绘制一个三角形)

    命令:↵ (重复执行正多边形命令)

    输入边的数目 <3>:↵ (取默认边数)

    指定正多边形的中心点或 [边(E)]:捕捉圆心

    输入选项 [内接于圆(I)/外切于圆(C)] <I>:↵ (取默认选项)

    指定圆的半径:捕捉圆的下方象限点 (绘制一个三角形)

    命令:↵ (重复执行正多边形命令)

    输入边的数目 <3>: 6↵ (输入多边形的边数)

    指定正多边形的中心点或 [边(E)]:捕捉圆心

    输入选项 [内接于圆(I)/外切于圆(C)] <I>:↵ (取默认选项)

    指定圆的半径:捕捉正六边形边的中点 (再绘制一个正六边形, 如图 4-10 所示)

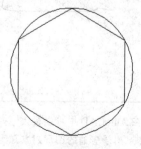

图 4-9 绘制的辅助图形

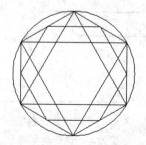

图 4-10 绘制的基础图形

(3) 删除辅助图形。选择图形中的圆形和外层正六边形，如图 4-11 所示，然后按下键盘上的 Delete 键将其删除。绘制的图形结果如图 4-12 所示。

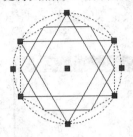
　　　　　图 4-11　选择的图形

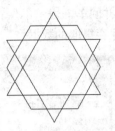
　　图 4-12　绘制的基础图形

(4) 创建面域对象。

　　命令: Region↵　　(执行面域命令)

　　选择对象: 框选所有图形　　　　　　　　找到 3 个

　　选择对象:↵　　(按回车键结束操作)

　　已提取 3 个环。

　　已创建 3 个面域。

(5) 对面域对象进行布尔运算。

　　命令: Union↵　　(执行并集命令)

　　选择对象: 选取正三角形面域　　　　　　找到 1 个

　　选择对象: 选取另一个正三角形面域　　　找到 1 个，总计 2 个

　　选择对象:↵　　(按回车键结束操作)

　　命令: Intersect↵　　(执行交集命令)

　　选择对象: 框选所有对象　　　　　　　　找到 2 个

　　选择对象:↵　　(按回车键结束操作)

4.1.3　从面域中提取数据

从表面上看，面域和一般的封闭线框没有区别，就像是一张没有厚度的纸。实际上，面域是二维实体模型。它不仅包含边的信息，还有边界内的信息。我们可以将面域的数据(如面积、质心、惯性等)提取出来加以保存，以便随时调出信息进行数据处理和分析。

调用【面域/质量特性】命令的方法如下：

> 菜单栏: 执行【工具】/【查询】/【面域/质量特性】命令
> 工具栏: 单击【查询】工具栏中的【面域/质量特性】按钮
> 命令行: Massprop

命令行提示与操作如下：

　　命令: Massprop↵　　(执行面域/质量特性命令)

　　选择对象:　　(选择面域对象)

　　选择对象:　　(继续选择或回车结束)

当按下回车键时，系统将弹出如图 4-13 所示的文本窗口。该窗口中显示了所选面域对象的相关信息，同时命令行中提示如下：

是否将分析结果写入文件？ [是(Y)/否(N)] <否>:

系统询问用户是否将提取的面域数据信息结果以文件形式保存。如果此时用户选择了"否(N)"选项并回车，表示不保存提取数据且结束命令；如果选择了"是(Y)"选项并回车，则表示要保存提取的数据。

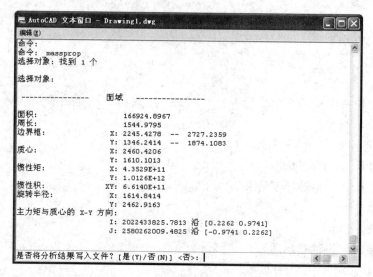

图 4-13   文本窗口显示的面域对象信息

4.2 图 案 填 充

重复绘制某些图案以填充图形中的一个区域，从而表达该区域的特征，这种填充操作称为图案填充(Hatch)。图案填充的应用非常广泛，例如，在绘制机械工程图时，物体的剖面或断面往往需要使用某一种图案来填充，以增强图形的可读性；有时也用图案填充来表示对象的材料类型。

4.2.1 基本概念

在介绍图案填充时，将涉及一些基本概念，这里先对这些基本概念进行简要的阐述，以帮助读者加深理解。

1. 边界

这里的边界是指填充图案时的边缘界限，如图 4-14 所示。AutoCAD 中可以定义边界的对象有直线、构造线、射线、多段线、样条曲线、圆弧、圆、椭圆、椭圆弧、面域等，也可以是由这些对象定义的块。填充图案时，首先要确定填充图案的边界，并且作为边界的对象在当前图层上必须全部可见。

2. 孤岛

在进行图案填充时，把位于总填充区域内的封闭区域称为孤岛，如图 4-15 所示。当使用 Hatch 命令填充时，AutoCAD 系统允许用户以拾取点的方式确定填充边界，即在填充区域内任意拾取一点，系统自动确定填充边界，同时也确定该边界内的孤岛。

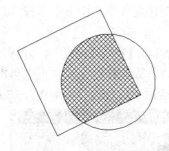
图 4-14   图案的边界

图 4-15   孤岛示例

4.2.2   设置图案填充

AutoCAD 2010 提供了实体填充以及 60 多种行业标准填充图案，可以使用它们来表示对象的材质或不同的零部件；还提供了 14 种与 ISO(国际标准化组织)标准一致的填充图案。在进行图案填充时，用户既可以使用系统提供的图案，也可以使用自己定义的图案。

调用【图案填充】命令的方法如下：

> 菜单栏：执行【绘图】/【图案填充】命令
>
> 工具栏：单击【绘图】工具栏中的【图案填充】按钮
>
> 命令行：Hatch

执行上述命令之一后，系统将弹出【图案填充和渐变色】对话框，并且自动显示【图案填充】选项卡，如图 4-16 所示。

图 4-16   【图案填充和渐变色】对话框的【图案填充】选项卡

1. 类型和图案

在【类型和图案】选项区中，可以设置图案填充的类型以及图案样式。

❖   【类型】：用于选择填充图案的类型，一共有 3 种类型—"预定义"、"用户定义"和"自定义"。选择"预定义"选项，将使用 AutoCAD 系统提供的图案；选择"用户定义"选项，则基于图形中的当前线型创建直线填充图案；选择"自定义"选项，则使用事先定义好的图案。

❖ 【图案】：用于选择所需要的图案样式。只有将【类型】设置为"预定义"，该选项才可用。在该下拉列表中可以根据图案的名称选择图案，也可以单击其右侧的 按钮，在弹出的【填充图案选项板】对话框中进行选择，如图 4-17 所示。

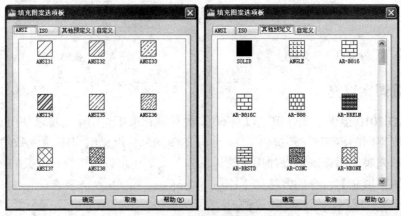

图 4-17　　【填充图案选项板】对话框

❖ 【样例】：显示了用户所选图案的效果。单击所选的样例图案也可以打开【填充图案选项板】对话框。

❖ 【自定义图案】：用于选择可用的自定义图案。只有在【类型】中选择了"自定义"，该选项才可用。

2. 角度和比例

在【角度和比例】选项区中，可以设置所选图案的填充角度与比例，从而控制图案填充的外观。

❖ 【角度】：用于设置填充图案的旋转角度。该角度值为填充图案相对于当前坐标系中 X 轴的转角。

❖ 【比例】：用于设定填充图案的填充比例。图案的填充比例取值越大，填充效果越疏，反之则越密。

❖ 【双向】：该选项只有在将【类型】设置为"用户定义"时才可用。选中后可以使用相互垂直的两组平行线填充图形，否则为一组平行线。

❖ 【相对图纸空间】：选中后将相对于图纸空间单位缩放填充图案。

❖ 【间距】：用于设置填充线型之间的间隔。只有将【类型】设置为"用户定义"，该选项才可用。

❖ 【ISO 笔宽】：用于设置 ISO 填充图样的笔宽。只有将【类型】设置为"预定义"，并将【图案】设置为可用的 ISO 图案的一种，该选项才可用。

3. 图案填充原点

在【图案填充原点】选项区中，可以设置图案填充的原点位置，因为许多图案填充需要对齐边界上的某一点。

❖ 【使用当前原点】：该项为默认设置，即原点设置为(0,0)。

❖　【指定的原点】：选择该项，可以指定新的图案填充原点，且其下方的各个选项才可用。其中，单击【单击以设置新原点】按钮🔲，可以返回绘图窗口，直接指定新的图案填充原点；选择"默认为边界范围"选项，则基于图案填充的矩形范围计算出新原点；选择"存储为默认原点"选项，则将新指定的图案填充原点存储为默认的图案填充原点。

4.2.3　设置渐变色填充

渐变色是指从一种颜色到另一种颜色的平滑过渡。AutoCAD 允许用户为图形填充渐变色，以增强图形的视觉效果。

调用【渐变色】命令的方法如下：

菜单栏：执行【绘图】/【渐变色】命令
工具栏：单击【绘图】工具栏中的【渐变色】按钮🔲
命令行：Gradient

执行上述命令之一后，系统将弹出【图案填充和渐变色】对话框，并且自动显示【渐变色】选项卡，如图 4-18 所示。

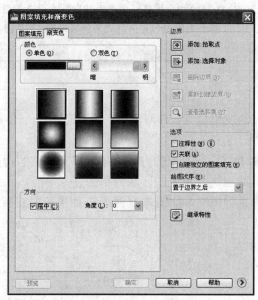

图 4-18　【图案填充和渐变色】对话框的【渐变色】选项卡

1．颜色

在【颜色】选项区中可以设置要使用的渐变色，有以下两种选项：

❖　【单色】：选择该项，可以产生由一种颜色向较浅(白)色或较深(黑)色的平滑过渡。单击其下方颜色块右侧的🔲按钮，在弹出的【选择颜色】对话框中可以设置颜色，如图 4-19 所示；而通过右侧的"色调"滑块可以改变颜色的明暗度，其下方的渐变图案代表了填充方式。

❖　【双色】：选择该项，可以产生由一种颜色向另一种颜色的平滑过渡，此时可以分别设置"颜色 1"与"颜色 2"，如图 4-20 所示。

图 4-19　【选择颜色】对话框

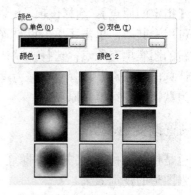

图 4-20　"双色"渐变方式

2. 方向

在【方向】选项区中，可以设置渐变色的位置与渐变方向。

❖ 【居中】：选择该项，将以中心为基准填充渐变色，否则以左下角为基准。

❖ 【角度】：在该选项的下拉列表中可以选择渐变色的填充角度，即渐变方向。

在 AutoCAD 2010 中，尽管可以使用渐变色来填充图形区域，但是只能在一种颜色的不同灰度之间或两种颜色之间使用渐变，而且仍然不能使用位图来填充图形。

4.2.4　设置填充边界

无论是图案填充还是渐变色填充，在对话框的右侧都有一个公共选项【边界】，它的作用是确定填充区域的边界。

❖ 【拾取点】按钮：以拾取点的方式来指定填充区域的边界。单击该按钮，则返回绘图窗口，此时在需要填充的区域内单击任意一点，系统会自动计算出包围该点的封闭区域并进行填充，如图 4-21 所示。如果拾取点后没有封闭区域，则显示错误提示信息。

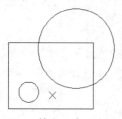

拾取一点

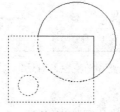

计算边界

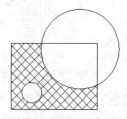

填充结果

图 4-21　以拾取点方式确定边界

❖ 【选择对象】按钮：以选择对象的方式来指定填充区域的边界。单击该按钮，则返回绘图窗口，这时选择需要进行填充的对象即可，可以同时选择多个对象，如图 4-22 所示。

❖ 【删除边界】按钮：单击该按钮，则返回绘图窗口，这时可以通过选择的方式删除系统自动计算或用户指定的边界，如图 4-23 所示。

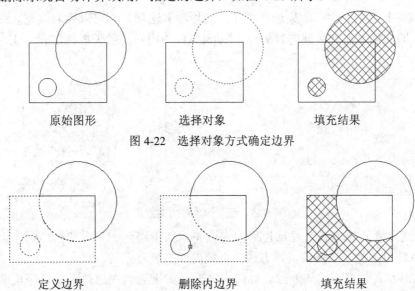

原始图形　　　　　　　选择对象　　　　　　　填充结果

图 4-22　选择对象方式确定边界

定义边界　　　　　　　删除内边界　　　　　　填充结果

图 4-23　删除内部边界的效果

- ❖ 【重新创建边界】按钮：单击该按钮，可以围绕选定的图案填充区域创建多段线或面域，并使其与图案填充对象相关联。该按钮在编辑图案填充时可用。
- ❖ 【查看选择集】按钮：单击该按钮，则返回绘图窗口，并显示当前已经定义的填充边界。只有通过"拾取点"或"选择对象"方式定义了填充边界，该按钮才可用。

4.2.5　设置孤岛

在【图案填充和渐变色】对话框的右下角单击 按钮，可以展开对话框，显示孤岛的相关参数，如图 4-24 所示。

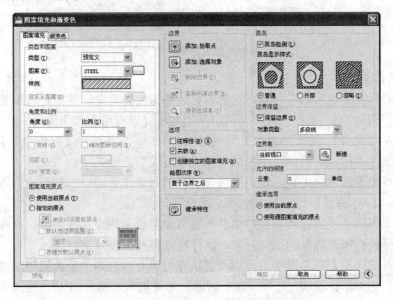

图 4-24　展开的【图案填充和渐变色】对话框

1. 孤岛的填充方式

在【孤岛】选项区中，如果选择了【孤岛检测】选项，则可以控制填充区域内孤岛的处理方法，即如何对孤岛区域进行填充。AutoCAD 为用户提供了 3 种填充方式，如图 4-25 所示。

　　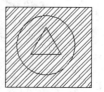

普通方式　　　　　　　　　　外部方式　　　　　　　　　　忽略方式

图 4-25　孤岛的 3 种填充方式

(1) 普通方式。该方式从外部边界向内填充。如果遇到一个内部孤岛则停止填充，直到遇到该孤岛内的另一个孤岛，该方式为系统内部的缺省方式。

(2) 外部方式。该方式从外部边界向内填充。如果遇到内部孤岛，将停止继续填充。此选项只对结构的最外层进行填充，而结构内部保留空白。

(3) 忽略方式。该方式忽略边界内的对象，所有内部结构都被填充图案覆盖。

多讲几句　　　　以普通方式填充时，如果填充区域内有文字，并且在选择填充边界时也选择了它们，则填充图案自动略过文字；若没有同时选择文字，则填充图案将穿越文字，如图 4-26 所示。

　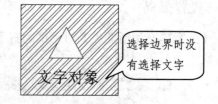

图 4-26　填充区域内包含文字

2. 其他选项设置

在【边界保留】选项区中可以指定是否将边界保留为对象，并指定对象类型。

❖　【保留边界】：选择该选项，可以将填充边界以对象形式保留。

❖　【对象类型】：用于选择填充边界的保留类型。只有选中【保留边界】选项时，该选项才可用，它提供了"面域"和"多段线"两个选项。

在【边界集】选项区中，可以设置填充边界的对象集。当以"拾取点"方式定义填充边界时，AutoCAD 将根据这些对象来确定填充边界。

默认情况下，系统根据当前视口中的所有可见对象来确定填充边界，而指定对象集以后，将不再分析对象集以外的图形对象，这样可以提高工作效率。

在【允许的间隙】选项区中，可以设置填充边界允许忽略的最大间隙。其中【公差】选项的默认值为 0，表示填充边界不能有间隙；如果输入一个非 0 值，则填充边界允许存在小于该值的间隙，即填充图案时忽略该间隙，并将边界视为封闭。

在【继承选项】选项区中，可以控制使用"继承特性"创建图案填充时填充原点的位置。

❖ 【使用当前原点】：选择该选项，表示使用当前的图案填充原点。

❖ 【使用源图案填充的原点】：选择该选项，表示使用源图案填充的图案填充原点。

4.2.6 编辑图案填充

创建了图案填充后，如果对填充的图案不满意，还可以重新编辑图案填充。AutoCAD允许修改填充图案、填充边界、填充比例与方向等。

调用【编辑图案填充】命令的方法如下：

> 菜单栏：执行【修改】/【对象】/【图案填充】命令
> 工具栏：单击【修改 II】工具栏中的【编辑图案填充】按钮 ▧
> 命令行：Hatchedit

执行上述命令之一后，系统提示如下：

选择图案填充对象： (选择要修改的图案填充对象)

在绘图窗口中选择填充了图案的对象以后，将弹出【图案填充编辑】对话框，如图 4-27 所示。

图 4-27 【图案填充编辑】对话框

我们可以看到，该对话框与【图案填充和渐变色】对话框的内容相同，只是部分选项不可用，操作上完全相同。利用该对话框可以对已填充的图案进行一系列的编辑。

例 4-2 绘制一个花瓣图形并进行填充。

本例主要练习图案填充操作，所以对图形的尺寸没有严格要求，只要绘出一个花瓣图形，便于进行图案填充操作即可。其具体操作步骤如下：

(1) 先绘制图形。

　　命令: Circle↵　　(执行圆命令)

　　指定圆的圆心或 [三点(3P)/两点(2P)/切点、切点、半径(T)]:点取一点　　　(确定圆心的位置)

　　指定圆的半径或 [直径(D)] <当前值>: 10↵　　(指定圆的半径)

　　命令: Polygon ↵　　(执行正多边形命令)

　　输入边的数目 <4>: 6↵　　(确定多边形的边数)

　　指定正多边形的中心点或 [边(E)]:捕捉圆心　　　(使正多边形的中心与圆心重合)

　　输入选项 [内接于圆(I)/外切于圆(C)] <I>: I↵　　(选择内接于圆)

　　指定圆的半径: 30↵　　(输入外接圆的半径)

　　命令: Arc↵　　(执行圆弧命令)

　　指定圆弧的起点或 [圆心(C)]:拾取正六边形的一个顶点　　　(确定圆弧的起点)

　　指定圆弧的第二个点或 [圆心(C)/端点(E)]: 捕捉圆心　　　(确定圆弧的第二个点)

　　指定圆弧的端点: 拾取与圆弧起点相隔的顶点　　　(通过三点画弧方式画一段圆弧，结果如图
　　4-28 所示)

重复相同的操作，依次画出各条圆弧。绘制结果如图 4-29 所示。

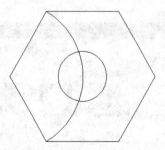
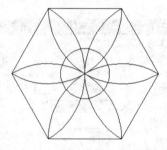

图 4-28　绘制的一段圆弧　　　　　　　　图 4-29　绘制完成后的图形

(2) 对圆内的花瓣图形进行填充操作。

　　命令: Hatch↵　　(执行图案填充命令)

打开【图案填充和渐变色】对话框。在【图案填充】选项卡中选择填充图案 ANSI31，在【比例】文本框中输入 0.4，然后单击【拾取点】按钮，则返回绘图窗口，并出现提示：

　　拾取内部点或 [选择对象(S)/删除边界(B)]: 依次点取图形中的花瓣在圆中的各部分↵　　(选择要
　　填充的对象)

按回车键后，将返回【图案填充和渐变色】对话框。此时单击 [预览] 按钮，可以在绘图窗口中预览填充效果，并且出现提示：

　　拾取或按 Esc 键返回到对话框或 <单击右键接受图案填充>: ↵　　(确认无误，按回车键接受填
　　充，否则可以按 Esc 键返回对话框以重新设置，填充效果如图 4-30 所示)

(3) 对六边形内花瓣以外的部分进行填充操作。

　　命令: ↵　　(重复执行图案填充命令)

打开【图案填充和渐变色】对话框。在【图案填充】选项卡中选择填充图案 GRAVEL，在【比例】文本框中输入 0.4，然后单击【拾取点】按钮，则返回绘图窗口，分别拾取六

边形内(圆外)各花瓣的空隙部分，然后按回车键返回【图案填充和渐变色】对话框，单击 确定 按钮，则填充图案后的效果如图 4-31 所示。

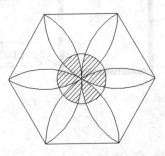
图 4-30　圆内部分的填充效果

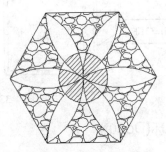
图 4-31　最终填充效果

4.3　绘制填充图形

等宽线、圆环与填充多边形都属于填充图形对象。如果要显示填充效果，则使用 Fill 命令将填充模式设置为"ON"即可。

4.3.1　等宽线(Trace)

等宽线(也叫轨迹线)是指具有相同宽度的实线。等宽线的端点在中心线上，并且始终被剪切成方形。在 AutoCAD 中可以使用 Trace 命令来绘制等宽线。

下面，我们使用 Trace 命令绘制一个如图 4-32 所示的六边形，学习等宽线的绘制方法。具体操作步骤如下：

命令: Trace↵　　(执行 Trace 命令)

指定宽线宽度 <1.0000>: 2↵　　(设定线宽为 2)

指定起点: 点取 A 点　　(确定等宽线的起点 A)

指定下一点: 点取 B 点　　(指定等宽线的下一个端点 B)

指定下一点: 点取 C 点

指定下一点: 点取 D 点

指定下一点: 点取 E 点

指定下一点: 点取 F 点

指定下一点: 捕捉 A 点

指定下一点: ↵　　(按回车键结束操作)

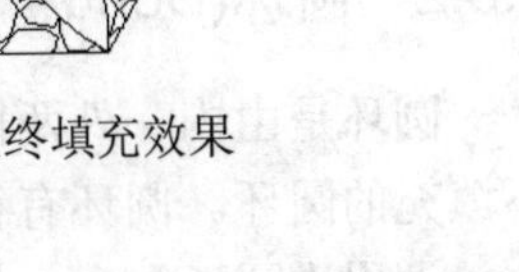

图 4-32　绘制的等宽线

【选项说明】

(1) Trace 命令的命令行提示只有"指定下一点:"，没有更多的选项。用户可以使用鼠标或坐标值确定端点。

(2) Trace 命令的使用方法与绘制直线的方法相似，只是需要事先定义线的宽度。

(3) 使用 Trace 命令之前，可以先执行 Fill 命令，设置是否对等宽线进行填充。当 Fill 命令设置为"ON"时，则填充等宽线；当 Fill 命令设置为"OFF"时，则不填充等宽线。两者的效果如图 4-33 所示。

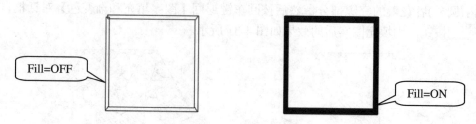

图 4-33　等宽线的填充效果

4.3.2　圆环(Donut)

圆环是由内、外两同心圆围成的环形区域，使用【圆环(Donut)】命令可以绘制填充或不填充的圆环。圆环有很多实用的功能，例如建立孔、接线片、基座和点等。

调用【圆环】命令的方法如下：

> 菜单栏：执行【绘图】/【圆环】命令
>
> 命令行：Donut

命令行提示与操作如下：

命令: Donut↵　　　(执行圆环命令)

指定圆环的内径 <10.0000>: ↵　　　(指定内圆的直径)

指定圆环的外径 <20.0000>: ↵　　　(指定外圆的直径)

指定圆环的中心点或 <退出>: 拾取一点　　　(确定圆心位置，绘制圆环)

指定圆环的中心点或 <退出>: 拾取一点或回车　　　(可以连续绘制圆环，或回车结束操作)

【选项说明】

(1) 执行圆环命令以后，可以连续绘制圆环。在绘图窗口中每单击一次，则产生一个圆环，直到退出为止。

(2) 可以通过 Fill 命令来改变圆环的填充模式，但是要先设置 Fill 的填充模式，然后绘制圆环，如图 4-34 所示。

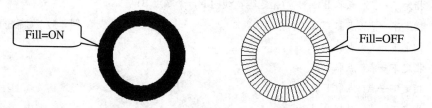

图 4-34　不同填充模式下绘制的圆环

(3) 圆环的主要参数有圆心、内圆直径和外圆直径。如果内圆直径为 0，则为实体填充圆；如果内圆直径等于外圆直径，则为普通圆。这两种情况如图 4-35 所示。

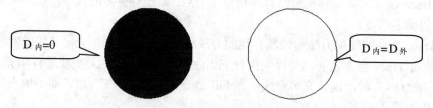

图 4-35　两种特殊的圆环

4.3.3 二维填充图形(Solid)

在 AutoCAD 中,用户可以利用 Solid 命令来完成在指定区域内的填充,从而创建实体填充的三角形或四边形。绘制二维填充图形时,只能通过命令行调用 Solid 命令。具体操作步骤如下:

命令: Solid↵   (执行 Solid 命令)

指定第一点: (指定点 A)

指定第二点: (指定点 B)

指定第三点: (指定点 C)

指定第四点或 <退出>:   (指定点 D)

【选项说明】

(1) 只有当 Fill 命令设置为 "ON" 时,才能创建二维填充图形。

(2) 要创建四边形区域,必须从左向右指定顶部和底部边缘。如果在右侧指定第一点而在左侧指定第二点,那么第三点和第四点也必须从右向左指定。务必保持这种 "之" 字形顺序以确保得到预期的结果。如图 4-36 所示为不同指定顺序的填充效果。

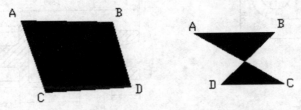

图 4-36 不同指定顺序的填充效果

(3) 当指定三个点后,按回车键可以创建三角形填充图形。

4.4 本 章 习 题

1. 在 AutoCAD 中可以对面域进行哪几种布尔运算?

2. 如何对图形填充渐变色与图案?

3. 使用面域绘制如题图 4-1 所示的图形(不要求尺寸)。

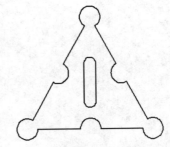

题图 4-1

4. 按题图 4-2 绘制一个地毯图形,分别填充不同的图案。

5. 绘制如题图 4-3 所示的卧室配置图。

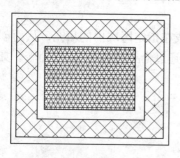

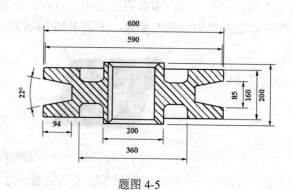

题图 4-2　　　　　　　　　　　　　　　题图 4-3

6. 按题图 4-4 中给定的尺寸，1∶1 地绘制所列图形(不标注尺寸)。

7. 按题图 4-5 中给定的尺寸，1∶1 地绘制所列图形(不标注尺寸)。

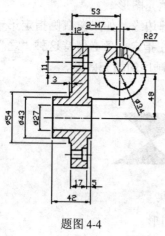

题图 4-4　　　　　　　　　　　　　　　题图 4-5

中文版 AutoCAD 2010 基础教程

第 5 章　编辑二维图形

◎本章主要内容◎

- 选择对象
- 删除、移动与旋转对象
- 复制、镜像、偏移和阵列
- 对象的变形修改
- 修剪、延伸、倒角和圆角
- 编辑多段线
- 编辑样条曲线
- 使用夹点
- 本章习题

在 AutoCAD 中，单纯地使用绘图命令或绘图工具只能绘制一些基本的图形对象。为了绘制复杂图形，很多情况下都必须借助图形编辑命令。AutoCAD 2010 提供了丰富的图形编辑命令，如复制、移动、旋转、镜像、偏移、阵列、拉伸及修剪等。使用这些命令，可以修改已有图形或通过已有图形构造新的复杂图形。熟练掌握和使用二维图形编辑命令，可以减少重复操作，保证作图的准确性，从而提高绘图效率。

5.1　选　择　对　象

要对图形对象进行操作必须先选择对象。因此，选择对象是 AutoCAD 最基本的操作。通常，以下几种情况需要选择对象：

- ❖　在命令行输入 Select 命令。
- ❖　定义编组。
- ❖　执行了编辑命令，如移动、复制、修剪等。
- ❖　填充图案或渐变色。
- ❖　创建面域。

5.1.1　选择对象的方法

在 AutoCAD 中，选择对象的方法很多。既可以通过单击对象逐一选择，也可以利用矩形窗口或交叉窗口选择对象。

1. 拾取方式

拾取方式是通过单击鼠标的方式来选择对象。当命令行提示"选择对象:"时，绘图窗口中的光标将变成拾取框，这时在要选择的图形上单击鼠标，就可以选择对象，被选中的对象以虚线的形式来显示，如图 5-1 所示。在拾取选择方式下，如果要选择多个对象，依次单击要选择的对象即可。

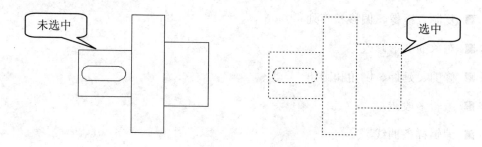

图 5-1　拾取框选择对象

实际上，如果没有执行任何命令，也就是说，光标呈十字光标时，也可以通过单击对象来选择。只是这种情况下，被选中的对象除了以虚线显示外，还会出现蓝色的小方块，如图 5-2 所示。这些小方块称为夹点，利用夹点可以编辑对象。后面我们将详细讲解如何利用夹点编辑图形。

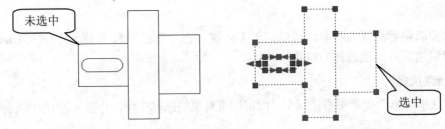

图 5-2　夹点模式选择对象

2. 窗口方式

窗口方式是指从左上角向右下角拖动鼠标，形成一个矩形窗口，凡是被窗口完全包围的对象将被选中。这种方式可以一次性选择多个对象，如图 5-3 所示。

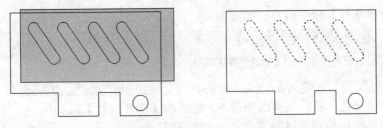

图 5-3　窗口方式选择对象

3. 交叉窗口方式

交叉窗口方式也是通过窗口来选择对象，但是要从右下角向左上角拖动鼠标。这时不但可以选择窗口内的所有对象，而且与窗口边界相交的对象也被选中，因此这种方式选取的范围更大，如图 5-4 所示。

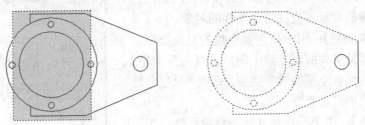

图 5-4　交叉窗口方式选择对象

(1) 不在"选择对象:"提示下，即没有执行任何命令之前，也可以使用窗口方式或交叉窗口方式选择对象，最终的选择结果是相同的。(2) 窗口方式选择对象时，从左上角向右下角拖动鼠标；交叉窗口方式的鼠标拖动方向相反。(3) 窗口方式的选择框是实线，并呈淡蓝色；交叉窗口方式的选择框为虚线，并呈淡绿色。

4. 全部选择

如果要选择当前视口中的所有对象，可以单击菜单栏中的【编辑】/【全部选择】命令或按下 Ctrl + A 键。如果执行了编辑命令，命令行中提示"选择对象:"，这时输入"All"并回车，即可选择所有对象。注意，已锁定或已冻结层上的对象不能被选中。

5. 取消选择

如果要取消已选择的对象，可以按下 Esc 键。在"选择对象:"提示下输入 Undo 并回车，可以取消最后一次选择的对象。

6. 结束选择

在"选择对象:"提示下直接回车，即可结束对象的选择操作，并进入指定的编辑操作中。

5.1.2　快速选择(Qselect)

在 AutoCAD 中，当需要选择具有某些共同特性的对象时，可以使用【快速选择】命令，根据指定的过滤条件(如图层、线型、颜色等)快速定义选择集，即根据设置的条件查找到符合要求的对象并选择它们。

调用【快速选择】命令的方法如下：

> 菜单栏：执行【工具】/【快速选择】命令
>
> 特性选项板：单击右上角的【快速选择】按钮 ⬚
>
> 命令行：Qselect

执行上述命令之一后，则弹出如图 5-5 所示的【快速选择】对话框。

在该对话框中可以设置选择条件，从而选择符合条件的对象。各选项功能如下：

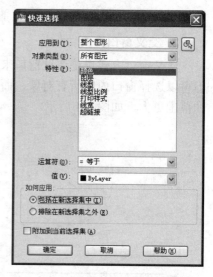

图 5-5　【快速选择】对话框

❖ 【应用到】：用于设置过滤范围，也就是说在什么范围内选择对象。当选择"整个图形"选项时，表示在整个图形文件内查找符合条件的对象；当选择"当前选择"选项时，表示在已经选择的对象内查找符合条件的对象。

❖ 【对象类型】：用于指定要查找的对象类型。如果过滤条件应用于整个图形，则【对象类型】列表中包含全部的对象类型；否则，只包含选定对象的对象类型。

❖ 【特性】：用于设置要过滤的对象特性，实际上就是选择对象的条件。该列表中列出了所有可用的特性参数，如图层、颜色、线型等。选定的特性参数将决定【运算符】和【值】中的可用选项。

❖ 【运算符】：用于设置过滤的运算条件，如"等于"、"不等于"、"大于"、"小于"和"全部选择"。

❖ 【值】：用于设置筛选过滤的条件值。

多讲几句　　　　　【特性】列表中的参数是变化的，它是由过滤范围中的图形对象决定的。【特性】、【运算符】和【值】共同决定选择对象的条件，例如依次将它们设置为"颜色"、"等于"、"红"，则在指定的范围内选择颜色为红色的图形对象。

❖ 【包括在新选择集中】：选择该选项，表示图形的过滤范围仅限于已选择的目标图形。

❖ 【排除在新选择集之外】：选择该选项，表示系统将过滤出符合设定条件以外的所有实体。

❖ 【附加到当前选择集】：选择该选项，控制是否将所选对象添加到当前的选择集中。

例 5-1　在如图 5-6 所示的图形中选择半径为 50 的圆。

在本例中，不能确定哪个圆的半径为 50，即使认为小圆的半径为 50，选择时也比较繁琐，而使用快速选择命令可以方便地选择出符合要求的对象。具体操作步骤如下：

(1) 单击菜单栏中的【工具】/【快速选择】命令，打开【快速选择】对话框。

(2) 在【应用到】下拉列表中选择"整个图形"选项；在【对象类型】下拉列表中选择"圆"选项；在【特性】列表中选择"半径"选项；在【运算符】下拉列表中选择"=等于"选项，在【值】文本框中输入 50，如图 5-7 所示。

(3) 单击 确定 按钮，则图形中所有符合要求的圆均被选中，如图 5-8 所示。

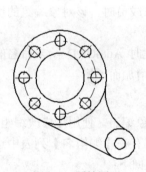

图 5-6　原始图形

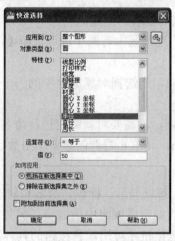

图 5-7　过滤条件

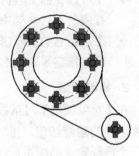

图 5-8　选择的圆

5.1.3　使用编组(Group)

编组是已命名的选择集，可以随图形文件一起保存。当把图形作为外部参照或将它插入到另一个图形中时，编组的定义仍然有效。AutoCAD 2010 允许将图形对象进行编组以创建一种选择集，使用户编辑对象时更为灵活。

1. 创建编组

在工作过程中，用户可以根据需要创建编组。创建编组时，一个对象可以是多个编组的成员。除了可以选择编组的成员外，还可以为编组命名并添加说明。

创建编组的操作步骤如下：

(1) 在命令行中输入 Group 并回车，执行编组命令。

(2) 在弹出的【对象编组】对话框中设置【编组名】和【说明】选项，如编组名为"小圆形"，说明为"图形中半径为 50 的圆"，如图 5-9 所示。

(3) 单击 新建(N) < 按钮，此时返回绘图窗口，光标变为拾取框。

(4) 在视图中依次选择要编组的对象，然后按下回车键，返回【对象编组】对话框，此时上方的【编组名】列表中出现定义的编组，如图 5-10 所示。

图 5-9 【对象编组】对话框   图 5-10 出现定义的编组

(5) 单击 确定 按钮，完成编组的创建。

在该对话框的【创建编组】选项区中有两个选项，即【可选择的】和【未命名的】。它们的意义如下：

❖ 【可选择的】：选择该项，当选择对象编组中的一个对象成员时，该对象编组的所有成员都将被选中。

❖ 【未命名的】：选择该项，不需要对新编组进行命名，此时 AutoCAD 给未命名的编组指定了默认名 *An，其中 n 随着创建新编组数目的增加而递增。

2. 修改编组

在【对象编组】对话框中，可以显示、标识、命名和修改对象编组。使用【修改编组】选项区中的功能按钮，可以修改编组或编组中的成员。另外，只有在【编组名】列表中选择一个已经定义的编组后，这些按钮才可用。各按钮的具体功能如下：

❖ 删除(R)< ：单击该按钮，将返回绘图窗口，这时可以从选定的编组中删除成员对象，从而改变编组成员。

❖ 添加(A)< ：其作用与 删除(R)< 按钮相反。单击该按钮，将返回绘图窗口，这时可以继续选择对象，将其添加到选定的编组中。

❖ 重命名(M) ：其作用是对已存在的编组进行重新命名。在【编组名】文本框中输入新的名称，单击该按钮即可。

❖ 重排(O)... ：单击该按钮，将弹出【编组排序】对话框，如图 5-11 所示。通过它可以修改选定编组中对象的编号次序，也可以逆排编组中的所有成员。注意，AutoCAD 按编组时选择对象的顺序为对象排序，编组中的第一个对象编号为 0 而不是 1。

❖ 说明(D) ：用于修改选定编组的说明。选定一个编组后，修改【说明】文本框中的内容，

图 5-11 【编组排序】对话框

然后单击该按钮，则说明信息被更新。AutoCAD 最多允许输入 64 个字符的说明信息。

❖ ⬚分解(E)⬚：单击该按钮，可以删除选定的编组。删除编组以后，并不影响图形中的对象，只取消了编组。

❖ ⬚可选择的(L)⬚：单击该按钮，可以控制编组的可选择性。

5.2 删除、移动与旋转对象

删除、移动与旋转对象是最基本的图形编辑操作。在 AutoCAD 中，既可以通过【修改】菜单中的相关命令来实现，也可以使用命令行或夹点进行编辑。

5.2.1 删除(Erase)

在绘图过程中，使用【删除】命令可以删除错误的或不再需要的图形对象。例如，已经没有作用的参照线就可以删除。

调用【删除】命令的方法如下：

> 菜单栏：执行【修改】/【删除】命令
> 工具栏：单击【修改】工具栏中的【删除】按钮 ✐
> 命令行：Erase

命令行提示与操作如下：

命令：Erase↵

选择对象：　　(选择要删除的对象)

选择对象：↵　(继续选择对象，或按回车键删除对象)

【选项说明】

(1) 可以选择对象后再调用删除命令，也可以调用删除命令后再选择对象。选择对象时，按照前面介绍的各种方法之一进行选择即可。

(2) 一般情况下，选择对象以后，AutoCAD 会继续提示"选择对象:"。此时可以继续选择对象，也可以按回车键删除选择的对象。

多讲几句　　在绘图过程中，如果出现了绘制错误或绘制了不满意的图形而需要删除对象时，也可以直接选择要删除的对象，然后按 Delete 键。

例 5-2　绘制如图 5-12 所示的五角星。

五角星是一个非常简单的图案，但是在绘制时需要借助参照线，如借助正五边形可以快速地绘制出五角形。其具体操作步骤如下：

(1) 先绘制一个正五边形。

命令：Polygon↵　　(执行正多边形命令)

输入边的数目 <5>: 5↵　　(输入多边形的边数)

指定正多边形的中心点或 [边(E)]: 任意点取一点　　　(确定正多边形的中心)

输入选项 [内接于圆(I)/外切于圆(C)] <I>:↵　　(直接回车，选择内接于圆)

指定圆的半径: 50↵　　　　(输入外接圆的半径，完成绘制，如图 5-13 所示)

(2) 绘制五角星。

命令: Line↵　　　(执行直线命令)

指定第一点: 拾取多边形的一个顶点

指定下一点或 [放弃(U)]: 拾取与第一点间隔的另一个顶点

指定下一点或 [放弃(U)]:↵　　　(结束直线命令)

重复前面的操作，分别将正五边形的顶点间隔连接，结果如图 5-14 所示。

 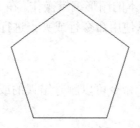 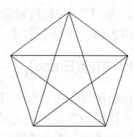

图 5-12　五角星图形　　　　　图 5-13　绘制的正五边形　　　　　图 5-14　连接各顶点

(3) 删除正五边形。

命令: Erase↵　　　(执行删除命令)

选择对象: 拾取正五边形　　　(选择要删除的对象)

选择对象:↵　　　(删除选择的对象，完成五角星的绘制)

5.2.2　移动(Move)

用户在绘制图形的过程中，如果绘制的图形位置不能满足要求，可以使用【移动】命令改变图形对象的位置。移动对象仅仅是位置的平移，而不改变对象的方向和大小。

调用【移动】命令的方法如下：

> 菜单栏: 执行【修改】/【移动】命令
>
> 工具栏: 单击【修改】工具栏中的【移动】按钮🕀
>
> 命令行: Move

命令行提示与操作如下：

命令: Move↵　　　(执行移动命令)

选择对象:　　　(选择要移动的对象)

选择对象:↵　　　(继续选择对象，或按回车键结束选择)

指定基点或 [位移(D)] <位移>:　　　(指定移动对象的基点)

指定位移的第二点<或使用第一点作位移>:　　　(指定移动后的新位置)

【选项说明】

(1) 在"指定基点或 [位移(D)] <位移>:"提示下输入 D 并回车，系统提示如下：

指定位移<当前值,当前值,当前值>:　　　(输入相对坐标值，确定移动距离与方向)

(2) 如果要按指定距离移动对象，可以在打开"正交"模式或极轴追踪模式的同时直接输入距离值。

5.2.3　旋转(Rotate)

在绘制图形的过程中，有时需要将图形对象旋转一定的角度。AutoCAD 提供了【旋转】命令，可以将选中的对象以一点为旋转中心，按照用户定义的角度进行旋转。

调用【旋转】命令的方法如下：

> 菜单栏：执行【修改】/【旋转】命令
>
> 工具栏：单击【修改】工具栏中的【旋转】按钮🔾
>
> 命令行：Rotate

命令行提示与操作如下：

命令: Rotate↵　（执行旋转命令）

UCS 当前的正角方向：　ANGDIR=逆时针　ANGBASE=0　　（自动显示默认设置）

选择对象：　（选择要旋转的对象）

选择对象：↵　　（继续选择对象，或按回车键结束选择）

指定基点：　（确定旋转中心）

指定旋转角度，或 [复制(C)/参照(R)] <0>: 90↵　　（输入旋转角度）

【选项说明】

(1) 输入的旋转角度为正，将以逆时针方向旋转；反之，以顺时针方向旋转。

(2) 复制(C)：该选项可以复制一个选择的对象，再进行旋转。

(3) 参照(R)：该选项将按照指定的相对角度旋转对象。按照系统的提示指定参考角和新角度后，将以两个角度的差值旋转对象。

例 5-3　绘制一个如图 5-15 所示的局部电路图。

本例主要学习旋转、移动对象的操作技巧，具体操作步骤如下：

(1) 使用矩形命令绘制电阻 R1，使用圆与直线命令绘制灯泡 L1，具体步骤不再赘述，结果如图 5-16 所示。

(2) 将灯泡 L1 旋转 45 度。

命令: Rotate↵　（执行旋转命令）

UCS 当前的正角方向：　ANGDIR=逆时针　ANGBASE=0

　　　（自动显示默认设置）

选择对象：选择组成 L1 的所有对象

选择对象：↵　（按回车键确认选择）

指定基点：拾取圆心　（确定旋转中心）

指定旋转角度，或 [复制(C)/参照(R)] <0>:45↵　（输入旋

　　　转角度，则图形结果如图 5-17 所示）

(3) 旋转并复制 R1、L1。

命令:↵　（重复执行旋转命令）

UCS 当前的正角方向：　ANGDIR=逆时针　ANGBASE=0

选择对象：选择电阻 R1　（选择旋转对象）

选择对象:↵　（确认选择）

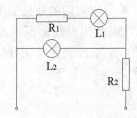

图 5-15　局部电路图

图 5-16　绘制的图形

图 5-17　旋转 L1 后的效果

指定基点:拾取矩形右下角的点　　　　(确定旋转中心)

指定旋转角度，或 [复制(C)/参照(R)] <45>: C↵　　　(复制旋转的对象)

旋转一组选定对象。　　　(系统自动显示的内容)

指定旋转角度，或 [复制(C)/参照(R)] <45>: 90↵　　　(输入旋转角度，结果如图 5-18 所示)

用同样的方法，对灯泡 L1 进行旋转并复制，结果如图 5-19 所示。

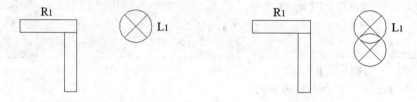

图 5-18　旋转并复制 R1　　　　　　　　图 5-19　旋转并复制 L1

(4) 将旋转复制的图形移动到适当位置。

命令: Move↵　　　(执行移动命令)

选择对象: 选择垂直的矩形　　　(选择要移动的对象)

选择对象: ↵　　　(按回车键确认选择)

指定基点或 [位移(D)] <位移>:拾取矩形右下角的点

　　　(指定移动的基点)

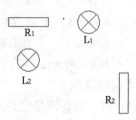

指定位移的第二点<或使用第一点作位移>: 在合适的
位置单击鼠标　　　(指定移动后的新位置)

图 5-20　移动对象后的位置

用同样的方法，对旋转复制 L1 得到的图形进行移动，确定位置后的效果如图 5-20 所示。

(5) 使用直线命令对各电器元件进行连接，并在导线的端点上画两个小圆点，最终结果如图 5-21 所示。

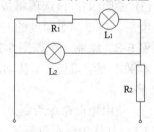

图 5-21　最终结果

5.3　复制、镜像、偏移和阵列

复制、镜像、偏移和阵列都属于复制类命令。在 AutoCAD 中，使用这些命令可以创建与原对象完全一致的对象，从而提高绘图效率。

5.3.1　复制(Copy)

在绘图过程中，经常需要绘制两个或多个完全相同的图形对象。这时可以先绘制一个图形，然后利用【复制】命令进行绘图，这样能够提高绘图的效率。

调用【复制】命令的方法如下:

菜单栏: 执行【修改】/【复制】命令

工具栏: 单击【修改】工具栏中的【复制】按钮

命令行: Copy

命令行提示与操作如下：

命令: Copy↵　　(执行复制命令)

选择对象:　　(选择要复制的对象，可以连续选择多个对象)

选择对象: ↵　　(确认选择操作)

当前设置: 复制模式 = 多个　　(自动显示的内容)

指定基点或 [位移(D)/模式(O)] <位移>:　　(指定复制的基点)

指定第二个点或 <使用第一个点作为位移>:　　(指定第二个点)

指定第二个点或 [退出(E)/放弃(U)] <退出>:↵　　(继续指定其他点，或者按回车键结束复制操作)

【选项说明】

(1) 默认情况下，复制的模式为"多个"，即选择对象以后，可以多次指定第二个点，确定新的复制位置，以实现多次复制。

(2) 位移(D)：该选项可以使用相对坐标指定对象移动的距离和方向。

(3) 模式(O)：该选项可以改变复制模式，即可以选择"单个"或"多个"。

在夹点模式下选择对象，然后按住 Ctrl 键，将选择的对象拖动到新位置，可以快速地复制对象。使用此方法，可以在打开的图形以及其他应用程序之间拖放对象。

例 5-4　绘制一个办公桌。

本例主要练习复制命令的使用，重点体会它在绘图操作中的便捷性。具体操作步骤如下：

(1) 使用矩形命令绘制一系列的矩形，大小与位置适当即可，如图 5-22 所示。

(2) 将左侧的一组矩形复制到右侧。

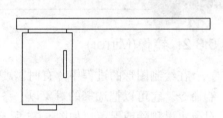

图 5-22　绘制的一组矩形

命令: Copy↵　　(执行复制命令)

选择对象: 拾取左侧的 3 个矩形　　(虚线显示的 3 个矩形，如图 5-23 所示)

选择对象:↵　　(确认选择操作)

当前设置: 复制模式 = 多个　　(自动显示的内容)

指定基点或 [位移(D)/模式(O)] <位移>: 拾取大矩形的右上角　　(指定基点)

指定第二个点或 <使用第一个点作为位移>: 在目标位置单击鼠标　　(指定第二个点)

指定第二个点或 [退出(E)/放弃(U)] <退出>:↵　　(结束复制操作，如图 5-24 所示)

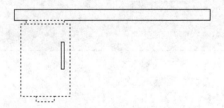

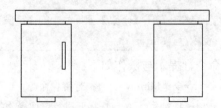

图 5-23　选择的对象　　　　　　　　　图 5-24　复制后的效果

(3) 继续使用矩形命令和圆命令绘制一个抽屉造型，如图 5-25 所示。

(4) 复制抽屉造型，完成办公桌的绘制。

　　命令: Copy↵　　(执行复制命令)

　　选择对象: 拾取刚绘制的矩形与圆形　　(选择要复制的对象)

　　选择对象:↵　(确认选择操作)

　　当前设置: 复制模式 = 多个　　(自动显示的内容)

　　指定基点或 [位移(D)/模式(O)] <位移>: 拾取矩形顶边中点　　(指定基点)

　　指定第二个点或 <使用第一个点作为位移>: 单击鼠标　　(指定第二个点)

　　指定第二个点或 [退出(E)/放弃(U)] <退出>: 单击鼠标　　(指定第三个点)

　　指定第二个点或 [退出(E)/放弃(U)] <退出>:↵　　(结束操作，结果如图 5-26 所示)

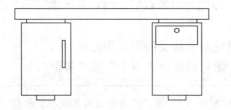　　　　　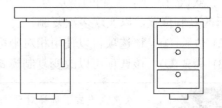

图 5-25　绘制的抽屉造型　　　　　图 5-26　绘制完成的办公桌

> 本例对绘图过程只进行了简单描述，重点介绍了复制操作。在操作过程当中，要学会使用对象捕捉、正交、极轴追踪等功能，以辅助绘图。

5.3.2　镜像(Mirror)

在绘制图形的过程中，有时需要绘制完全对称的图形对象，这时可以使用【镜像】复制命令。它可以把选择的对象以一条镜像线为对称轴，生成完全对称的镜像对象，原来的对象可以删除或保留，如图 5-27 所示为镜像复制对象的效果对比。

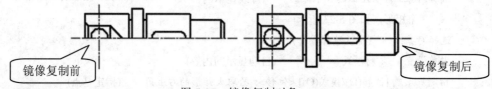

镜像复制前　　　　　镜像复制后

图 5-27　镜像复制对象

调用【镜像】命令的方法如下：

> 菜单栏: 执行【修改】/【镜像】命令
> 工具栏: 单击【修改】工具栏中的【镜像】按钮⚊
> 命令行: Mirror

命令行提示与操作如下：

　　命令: Mirror↵　　(执行镜像命令)

　　选择对象:　　(选择要进行镜像操作的对象)

　　选择对象: ↵　(确认选择操作)

　　指定镜像线的第一点:　　(确定镜像线的一个端点)

指定镜像线的第二点：　　　　(确定镜像线的另一个端点)

要删除源对象吗？[是(Y)/否(N)]：　　　(确认是否保留源对象)

【选项说明】

(1) 镜像线的方向可以是任意的，其方向由镜像线(对称轴)上的两个端点确定。镜像线在绘图区中不一定真实存在。

(2) 在"要删除源对象吗？[是(Y)/否(N)] <N>:"提示下输入 Y 并回车，此时将镜像对象；输入 N 并回车，此时将镜像复制对象。

(3) 对于文本对象，当系统变量 Mirrtext 的值为 1 时，作完全镜像；为 0 时，作可识读镜像，如图 5-28 所示。

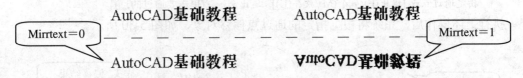

图 5-28　使用变量 Mirrtext 控制镜像文字的方向

5.3.3　偏移(Offset)

偏移是指保持选择对象的形状，在不同的位置创建与原始对象平行的新对象。可以偏移的对象有直线、圆弧、圆、椭圆和椭圆弧、多段线、构造线(参照线)、射线和样条曲线等。如图 5-29 所示为使用【偏移】命令前后的效果对比。

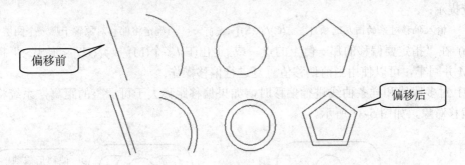

图 5-29　偏移前后效果对比

调用【偏移】命令的方法如下：

> 菜单栏：执行【修改】/【偏移】命令
>
> 工具栏：单击【修改】工具栏中的【偏移】按钮 ⌒
>
> 命令行：Offset

命令行提示与操作如下：

命令: Offset↵　　(执行偏移命令)

当前设置：删除源=否　图层=源　OFFSETGAPTYPE=0　　(自动显示的内容)

指定偏移距离或 [通过(T)/删除(E)/图层(L)] <1.0000>:　　(指定偏移距离)

选择要偏移的对象，或 [退出(E)/放弃(U)] <退出>:　　(选择要偏移的对象)

指定要偏移的那一侧上的点，或 [退出(E)/多个(M)/放弃(U)] <退出>:　　(在偏移对象的一侧单

击鼠标指定一点)

　　选择要偏移的对象或<退出>:　　(继续选择要偏移的对象，或者按回车键结束)

【选项说明】

(1) 指定偏移距离时，可以直接输入偏移值，也可以通过输入两点来确定偏移距离值。在"指定偏移距离或 [通过(T)/删除(E)/图层(L)] <1.0000>:"提示下，先指定第一点，继续提示"指定第二点:"。指定第二点后，系统将自动计算出两点间距离并将其作为偏移距离。

(2) 选择偏移对象时，只能以拾取方式选择对象，并且一次只能选择一个对象。

(3) 通过(T)：该选项可以根据指定的通过点偏移对象，此时系统提示：

　　选择要偏移的对象，或 [退出(E)/放弃(U)] <退出>:　　(选择要偏移的对象)

　　指定通过点或 [退出(E)/多个(M)/放弃(U)] <退出>:　　(单击要通过的点)

执行上述操作后，系统将根据指定的通过点偏移对象，如图 5-30 所示。

图 5-30　通过指定点偏移

(4) 删除(E)：该选项可以删除偏移的源对象，此时系统提示：

　　要在偏移后删除源对象吗？[是(Y)/否(N)] <当前>:　　(确定是否删除源对象)

(5) 图层(L)：该选项可以确定偏移对象创建在当前图层上或源对象所在的图层上。此时系统提示：

　　输入偏移对象的图层选项 [当前(C)/源(S)] <当前>:　　(确定将偏移对象置于哪一个图层中)

(6) 在"指定要偏移的那一侧上的点，或 [退出(E)/多个(M)/放弃(U)] <退出>:"提示下输入 M 并回车，可以使用当前偏移值重复进行偏移操作。

(7) 对多段线和样条曲线进行偏移时，如果偏移距离大于可调整的距离，系统将自动修剪偏移对象，如图 5-31 所示。

图 5-31　自动修剪偏移对象

例 5-5　使用偏移、复制、镜像命令绘制如图 5-32 所示的零件图形。

本例的综合性比较强，将涉及图层、辅助线、对象捕捉的运用，圆、圆弧与直线的绘制。重点是练习偏移、复制、镜像命令的使用，体会它们为绘图工作带来的方便与快捷。其具体操作步骤如下：

(1) 根据前面所学的知识，创建"辅助层"与"轮廓层"，并分别设置线型、线宽、颜色等特性。

(2) 选择"辅助层"为当前图层，然后绘制辅助线。

命令: Line↵　　(执行直线命令)

指定第一点: 点取一点　　(确定直线的起点)

指定下一点或 [放弃(U)]: 点取另一点　　(确定直线的端点)

指定下一点或 [放弃(U)]:↵　　(结束绘制，绘制一条水平直线)

命令:↵　　(重复执行直线命令)

指定第一点: 点取一点　　(确定直线的起点)

指定下一点或 [放弃(U)]: 点取另一点　　(确定直线的端点)

指定下一点或 [放弃(U)]:↵　　(结束绘制，绘制一条垂直直线，如图 5-33 所示)

命令: Offset↵　　(执行偏移命令)

当前设置: 删除源=否　图层=源　OFFSETGAPTYPE=0

指定偏移距离或 [通过(T)/删除(E)/图层(L)] <通过>: 100↵　　(指定偏移距离)

选择要偏移的对象，或 [退出(E)/放弃(U)] <退出>:拾取水平直线

指定要偏移的那一侧上的点，或 [退出(E)/多个(M)/放弃(U)] <退出>: 在水平直线上方单击鼠标

　　(向上方偏移复制一条水平直线)

选择要偏移的对象，或 [退出(E)/放弃(U)] <退出>: 继续拾取垂直直线

指定要偏移的那一侧上的点，或 [退出(E)/多个(M)/放弃(U)] <退出>: 在垂直直线右侧单击鼠标

　　(向右侧偏移复制一条垂直直线，结果如图 5-34 所示)

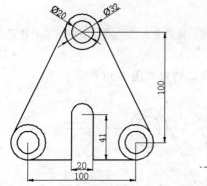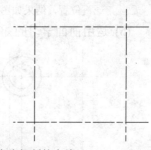

图 5-33　水平与垂直辅助线　　　　　　图 5-34　偏移复制的直线

　　用同样的方法，再将第一条水平直线向上偏移 25，将第一条垂直直线向右偏移 40、50、60，这样就完成了辅助线的绘制，结果如图 5-35 所示。

(3) 选择"轮廓层"为当前图层，并绘制圆。

命令: Circle↵　　(执行圆命令)

指定圆的圆心或 [三点(3P)/两点(2P)/切点、切点、半径(T)]: 拾取左下角辅助线的交点

　　(确定圆心)

指定圆的半径或 [直径(D)] <12.0000>: 16↵　　(绘制半径为 16 的圆)

命令: Offset↵　　(执行偏移命令)

当前设置: 删除源=否　图层=源　OFFSETGAPTYPE=0

指定偏移距离或 [通过(T)/删除(E)/图层(L)] <12.0000>: 6↵　　(指定偏移距离)

选择要偏移的对象，或 [退出(E)/放弃(U)] <退出>: 拾取圆形

指定要偏移的那一侧上的点，或 [退出(E)/多个(M)/放弃(U)] <退出>: 在圆形内单击鼠标
　　(确定偏移方向)

选择要偏移的对象，或 [退出(E)/放弃(U)] <退出>:↵　　　(结束偏移操作，结果如图 5-36 所示)

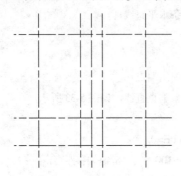

图 5-35　完成后的辅助线

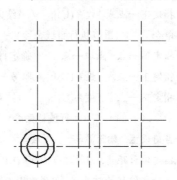

图 5-36　绘制与偏移的圆

(4) 复制圆到顶端位置。

命令: Copy↵　　　(执行复制命令)

选择对象: 拾取刚绘制的两个圆　　　(选择要复制的对象)

选择对象:↵　　　(确认选择)

当前设置: 复制模式 = 单个

指定基点或 [位移(D):模式(O)/多个(M)] <位移>: 拾取圆心

指定第二个点或 <使用第一个点作为位移>: 拾取顶端辅助线的中点　　　(指定复制对象的放置
　　位置，结果如图 5-37 所示)

(5) 运用前面学习的知识，使用直线命令绘制轮廓线，结果如图 5-38 所示。

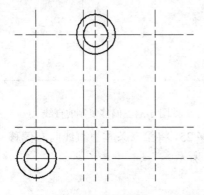

图 5-37　复制的圆

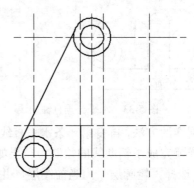

图 5-38　绘制的轮廓线

(6) 镜像复制，完成右侧图形的绘制。

命令: Mirror↵　　　(执行镜像命令)

选择对象: 选择除顶端两个圆形以外的所有对象　　　(选择要镜像的对象)

指定镜像线的第一点:拾取中间的垂直辅助线的上端点　　　(指定镜像线的起点)

指定镜像线的第二点: 拾取中间的垂直辅助线的下端点　　　(指定镜像线的端点)

要删除源对象吗？ [是(Y)/否(N)] <N>:N↵　　　(不删除源对象，完成镜像复制，结果如图 5-39 所示)

(7) 单击菜单栏中的【绘图】/【圆弧】/【圆心、起点、端点】命令，绘制中间的圆弧，

最终效果如图 5-40 所示。

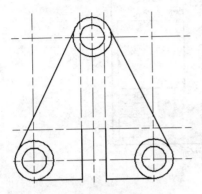

图 5-39 镜像复制的效果

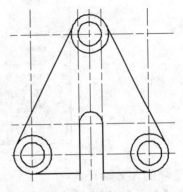

图 5-40 完成后的效果

5.3.4 阵列(Array)

在绘图过程中，有时需要绘制完全相同的、成矩形或环形规则排列的一系列图形。这时可以只绘制一个图形，然后使用【阵列】命令进行矩形或环形的复制。

调用【阵列】命令的方法如下：

> 菜单栏：执行【修改】/【阵列】命令
>
> 工具栏：单击【修改】工具栏中的【阵列】按钮 品
>
> 命令行：Array

执行上述命令之一后，将弹出【阵列】对话框。通过该对话框的设置，可以将选择的对象进行矩形阵列或环形阵列复制。矩形阵列复制时，对象可以产生一定的倾角；环形阵列复制时，对象可以旋转，也可以不旋转。

1. 矩形阵列

矩形阵列是指通过指定要复制的行数、列数、行间距值、列间距值以及矩阵的倾斜角度来实现的阵列方式，如图 5-41 所示为矩形阵列示意图。

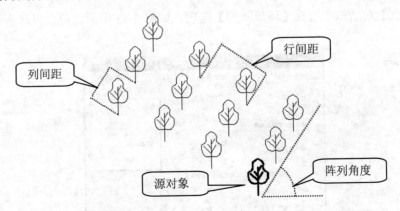

图 5-41 矩形阵列示意图

在【阵列】对话框中选择【矩形阵列】选项，可以以矩形阵列方式复制对象，此时的对话框如图 5-42 所示。

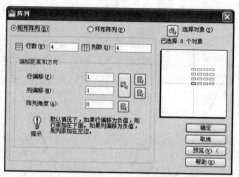

图 5-42　矩形阵列

各选项的含义如下：

❖ 【行数】：用于设置矩形阵列的行数。

❖ 【列数】：用于设置矩形阵列的列数。

❖ 【行偏移】：用于设置矩形阵列的行间距。

❖ 【列偏移】：用于设置矩形阵列的列间距。

❖ 【阵列角度】：用于设置矩形阵列的倾斜角度。如果要生成不平行于 X、Y 轴的阵
列，则需要输入阵列的倾斜角度。

❖ 【选择对象】按钮 ⬚：单击该按钮则返回绘图窗口，选择目标对象并按回车键，
则返回【阵列】对话框，这时可以看到该按钮的下方出现提示"已选择 n 个对象"。

【选项说明】

(1) 指定矩形阵列的行、列间距值时，该值既可以为正也可以为负，而且该值既可以
直接输入，也可以通过单击其右侧的按钮在绘图区内指定。

(2) 矩形阵列的行、列间距取值不同，生成的阵列也不相同。

2．环形阵列

环形阵列是指将源对象按圆周作等距分布生成的阵列图形。在绘图过程中，常遇到法
兰、齿轮等图形，四周的形状多数情况下是均匀分布的。对于这类图形，使用环形阵列可
以快速准确地完成任务。

在【阵列】对话框中选择【环形阵列】选项，如图 5-43 所示，可以以环形阵列方式复
制对象。

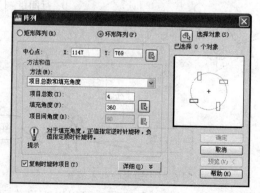

图 5-43　环形阵列

各选项的含义如下：

❖ 【中心点】：用于确定环形阵列的中心点。可以分别输入中心点的 X、Y 坐标值，也可以单击其右侧的按钮，在绘图窗口中指定中心点。

❖ 【方法】：用于选择环形阵列的排列方式。选择的排列方式不同，要求继续输入的参数也不一样。

❖ 【项目总数】：用于设置阵列数目。

❖ 【填充角度】：用于设置绕圆心进行环形阵列复制的角度。当输入正值时，系统将按逆时针方向生成环形阵列；而输入负值时，系统按顺时针方向生成环形阵列。

❖ 【项目间角度】：用于设置阵列目标之间所夹的中心角度数。

❖ 【复制时旋转项目】：选择该选项，则环形阵列复制后每个实体的方向均朝向环形阵列的中心；不选择该选项时则进行平移复制，即进行环形阵列复制后每个实体的方向均保持原方向，如图 5-44 所示。

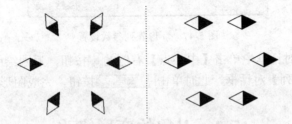

图 5-44　旋转复制与平移复制

❖ 详细(O) ⊗ 按钮：单击该按钮，可以展开更多选项，用于设置环形阵列时的插入基点，此时该按钮变为 简略(E) ⊗ 按钮；如果要收拢选项，单击 简略(E) ⊗ 按钮即可。

　　不论是矩形阵列还是环形阵列，都可以单击 预览(V) ⊗ 按钮，返回到绘图窗口查看阵列效果。如果满意则直接按回车键确认，不满意则可以按 Esc 键返回【阵列】对话框，重新设置参数。

例 5-6　绘制一个机械件的顶视图，如图 5-45 所示。

在绘制本例图形时，可以通过捕捉同一个圆心来绘制同心圆，也可使用偏移命令绘制同心圆，而周围分布的六个圆孔可以使用环形阵列来完成。具体操作步骤如下：

(1) 运用前面学过的知识，使用圆命令绘制一组同心圆，半径分别为 40、20、15，然后在同心圆的上方位置再绘制一组较小的同心圆，半径分别为 6 和 4，结果如图 5-46 所示。

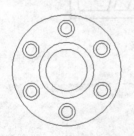

图 5-45　机械件的顶视图

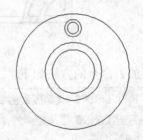

图 5-46　绘制的两组同心圆

(2) 单击菜单栏中的【修改】/【阵列】命令，在弹出的【阵列】对话框中选择【环形阵列】选项，然后单击【选择对象】按钮，返回绘图窗口。

(3) 在绘图窗口中选择上方的一组较小的同心圆，然后按回车键，返回【阵列】对话框，参数设置如图 5-47 所示。

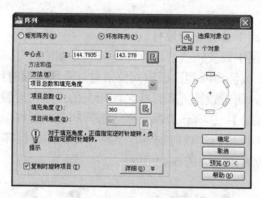

图 5-47　环形阵列参数设置

(4) 在【阵列】对话框中单击【中心点】右侧的圆按钮，返回绘图窗口，拾取大圆的圆心，则又返回【阵列】对话框，此时单击 确定 按钮，完成图形的绘制。

5.4　对象的变形修改

绘图时如果能够借助一些基础图形，在此基础上进行修改，可以大大提高绘图效率。AutoCAD 提供了很多变形修改命令，例如缩放、拉伸、拉长等，它们都是使用比较频繁的命令。

5.4.1　缩放(Scale)

在绘制图形的过程中，有时需要将某个图形对象进行放大或缩小，使之达到绘图要求，这时可以使用【缩放】命令，如图 5-48 所示。

缩放前　　　　　　　　　　　缩放后

图 5-48　缩放图形对象

调用【缩放】命令的方法如下：

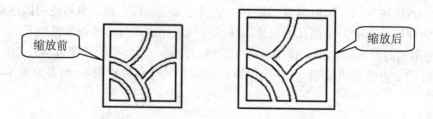

菜单栏：执行【修改】/【缩放】命令

工具栏：单击【修改】工具栏中的【缩放】按钮

命令行：Scale

命令行提示与操作如下：

命令：Scale↵ （执行缩放命令）

选择对象： （选择要缩放的对象）

选择对象： ↵ （确认选择）

指定基点： （确定缩放的基准点）

指定比例因子或 [复制(C)/参照(R)] <1.0000>: （输入缩放的绝对比例值或选择其他选项）

【选项说明】

(1) 比例因子是指对象缩放的绝对比例值。如果输入的比例值大于 1，所选对象将被放大；如果输入的比例值等于 1，所选对象尺寸不变；如果输入的比例值小于 1，则所选对象将被缩小。

(2) 复制(C)：该选项可以在缩放对象的同时创建对象的副本，即缩放复制对象。

(3) 参照(R)：该选项可以按照系统的提示输入参照长度和新长度，以两个长度的比值作为缩放的比例因子。

建议在指定对象的缩放基点时，最好选取对象的几何中心点或对象上、对象周围的某些特殊点，这样缩放后的对象比较容易控制，不致出现缩放后找不到图形的现象。

5.4.2 拉伸(Stretch)

在绘图过程中，如果需要对图形对象在某个方向上的尺寸进行修改，但不影响相邻部分的形状和尺寸，这时可以使用【拉伸】命令，它能够按指定的方向和角度拉伸或压缩对象。如图 5-49 所示，假设混凝土柱需要加长，就可以使用该命令来完成。

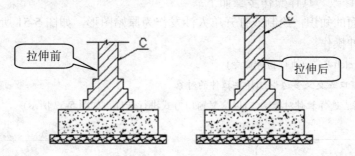

图 5-49 拉伸图形对象

调用【拉伸】命令的方法如下：

菜单栏：执行【修改】/【拉伸】命令

工具栏：单击【修改】工具栏中的【拉伸】按钮

命令行：Stretch

命令行提示与操作如下：

命令：Stretch↵ （执行拉伸命令）

以交叉窗口或交叉多边形选择要拉伸的对象... （系统自动显示的提示内容）

选择对象： （选择要拉伸的对象）

选择对象:↵　(确认选择操作)

指定基点或 [位移(D)] <位移>:　(指定拉伸的基点)

指定第二个点或 <使用第一个点作为位移>:　(指定拉伸的目标点)

【选项说明】

(1) 必须使用交叉窗口方式选择对象。

(2) 在"指定基点或 [位移(D)] <位移>:"提示下输入 D 并回车，则可以通过坐标值确定拉伸的位置，该坐标是相对坐标。

(3) 对直线(Line)或圆弧(Arc)对象，窗口内的端点随拉伸而移动，窗口外的端点保持不动。若两端点都在窗口内，则此命令等同于移动(Move)命令；若两端点都不在窗口内，则图形保持不变。

(4) 对于圆、椭圆、块、文本等没有端点的对象，不能拉伸；但是选择对象时，如果圆心、插入点或基准点在交叉窗口内，则可以随拉伸而移动，否则保持不动。

(5) 对于宽度渐变的多段线，拉伸时多段线两端的宽度将保持不变。

例 5-7　将单人沙发拉伸成三人沙发，如图 5-50 所示。

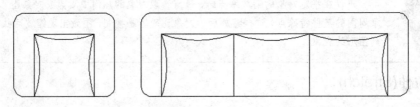

图 5-50　拉伸生成的三人沙发

本例需要先绘制一个单人沙发或者直接打开现有的沙发图形，然后使用拉伸命令将其拉长并做适当的修改。具体操作步骤如下：

(1) 运用前面的知识，绘制或打开单人沙发作为原始图形，如图 5-51 所示。

(2) 进行拉伸操作。

命令: Stretch↵　(执行拉伸命令)

以交叉窗口或交叉多边形选择要拉伸的对象...

选择对象: 选择拉伸对象　(以交叉窗口方式进行选择，如图 5-52 所示)

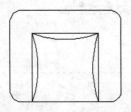
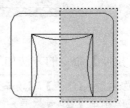

图 5-51　原始图形　　　　　图 5-52　选择拉伸对象

选择对象:↵　(确认选择操作)

指定基点或 [位移(D)] <位移>:拾取左下角矩形内侧的点　(确定拉伸的基点)

指定第二个点或 <使用第一个点作为位移>: <正交 开> 向右移动并在适当的位置单击鼠标

(按 F8 键打开正交，确定拉伸的目标点，拉伸后的效果如图 5-53 所示)

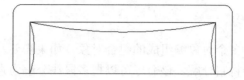

图 5-53 拉伸后的效果

(3) 删除拉伸后的圆弧。

命令: Erase↵ (执行删除命令)

选择对象: 拾取被拉伸的圆弧段 (选择要删除的对象)

选择对象:↵ (确认删除操作)

(4) 使用直线与圆弧命令对拉伸后的沙发进行完善，最终效果如图 5-54 所示。

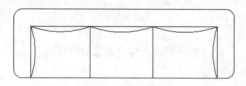

图 5-54 最终效果

5.4.3 拉长(Lengthen)

在对图形编辑的过程中，有时需要改变直线的长度、圆弧的弧长或圆心角的大小，这时可以使用【拉长】命令，该命令可以修改线类对象的长度和弧类对象的包含角。

调用【拉长】命令的方法如下：

> 菜单栏：执行【修改】/【拉长】命令
>
> 命令行：Lengthen

命令行提示与操作如下：

命令: Lengthen↵ (执行拉长命令)

选择对象或 [增量(DE)/百分数(P)/全部(T)/动态(DY)]: (选择要拉长的对象)

当前长度:10.0000 (系统自动显示选择对象的长度。如果是圆弧。还将显示圆弧的包含角)

选择对象或 [增量(DE)/百分数(P)/全部(T)/动态(DY)]:DE↵ (选择拉长对象的方式)

输入长度增量或 [角度(A)] <5.0000>: (在此输入长度增量。如果选择圆弧，则可以输入"A"，给定角度增量)

选择要修改的对象或 [放弃(U)]: (选定要修改的对象，进行拉长操作)

选择要修改的对象或 [放弃(U)]:↵ (结束拉长操作)

【选项说明】

(1) 选择对象时，如果拾取一条直线，则显示该直线的长度；如果拾取一段圆弧，则显示该圆弧的弧长和圆心角度数。

(2) 增量(DE)：该选项可以按给定增量的方式拉长对象。如果增量为负值，则缩短对象。

(3) 百分数(P)：该选项可以按给定原长的百分数方式改变对象的长度。

(4) 全部(T)：该选项通过设置新的总长度或总圆心角来改变对象的长度或角度。

(5) 动态(DY)：该选项可以采用鼠标动态拖动的方式来改变对象的长度或角度。

5.4.4　分解(Explode)

对于矩形、块等由多个对象编组成的组合对象，如果需要对单个成员进行编辑，可以使用分解(Explode)命令将它分解。该命令可以把多段线分解为直线或圆弧，把一个尺寸标注分解为线段、箭头和文本，把一个填充图案分解为若干线条。如图 5-55 所示为正多边形分解前后的对比。

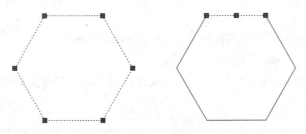

图 5-55　对象分解前后的对比

调用【分解】命令的方法如下：

> 菜单栏：执行【修改】/【分解】命令
>
> 工具栏：单击【修改】工具栏中的【分解】按钮 📦
>
> 命令行：Explode

命令行提示与操作如下：

命令: Explode↵　　(执行分解命令)

选择对象:　　(选择需要分解的对象)

选择对象:↵　　(确认分解操作)

【选项说明】

(1) 该命令只能一级一级地分解实体。如果图块中包含多段线，则只能先把图块分解，再使用该命令分解多段线。

(2) 带有属性的图块分解后，将删去其属性。

(3) 尺寸标注分解后，组成实体的颜色、线型可能发生变化，但形状不变。

(4) 多段线分解后，相关的宽度、切线等信息将会丢失，组成该多段线的各线段均沿其中心线绘出。

(5) 一般地，基本图形如直线、圆、椭圆等是不能分解的。

5.4.5　打断(Break)

在 AutoCAD 绘图过程中，有时需要将某个对象(如直线、圆或圆弧)部分删除或截断为两个对象，这时可以使用【打断】命令。另外，使用【打断于点】命令可以将对象在一点处断开为两个对象。

调用【打断】命令的方法如下：

> 菜单栏：执行【修改】/【打断】命令
>
> 工具栏：单击【修改】工具栏中的【打断】按钮 ⎏
>
> 命令行：Break

命令行提示与操作如下：

　　命令: Break↵　　(执行打断命令)

　　选择对象:　　(选择要打断的对象，拾取对象时的点被视为第一点)

　　指定第二个打断点或 [第一点(F)]:　　(指定第二点，则第一点与第二点之间被删除，如图 5-56
　　　　所示)

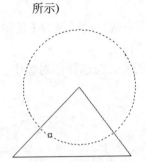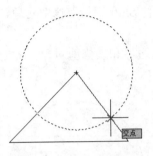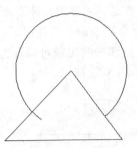

图 5-56　打断图形对象

【选项说明】

　　(1) 在"指定第二个打断点或 [第一点(F)]:"提示下输入 F 并回车，可以重新指定第一个打断点，再选择第二个打断点，这样可以更精确地指定第一点。

　　(2) 如果对圆执行打断操作，则从第一个打断点到第二个打断点按逆时针方向删除两点间的圆弧。

　　(3) 如果要在某点将对象断开，可以使用工具栏中的【打断于点】按钮 。

5.5　修剪、延伸、倒角和圆角

　　在绘制图形的过程中，有时需要将多余的线条修剪掉，有时需要将线条延伸到某一位置。另外，在线条的拐角处有时需要以平滑的圆弧过渡，有时需要以直角过渡。下面就介绍这类图形的编辑命令。

5.5.1　修剪(Trim)

　　在绘图过程中，经常需要对某些线条进行裁剪以便实现部分擦除操作，AutoCAD 中提供了【修剪(Trim)】命令专门处理这一类问题。剪切对象和剪切边界可以选择直线、多段线、样条线、圆、椭圆、弧、矩形、多边形等。

　　调用【修剪】命令的方法如下：

　　　　菜单栏：执行【修改】/【修剪】命令
　　　　工具栏：单击【修改】工具栏中的【修剪】按钮
　　　　命令行：Trim

　　命令行提示与操作如下：

　　命令: Trim↵　　(执行修剪命令)

　　当前设置: 投影=UCS，边=无　　(系统自动显示当前设置)

　　选择剪切边...　　(提示选择剪切边界)

选择对象或 <全部选择>:　　（选择一个或多个对象作为剪切边界）

选择对象:↵　　（按回车键确认选择）

选择要修剪的对象，或按住 Shift 键选择要延伸的对象，或[栏选(F)/窗交(C)/投影(P)/边(E)/删除(R)/放弃(U)]:　　（选择要修剪的对象，可以采用多种方法进行选择）

【选项说明】

(1) 在选择对象时，如果按住 Shift 键拾取修剪对象，则系统自动转换为【延伸】命令。下一节将介绍该命令的使用。

(2) 被选择的对象可以互为边界和被修剪对象，此时系统会在选择的对象中自动判断边界，如图 5-57 所示。

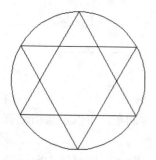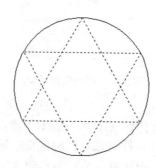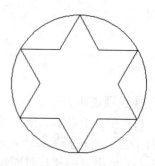

图 5-57　自动判断边界进行对象修剪

(3) 选择对象时可以采用"栏选方式"与"交叉窗口方式"进行选择。

(4) 投影(P)：该选项可以在三维空间内以投影模式来修剪对象。

(5) 边(E)：该选项可以在修剪对象与剪切边界不相交的情况下处理修剪操作。此时命令行继续提示：

输入隐含边延伸模式 [延伸(E)/不延伸(N)] <延伸>:　　（确定是否延伸隐含边）

5.5.2　延伸(Extend)

【延伸(Extend)】命令与【修剪(Trim)】命令正好相反，它可以将某些线条延长到指定的边界上。

调用【延伸】命令的方法如下：

> 菜单栏：执行【修改】/【延伸】命令
>
> 工具栏：单击【修改】工具栏中的【延伸】按钮-/
>
> 命令行：Extend

命令行提示与操作如下：

命令: Extend↵　　（执行延伸命令）

当前设置: 投影 = UCS，边 = 无

选择边界的边...

选择对象:　　（选择作为边界的对象）

选择对象: ↵　　（确认选择操作）

选择要延伸的对象，或按住 Shift 键选择要修剪的对象，或

[栏选(F)/窗交(C)/投影(P)/边(E)/放弃(U)]:　　(选择要延伸的对象,如图 5-58 所示为延伸对象示
　　意图)

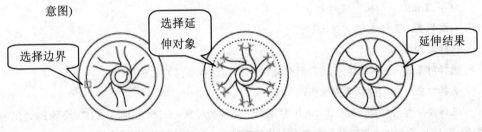

图 5-58　延伸对象示意图

【选项说明】

(1) 选择对象时,如果按住 Shift 键拾取修剪对象,系统将自动转换为【修剪】命令。修剪操作见上一节介绍。

(2) 【延伸(Extend)】命令中的各选项与【修剪(Trim)】命令中相对应的同名选项作用相同。

(3) 直线、开放的多段线、射线、圆弧、椭圆弧等都可以作为延伸对象。

(4) 在拾取延伸对象时,应该使用拾取框拾取延伸对象要延伸的一端,否则可能得不到想要的延伸效果。

(5) 具有宽度的多段线,无论是作为延伸边界,还是作为延伸对象,都以其中心线为准。

例 5-8　绘制一个机械零件的剖面图,如图 5-59 所示。

本例将综合运用偏移、修剪、打断、延伸、分解等编辑命令来完成机械零件剖面图的绘制,但并不代表这是唯一的绘图方法,这里主要是为了练习编辑命令的使用。具体操作步骤如下:

(1) 根据前面所学的知识,创建"辅助层"与"轮廓层",并在"辅助层"中绘制辅助线,两条水平辅助线之间的偏移量为 60,如图 5-60 所示。

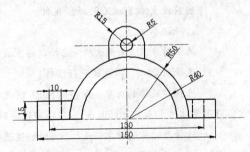

图 5-59　机械零件剖面图

(2) 绘制一个半径为 50 的圆,再绘制一个长为 150、宽为 15 的矩形,结果如图 5-61 所示。

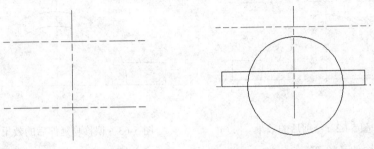

图 5-60　绘制的辅助线　　　　　　　图 5-61　绘制的圆和矩形

(3) 修剪图形。

命令: Trim↵　　(执行修剪命令)

当前设置: 投影=UCS，边=延伸

选择剪切边...

选择对象或 <全部选择>: 选择圆形与矩形　　(选择要修剪的对象)

选择对象:↵　　(确认选择操作)

选择要修剪的对象，或按住 Shift 键选择要延伸的对象，或[栏选(F)/窗交(C)/投影(P)/边(E)/删除(R)/放弃(U)]: 分别单击圆内的矩形部分和圆的下半弧　　(选择要修剪掉的部分)

选择要修剪的对象，或按住 Shift 键选择要延伸的对象，或[栏选(F)/窗交(C)/投影(P)/边(E)/删除(R)/放弃(U)]:↵　　(完成修剪操作，结果如图 5-62 所示)

(4) 偏移圆弧与延伸线段。

命令: Offset↵　　(执行偏移命令)

当前设置: 删除源=否　图层=源　OFFSETGAPTYPE=0

指定偏移距离或 [通过(T)/删除(E)/图层(L)] <60.0000>:10↵　　(指定偏移量)

选择要偏移的对象，或 [退出(E)/放弃(U)] <退出>:拾取圆弧　　(选择偏移对象)

指定要偏移的那一侧上的点，或 [退出(E)/多个(M)/放弃(U)] <退出>:在圆弧的下方单击鼠标　　(确定偏移方向)

选择要偏移的对象，或 [退出(E)/放弃(U)] <退出>:↵　　(结束偏移操作)

命令:Extend↵　　(执行延伸命令)

当前设置:投影=UCS，边=延伸

选择边界的边...

选择对象或 <全部选择>:选择偏移生成的内侧圆弧　　(指定延伸的边界)

选择对象:↵　　(确认选择操作)

选择要延伸的对象，或按住 Shift 键选择要修剪的对象，或[栏选(F)/窗交(C)/投影(P)/边(E)/放弃(U)]:单击左侧最底端的直线　　(指定延伸对象)

选择要延伸的对象，或按住 Shift 键选择要修剪的对象，或[栏选(F)/窗交(C)/投影(P)/边(E)/放弃(U)]: 单击右侧最底端的直线　　(指定延伸对象)

选择要延伸的对象，或按住 Shift 键选择要修剪的对象，或[栏选(F)/窗交(C)/投影(P)/边(E)/放弃(U)]:↵　　(结束偏移操作，结果如图 5-63 所示)

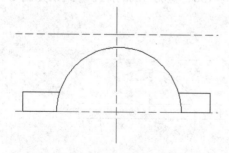　　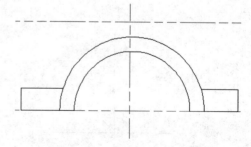

图 5-62　修剪后的效果　　　　　　图 5-63　偏移与延伸后的效果

(5) 分解与偏移图形。

命令: Explode↙　　(执行分解命令)

选择对象: 选择修剪矩形后剩余的两部分

选择对象: ↙　　(完成分解操作)

命令: Offset↙　　(执行偏移命令)

当前设置: 删除源=否　图层=源　OFFSETGAPTYPE=0

指定偏移距离或 [通过(T)/删除(E)/图层(L)] <10.0000>: 10↙　　(指定偏移量)

选择要偏移的对象, 或 [退出(E)/放弃(U)] <退出>: 拾取最左侧的线段　　(选择偏移对象)

指定要偏移的那一侧上的点, 或 [退出(E)/多个(M)/放弃(U)] <退出>: M↙　　(选择多次偏移)

指定要偏移的那一侧上的点, 或 [退出(E)/放弃(U)] <下一个对象>: 在线段右侧单击鼠标两次

　　(确定偏移的方向, 并偏移两次)

指定要偏移的那一侧上的点, 或 [退出(E)/放弃(U)] <下一个对象>:↙　　(结束偏移操作)

用同样的方法再将最右侧的线段向左偏移两次,偏移距离都为 10,结果如图 5-64 所示。

(6) 以辅助线上方的交点为中心, 分别绘制半径为 5 和 15 的圆, 如图 5-65 所示。

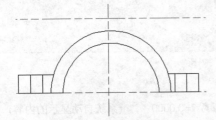

　　　图 5-64　偏移线段后的效果　　　　　　　　图 5-65　绘制的圆

　　(7) 使用直线命令绘制外侧小圆的两条垂直切线, 分别使之与大圆弧相交为止。绘制时可以打开正交模式, 结果如图 5-66 所示。

　　(8) 打断外侧小圆的下半弧。

命令: Break ↙　　(执行打断命令)

选择对象: 选择半径为 15 的外侧小圆　　(选择要打断的对象)

指定第二个打断点或 [第一点(F)]: F↙　　(重新指定第一点)

指定第一个打断点: 拾取小圆左侧象限点

指定第二个打断点: 拾取小圆右侧象限点　　(断开并擦除小圆的下半弧, 最终结果如图 5-67

　　所示)

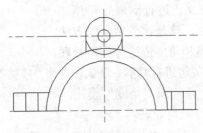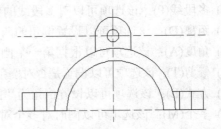

　　　图 5-66　绘制的切线　　　　　　　　　　图 5-67　最终图形效果

5.5.3　倒角(Chamfer)

在绘制机械图时, 经常要依据实际生产工艺对零件进行倒角处理。AutoCAD 中提供了

【倒角(Chamfer)】命令，它可以用斜线连接两个不平行的线型对象。

　　AutoCAD 允许使用两种方法确定连接两个对象的斜线：一是指定两个倒角距离，如图 5-68 所示；二是指定斜线角度与一个倒角距离，如图 5-69 所示。

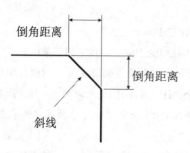

图 5-68　两个倒角距离　　　　　　图 5-69　倒角距离与夹角

　　调用【倒角】命令的方法如下：

　　　菜单栏：执行【修改】/【倒角】命令

　　　工具栏：单击【修改】工具栏中的【倒角】按钮◿

　　　命令行：Chamfer

　　命令行提示与操作如下：

　　　命令: Chamfer↵　　　(执行倒角命令)

　　　("修剪"模式下) 当前倒角距离 1=0.0000，距离 2=0.0000　　　(系统自动显示的内容)

　　　选择第一条直线或 [放弃(U)/多段线(P)/距离(D)/角度(A)/修剪(T)/方式(E)/多个(M)]: D↵

　　　　　(选择指定倒角距离的方式)

　　　指定第一个倒角距离 <0.0000>:　　(指定一个倒角距离)

　　　指定第二个倒角距离 <0.0000>:　　(指定另一个倒角距离)

　　　选择第一条直线或 [放弃(U)/多段线(P)/距离(D)/角度(A)/修剪(T)/方式(E)/多个(M)]:　　　(选择一

　　　　　条直线或其他选项)

　　　选择第二条直线，或按住 Shift 键选择要应用角点的直线:　　　(选择第二条直线)

【选项说明】

　　(1) 在【倒角】命令的提示中，默认选项为选择直线的方式，即选择要产生倒角的两条相邻直线，这样就可以根据指定的倒角距离产生倒角。

　　(2) 多段线(P)：该选项可以对多段线的各个交叉点进行倒角处理。

　　(3) 距离(D)：该选项可以设置倒角的两个距离，这是比较常用的方法。

　　(4) 角度(A)：该选项可以根据第一个倒角距离和角度值进行倒角处理。

　　(5) 修剪(T)：该选项可以设置是否对倒角的相关边进行修剪。默认设置为"修剪"模式。

　　(6) 方式(E)：该选项可以设置倒角为"距离"模式或"角度"模式。

　　(7) 多个(M)：该选项可以同时对多个对象进行倒角处理。

　　　　使用【倒角】命令时，注意以下两点：① 两条直线的交点在图形界限范围外时不能对其进行倒角；② 【倒角】命令只能对直线、多段线、多边形、构造线等进行倒角，不能对圆弧、椭圆弧等进行倒角。

5.5.4　圆角(Fillet)

在绘制图形的过程中，如果需要在两条相交的线段处用圆弧来连接，可以使用【圆角】命令。该命令可以用一条指定半径的圆弧平滑连接两个对象。

调用【圆角】命令的方法如下：

> 菜单栏：执行【修改】/【圆角】命令
>
> 工具栏：单击【修改】工具栏中的【圆角】按钮◻
>
> 命令行：Fillet

命令行提示与操作如下：

命令：Fillet↵　(执行圆角命令)

当前设置：模式=修剪，半径=0.0000　　(自动显示的内容)

选择第一个对象或 [放弃(U)/多段线(P)/半径(R)/修剪(T)/多个(M)]: R↵　　(选择半径选项)

指定圆角半径 <0.0000>:　(这里指定圆角半径并回车)

选择第一个对象或 [放弃(U)/多段线(P)/半径(R)/修剪(T)/多个(M)]:　　(选择一条直线或其他选项)

选择第二个对象，或按住 Shift 键选择要应用角点的对象:　　(选择第二条直线，图 5-70 是三角形圆角处理前、后的对比)

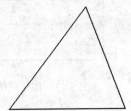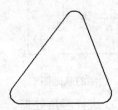

图 5-70　三角形圆角处理前、后的对比

① 圆角半径 R=0 时，圆角将延伸或剪切对象。如果圆角半径特别大，所选两对象间容纳不下这么大的圆弧，将不能进行圆角操作。② 两条平行线也可以倒圆角，输入的圆角半径值不论多大，系统都将以平行线间距的一半为半径画弧。③ 在绘图界限外才相交的线或者太短而不能形成圆角的线不能进行圆角处理。

例 5-9　绘制如图 5-71 所示的图形，练习倒角与圆角命令的使用。

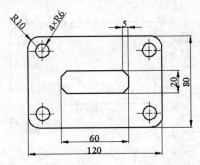

图 5-71　图形效果

(1) 运用前面所学的知识，绘制出如图 5-72 所示的图形。

(2) 对矩形 EFGH 进行倒角处理。

　　命令: Chamfer↵　　(执行倒角命令)

　　("修剪"模式下) 当前倒角距离 1 = 0.0000，距离 2 = 0.0000　　(系统自动显示的内容)

　　选择第一条直线或 [放弃(U)/多段线(P)/距离(D)/角度(A)/修剪(T)/方式(E)/多个(M)]: D↵

　　　　(选择倒角距离模式)

　　指定第一个倒角距离 <0.0000>: 5↵　　(指定第一个倒角距离)

　　指定第二个倒角距离 <5.0000>: 5↵　　(指定第二个倒角距离)

　　选择第一条直线或 [放弃(U)/多段线(P)/距离(D)/角度(A)/修剪(T)/方式(E)/多个(M)]: M↵

　　　　(选择多次倒角)

　　选择第一条直线或 [放弃(U)/多段线(P)/距离(D)/角度(A)/修剪(T)/方式(E)/多个(M)]:选择线段 EF

　　　　(选择第一条直线)

　　选择第二条直线，或按住 Shift 键选择要应用角点的直线: 选择线段 GF　　(选择第二条直线)

继续选择其他两两相邻的矩形边，倒角后的效果如图 5-73 所示。

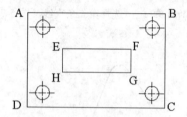

图 5-72　绘制的基础图形

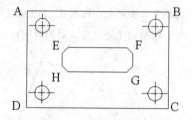

图 5-73　倒角后的效果

(3) 对矩形 ABCD 进行圆角处理。

　　命令: Fillet↵　　(执行圆角命令)

　　当前设置: 模式=修剪，半径=0.0000

　　选择第一个对象或 [放弃(U)/多段线(P)/半径(R)/修剪(T)/多个(M)]:R↵　　(选择半径选项)

　　指定圆角半径 <0.0000>: 10↵　　(指定圆角半径)

　　选择第一个对象或 [放弃(U)/多段线(P)/半径(R)/修剪(T)/多个(M)]: M↵　　(选择多次圆角操作)

　　选择第一个对象或 [放弃(U)/多段线(P)/半径(R)/修剪(T)/多个(M)]: 选择线段 AB

　　选择第二个对象，或按住 Shift 键选择要应用角点的对象: 选择线段 DA

在命令行的提示下，继续选择其他相邻的矩形边，最终效果如图 5-74 所示。

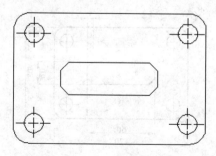

图 5-74　最终效果

5.6　编辑多段线

在绘图过程中，经常需要闭合或打开多段线、增加或删除顶点、改变线宽、在两个顶点之间拉直多段线以及对整条多段线进行曲线拟合等操作。这时我们可以使用【编辑多段线】命令来实现以上各种操作。

【编辑多段线】命令的调用方法如下：

> 菜单栏：执行【修改】/【对象】/【多段线】命令
> 工具栏：单击【修改Ⅱ】工具栏中的【编辑多段线】按钮 ⌐
> 命令行：Pedit

命令行提示与操作如下：

> 命令：Pedit↵　　　(执行编辑多段线命令)
> 选择多段线或[多条(M)]:　　　(选择要修改的多段线；"M"表示选择多条多段线)
> 输入选项 [闭合(C)/合并(J)/宽度(W)/编辑顶点(E)/拟合(F)/样条曲线(S)/非曲线化(D)/线型生成(L)/反转(R)/放弃(U)]:　　　(选择相关的编辑选项编辑多段线)

【选项说明】

(1) 闭合(C)：选择该项，可以闭合一条打开的多段线。

(2) 合并(J)：选择该项，可以将与当前编辑的多段线端点重合的直线、圆弧、多段线等合并到编辑对象上，形成一条新的多段线。

(3) 宽度(W)：选择该项，可以设置整条多段线的宽度。

(4) 编辑顶点(E)：选择该项，可以进入顶点编辑状态。

(5) 拟合(F)：选择该项，可以对当前编辑的多段线进行双圆弧曲线拟合。

(6) 样条曲线(S)：选择该项，可以对当前编辑的多段线进行样条曲线拟合。

(7) 非曲线化(D)：选择该项，可以将拟合的样条曲线或双圆弧曲线还原成折线形式。注意，带有圆弧的多段线拟合后，不能用此项操作还原成原来的图形，但是可以用"放弃(U)"选项恢复到初始状态。

(8) 线型生成(L)：选择该项，可以设置非连续线型多段线在各顶点处的画线方式。

(9) 反转(R)：选择该项，可以反转多段线顶点的顺序。

(10) 放弃(U)：选择该项，可以取消上一次对多段线的编辑操作。

在以上的各选项中，如果选择了"编辑顶点(E)"，则可以编辑多段线的顶点。这时系统将在屏幕上使用"×"符号标记当前编辑的顶点，同时命令行出现如下提示：

> [下一个(N)/上一个(P)/打断(B)/插入(I)/移动(M)/重生成(R)/拉直(S)/切向(T)/宽度(W)/退出(X)]<N>:

在该提示信息下，几个主要选项的作用如下：

❖ 打断(B)：将多段线在当前顶点处断开，或删除当前顶点与另一顶点之间的部分。

❖ 插入(I)：插入一个新的顶点，在连接顺序上位于当前编辑顶点之后，并成为新的当前编辑顶点。

- ❖ 移动(M)：将当前编辑顶点移到一个新的位置上。
- ❖ 重生成(R)：重新生成一个顶点。
- ❖ 拉直(S)：将当前顶点与另一顶点之间拉成直线段，并删除其间的所有顶点。
- ❖ 切向(T)：为当前编辑顶点指定一个切线方向，以控制曲线拟合。
- ❖ 宽度(W)：为当前编辑顶点与下一个顶点之间的部分设置线宽。

5.7　编辑样条曲线

AutoCAD 提供的编辑样条曲线(Splinedit)命令，可以增加、删除及移动样条曲线的控制点和拟合数据点，改变控制点的加权因子及样条曲线的容差，还可以打开、闭合样条曲线及调整始末端点的切线方向。

调用【编辑样条曲线】命令的方法如下：

> 菜单栏：执行【修改】/【对象】/【样条曲线】命令
> 工具栏：单击【修改】工具栏中的【编辑样条曲线】按钮 ⑤
> 命令行：Splinedit

命令行提示与操作如下：

命令：Splinedit↵　　(执行编辑样条曲线命令)

选择样条曲线：(选择要编辑的样条曲线)

输入选项 [拟合数据(F)/闭合(C)/移动顶点(M)/优化(R)/反转(E)/转换为多段线(P)/放弃(U)]:
　　(选择相关选项编辑样条曲线)

【选项说明】

(1) 拟合数据(F)：选择该项，可以编辑带拟合数据点的样条曲线。如果样条曲线没有拟合数据信息，则不显示此选项。选择该选项后，系统继续提示：

输入拟合数据选项 [添加(A)/闭合(C)/删除(D)/移动(M)/清理(P)/相切(T)/公差(L)/退出(X)] <退出>:

该命令提示中各选项的功能如下：

- ❖ 添加(A)：用于添加拟合数据点。操作时，指定点和下一点将以醒目的颜色显示，新添加的点位于这两点之间。
- ❖ 闭合(C)：用于闭合样条曲线。
- ❖ 删除(D)：用于删除指定的数据点。
- ❖ 移动(M)：用于移动指定的数据点。
- ❖ 清理(P)：从图形数据库中清除样条曲线的拟合数据。
- ❖ 相切(T)：用于修改样条曲线起点与端点的切线方向。
- ❖ 公差(L)：用于重新设置样条曲线拟合公差的值。
- ❖ 退出(X)：退出"拟合数据(F)"选项，返回上一级。

(2) 移动顶点(M)：用于移动样条曲线的控制点以改变样条曲线的形状。

(3) 优化(R)：用于增加控制点，调整各控制点的权值。选择该选项后，系统继续提示如下：

输入优化选项 [添加控制点(A)/提高阶数(E)/权值(W)/退出(X)] <退出>:

该命令提示中各选项的功能如下：

❖ 添加控制点(A)：用于增加控制点，但不改变样条曲线的形状。

❖ 提高阶数(E)：用于控制样条曲线的阶数。阶数越高则控制点越多，样条曲线越光滑。AutoCAD 允许设置的阶数范围为 4～26。

❖ 权值(W)：用于改变控制点的权值。一个控制点的权值越大，曲线就越接近它。因此该项操作将改变曲线形状。

❖ 退出(X)：退出"优化(R)"选项，返回上一级。

(4) 反转(E)：用于使样条曲线控制点的顺序反转。

5.8　使 用 夹 点

在 AutoCAD 中，当用户选择了某个对象后，对象的控制点上将出现一些蓝色的小正方形框，这些正方形框被称为对象的夹点(Grips)。例如，选择一个圆后，圆的四个象限点和圆心点处将出现夹点，如图 5-75 所示。

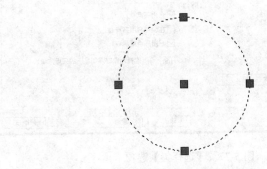

图 5-75　夹点

当光标经过夹点时，AutoCAD 自动将光标与夹点精确对齐，从而可以得到图形的精确位置。光标与夹点对齐后单击鼠标左键即可选中夹点，然后进一步进行移动、镜像、旋转、比例缩放、拉伸和复制等操作。

使用夹点进行编辑时，首先要选择一个作为基点的夹点，这个被选作基点的夹点显示为红色实心正方形，称为基夹点，也叫热夹点，如图 5-76 所示。

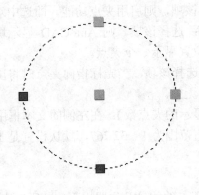

图 5-76　热夹点

5.8.1　夹点的设置

AutoCAD 允许用户根据自己的喜好和要求来设置夹点的显示。单击菜单栏中的【工具】/【选项】命令，在弹出的【选项】对话框中切换到【选择集】选项卡，如图 5-77 所示，在这里可以对夹点进行设置。

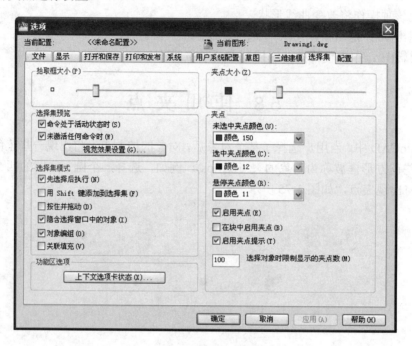

图 5-77　【选择集】选项卡

对话框的右侧为夹点的相关选项，各项的功能如下：

❖ 【夹点大小】：用于控制夹点的显示尺寸。缺省的尺寸设置为 3 个像素，可以通过拖动滑块进行设置，有效值的范围为 1～20。

❖ 【未选中夹点颜色】：用于指定未被选中的夹点的颜色。

❖ 【选中夹点颜色】：用于指定选中的夹点的颜色。

❖ 【悬停夹点颜色】：用于指定悬停的夹点的颜色，即当鼠标滑过夹点时显示的颜色。

❖ 【启用夹点】：选择该项，则启用夹点功能，即选中对象后显示夹点。

❖ 【在块中启用夹点】：选择该项，则 AutoCAD 显示块中每个对象的所有夹点；否则只在块的插入点位置显示一个夹点。

❖ 【启用夹点提示】：选择该项，当光标指向夹点时将出现一个特殊的提示。该选项对标准的 CAD 图形无效。

❖ 【选择对象时限制显示的夹点数】：在左侧的文本框中输入数值，可以控制被选择对象的夹点数，取值范围为 1～32 767，默认设置是 100。

5.8.2　常见图形的夹点

对于不同的对象，其特征点的数量及位置也不同，所以夹点也不同。图案填充、文本、图块的夹点都是它们的插入点；复合文本的夹点则是文本的顶点；尺寸标注的夹点是尺寸文字的中心点、尺寸线的端点。利用夹点编辑对象时，应当熟练掌握不同对象夹点的位置和数量，如图 5-78 所示为一些常见对象的夹点。

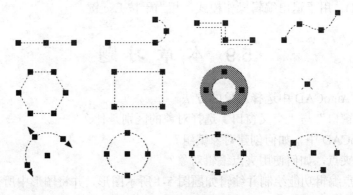

图 5-78　常见对象的夹点

5.8.3　使用夹点编辑图形

在 AutoCAD 中使用夹点编辑选定对象时，首先要选中某个夹点作为编辑操作的基夹点(热夹点)，这时命令行窗口中将出现拉伸、移动、旋转、比例缩放及镜像等操作命令的提示。用户可以按 Space 键或 Enter 键循环显示这些操作模式，也可单击鼠标右键通过快捷菜单进行选择，如图 5-79 所示。

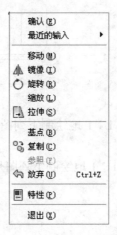

图 5-79　夹点编辑的快捷菜单

使用这些命令时，系统自动以基夹点为操作基点，操作过程与相应的 AutoCAD 命令(拉伸、移动、旋转、比例缩放及镜像等)类似。此外，这些操作命令还提供了其他一些选项，例如选择了圆心的夹点，则系统提示如下：

　　　　** 拉伸 **

　　　　指定拉伸点或 [基点(B)/复制(C)/放弃(U)/退出(X)]：

这说明目前可以进行移动操作，并且可以选择相关的选项。各选项的功能如下：

❖　基点(B)：该选项要求用户重新指定操作基点，而不再使用现有的基夹点。

❖ 复制(C)：该选项可以在编辑对象时，多次重复进行并生成对象的多个副本，而原对象不发生变化。

❖ 放弃(U)：在使用复制选项进行多次重复操作时，可选择该选项取消最后一次操作。

❖ 退出(X)：用于退出编辑操作模式，相当于按 Esc 键。

5.9　本章习题

1. 简述在 AutoCAD 中选择对象的方法。
2. 使用"窗口"与"交叉窗口"选择对象的区别是什么？
3. 在 AutoCAD 中，如何创建对象编组？
4. 什么是夹点，如何使用夹点编辑对象？
5. 利用夹点编辑功能绘制并编辑如题图 5-1 所示图形，并将图形中所有的孔及槽定义为编组。
6. 绘制如题图 5-2 所示的三人沙发。

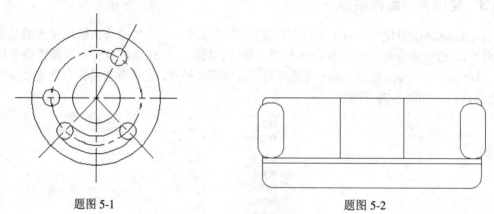

题图 5-1　　　　　　　　　　　　　　　　题图 5-2

7. 按题图 5-3 中给定的尺寸，1∶1 地绘制下列图形(提示：用阵列命令完成，不标注尺寸)。

8. 按题图 5-4 中给定的尺寸，1∶1 地绘制下列图形(提示：用镜像、剪切等命令完成，不标注尺寸)。

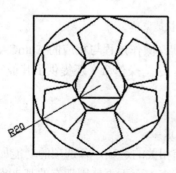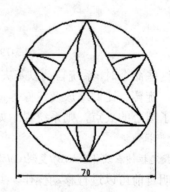

题图 5-3　　　　　　　　　　　　　　　　题图 5-4

9．按题图 5-5 中给定的尺寸，1∶1 地绘制下列图形(提示：用旋转、圆角等命令完成，不标注尺寸)。

10．按题图 5-6 中给定的尺寸，1∶1 地绘制下列图形(提示：用阵列命令完成，不标注尺寸)。

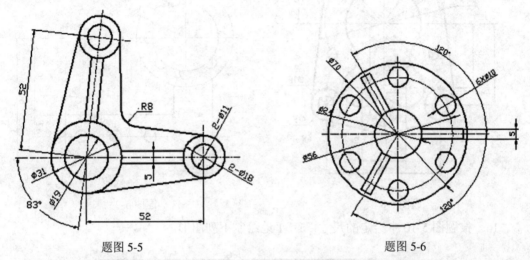

题图 5-5　　　　　　　　　　　　　　　题图 5-6

11．按题图 5-7 中给定的尺寸，1∶1 地绘制下列图形(提示：用镜像命令完成，不标注尺寸)。

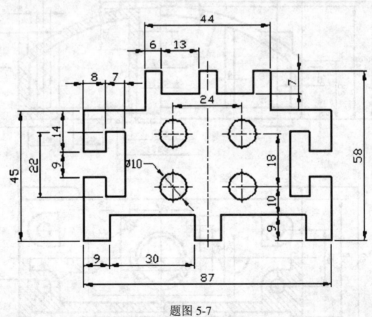

题图 5-7

12．按题图 5-8 中给定的尺寸，1∶1 地绘制下列图形(提示：用镜像、阵列命令完成，不标注尺寸)。

13．按题图 5-9 中给定的尺寸，1∶1 地绘制下列图形(提示：用阵列、倒角、修剪命令完成，不标注尺寸)。

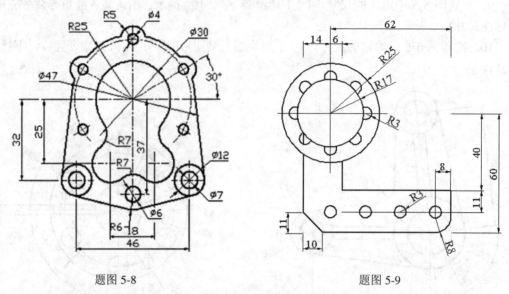

题图 5-8

题图 5-9

14. 按题图 5-10 中给定的尺寸，1∶1 地绘制下列图形。

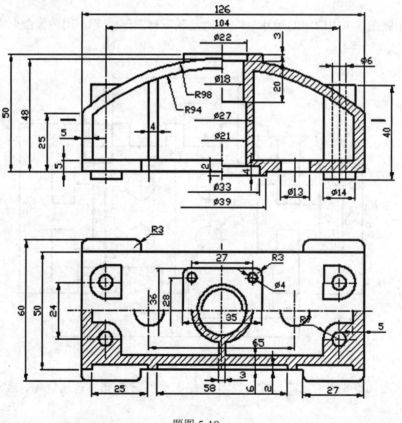

题图 5-10

中文版AutoCAD 2010基础教程

第6章 文字与表格

◎本章主要内容◎

- 文字
- 表格
- 本章习题

　　在 AutoCAD 中，文字是标注图形、提供说明或进行注释的重要手段，是用于表达图形信息的重要元素，是机械制图和工程制图中不可缺少的组成部分。例如，机械工程图形中的技术要求、装配说明，以及工程制图中的材料说明、施工要求等，都离不开文字对象。另外，在 AutoCAD 2010 中，使用表格功能可以创建不同类型的表格，使用它可以快速完成明细表、参数表、标题栏等内容。

6.1　文　　字

　　在 AutoCAD 中，通常不会有大篇幅的文字运用，但文字却是不可缺少的图形元素。它主要用于标注图形、制作图纸的标题、编制使用说明等。从文字的表现形式上可以将其分为单行文字、多行文字与注释性文字。

6.1.1　文字样式(Style)

　　在 AutoCAD 中，所有文字都有与其相关联的文字样式。输入文字时，AutoCAD 使用当前设置的文字样式。

　　文字样式是一组可随图形保存的文字设置的集合，这些设置包括字体、文字高度以及特殊效果等。通常情况下，在 AutoCAD 中新建一个图形文件后，系统将自动建立一个缺省的 Standard(标准)文字样式。在更多的情况下，一个图形中需要使用不同的字体，即使同样的字体也可能需要不同的显示效果。因此仅有一个 Standard(标准)样式是不够的，这就需要用户创建不同的文字样式。

　　调用【文字样式】命令的方法如下：

　　　菜单栏：执行【格式】/【文字样式】命令
　　　工具栏：单击【文字】工具栏中的【文字样式】按钮A
　　　命令行：Style（或简写为 st）

　　执行上述命令之一后，则弹出【文字样式】对话框，如图 6-1 所示。

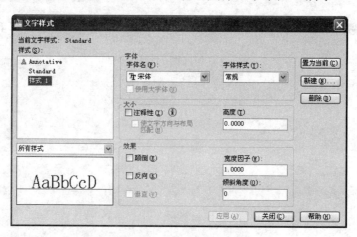

图 6-1　【文字样式】对话框

　　该对话框中的几个区域分别用于新建或选择样式以及设置字体、大小和文字效果。

1. 样式

在【样式】列表的上方显示了当前文字样式，而列表中则显示了当前可用的所有文字样式。

❖ 在列表中选择一种文字样式，然后单击 置为当前(C) 按钮，可以将该文字样式设置为当前文字样式。

❖ 在列表中选择一种文字样式，单击 删除(D) 按钮，可以删除该文字样式。但是被使用的文字样式和默认的 Standard(标准)文字样式不能被删除。

❖ 在列表中选择一种文字样式，然后在选中的文字样式上单击鼠标右键，在弹出的快捷菜单中选择【重命名】命令，可以重新命名该文字样式。但是无法重命名默认的 Standard(标准)文字样式。

❖ 如果要新建文字样式，则需要单击 新建(N)... 按钮，这时弹出【新建文字样式】对话框。在该对话框的【样式名】文本框中输入文字样式名称，然后单击 确定 按钮即可创建新的文字样式，如图 6-2 所示。新创建的文字样式将显示在【样式】列表中。

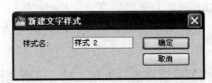

图 6-2   【新建文字样式】对话框

2. 字体与大小

当创建了新的文字样式以后，需要设置字体与大小等属性。在【文字样式】对话框的【字体】选项区中可以设置文字样式使用的字体属性；在【大小】选项区中可以设置文字样式使用的高度属性。

❖ 【字体名】：在该下拉列表中显示了 AutoCAD 可支持的所有字体。这些字体有两种类型：一种是带有图标 、扩展名为 “.shx” 的字体，该字体是编译的形(SHX)字体，由 AutoCAD 系统所提供；另一种是带有图标 、扩展名为 “.ttf” 的字体，该字体为 TrueType 字体，通常由 Windows 系统所提供。

❖ 【字体样式】：用于选择字体样式，如粗体、斜体等。对于某些 TrueType 字体，可能会具有不同的字体样式。

❖ 【使用大字体】：当在【字体名】下拉列表中选择了 shx 类型的字体时，该选项被激活。选中该项后，【字体样式】列表将变为【大字体】列表。大字体是一种特殊类型的 SHX 文件，可以定义数千个非 ASCII 字符。

❖ 【注释性】：用于设置文字是否为注释性对象。

❖ 【高度】：用于指定文字高度。如果设置为 0，则引用该文字样式创建字体时需要指定文字高度；否则直接使用设置的值来创建文本。

3. 效果

在【文字样式】对话框的【效果】选项区中可以设置文字的显示效果，如颠倒、反向、倾斜等，如图 6-3 所示。

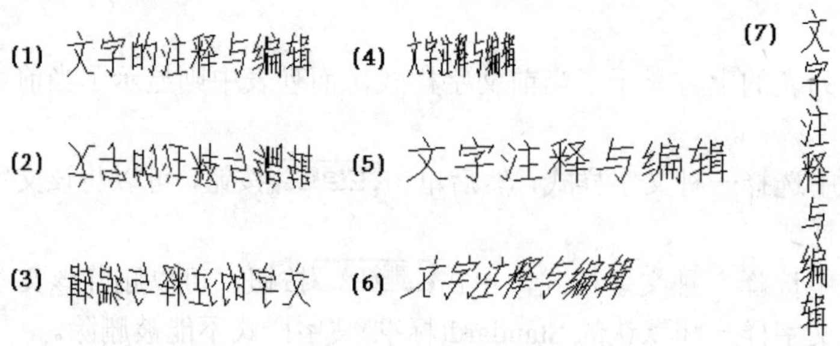

(1) 文字的注释与编辑　　(4) 文字注释与编辑　　(7) 文字注释与编辑

(2) 文字的注释与编辑　　(5) 文字注释与编辑

(3) 文字的注释与编辑　　(6) 文字注释与编辑

(1) 正常；(2) 颠倒；(3) 反向；(4) 宽度因子为 0.5；(5) 宽度因子为 1.5；(6) 倾斜；(7) 垂直

图 6-3　文字的各种效果

❖　【颠倒】：用于设置是否倒置显示字符。

❖　【反向】：用于设置是否反向显示字符。

❖　【垂直】：用于设置是否垂直对齐显示字符。只有在选定字体支持双向对齐时，该项才被激活。

❖　【宽度因子】：用于设置字符宽度比例。输入值如果小于 1.0，将压缩文字宽度；输入值如果大于 1.0，则扩大文字宽度。

❖　【倾斜角度】：用于设置文字的倾斜角度，取值范围为 −85°～85°。

4. 预览与应用

预览窗口位于【文字样式】对话框的左下角，显示了所选样式的效果。若用户修改了参数设置(文字高度除外)，将会引起预览图像的更新。

当用户完成文字样式的设置后，单击 应用(A) 按钮即可将所做的修改应用到图形中使用该样式的所有文字上。

> 　　在 AutoCAD 中使用文字之前，必须设置文字样式。用户可以在输入文字之前就指定文字样式，也可在输入文字之后再修改文字样式。一旦修改了一种文字样式，当前图形中所有使用该样式的文字也随之更新。

6.1.2　单行文字(Dtext)

在绘图过程中，文字传递了很多设计信息。它可能是一个很复杂的说明，也可能是一个简短的文字信息。当需要的文字不太多时，可以利用单行文字命令创建单行文本。单行文字并不代表就是一行，它可以有多行，但是每行文字都是独立的对象，可对其进行重定位、调整格式或进行其他修改。

调用【单行文字】命令的方法如下：

> 菜单栏：执行【绘图】/【文字】/【单行文字】命令
> 工具栏：单击【文字】工具栏的【单行文字】按钮A
> 命令行：Text

命令行提示与操作如下：

　　命令：Text↵　　(执行单行文字命令)

　　当前文字样式："样式 2" 文字高度:6.0000　注释性: 否　　(自动显示当前设置)

　　　指定文字的起点或 [对正(J)/样式(S)]：单击鼠标　　　（确定输入文字的起点）

　　　指定高度 <6.0000>：　　（确定文字的高度）

　　　指定文字的旋转角度 <0>：　　（确定是否旋转文字）

　　设置了以上选项后，绘图窗口中将出现插入点光标，这时就像在 Word 中输入文字一样，直接输入文字即可。如果要换行，则按回车键后继续输入。如果要结束文字的输入，则需要连续按两次回车键。

　　AutoCAD 为文字行定义了顶线、中线、基线和底线 4 条线，用于确定文字行的位置，这 4 条线与文字的关系如图 6-4 所示。命令行中的提示"指定文字的起点"是指指定文字在基线上的起点。

图 6-4　文字标注参考线

【选项说明】

(1) 在"指定文字的起点或 [对正(J)/样式(S)]："提示下输入 J，可以设置文字的排列方式，此时系统继续提示：

　　　输入选项 [对齐(A)/布满(F)/居中(C)/中间(M)/右对齐(R)/左上(TL)/中上(TC)/右上(TR)/左中(ML)/
正中(MC)/右中(MR)/左下(BL)/中下(BC)/右下(BR)]：

在介绍各选项的意义之前，先认识一下文字对齐的相对位置，如图 6-5 所示。

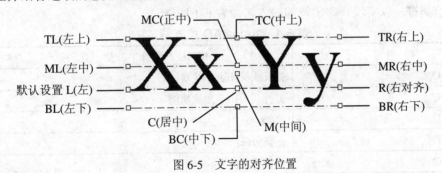

图 6-5　文字的对齐位置

各选项的意义如下：

❖　对齐(A)：指定基线的起点和终点。文字沿基线在指定的两点之间均匀排列，高度比例会自动调整以防止字体变形。

❖　布满(F)：通过指定基线的起点、终点及文字高度来确定文字的位置。使用该选项时，文字的字符高度不变，字符宽度根据指定的两点间距和字符的多少自动调整。

❖　居中(C)：此选项以指定点作为文字基线的中心。

❖　中间(M)：此选项以指定点作为文字的中间点。

❖　右对齐(R)：通过指定基线的终点来确定文字的位置，即文字与基线的终点对齐。

❖　左上(TL)：通过指定顶线的起点来确定文字的位置，即文字的左上角与顶线的起点对齐。

❖　其他选项与左上(TL)类似，不再赘述。

(2) 在 "指定文字的起点或 [对正(J)/样式(S)]:" 提示下输入 S 并回车，可以指定文字样式。此时系统提示：

　　　　输入样式名或【?】<Standard>:

这里可以直接输入文字样式的名称。如果直接按回车键，则仍使用当前样式；如果输入 "?" 并回车，则列出所有文字样式，如图 6-6 所示。

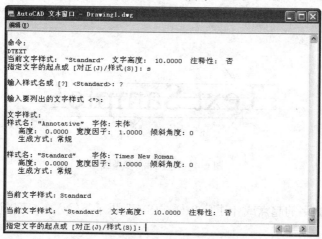

图 6-6　图形文件中包含的文字样式

(3) 实际绘图时，有时需要标注一些特殊的符号，例如在文字上方或下方加下划线，标注度(°)、正负号(±)、直径符号(Φ)等。这些符号不能通过键盘直接输入。AutoCAD 提供了相应的控制符，以实现特殊字符的输入，如表 6-1 所示。

表 6-1　AutoCAD 控制符

控　制　符	相对应的特殊字符及功能
%%O	打开或关闭上划线功能
%%U	打开或关闭下划线功能
%%D	度(°)
%%P	正负号(±)
%%C	直径符号(Φ)

6.1.3　多行文字(Mtext)

多行文字又称段落文字，它是一种更易于管理的文字对象，允许用户一次创建，而且输入的文字都作为一个整体处理。在机械制图中，可以用多行文字创建技术要求、装配说明、材料说明等内容。

调用【多行文字】命令的方法如下：

菜单栏：执行【绘图】/【文字】/【多行文字】命令

工具栏：单击【绘图】或【文字】工具栏中的【多行文字】按钮 A

命令行：Mtext

命令行提示与操作如下：

　　命令：Mtext↵　　（执行多行文字命令）

　　当前文字样式："Standard"　文字高度：2.5　注释性：否　　　（显示当前设置）

　　指定第一角点：　（在绘图窗口中单击鼠标，确定文字框的一个角点）

　　指定对角点或 [高度(H)/对正(J)/行距(L)/旋转(R)/样式(S)/宽度(W)/栏(C)]：　　（在另一个位置单击鼠标，确定文字框的另一个角点）

【选项说明】

除了使用默认方式指定角点之外，所提供的若干选项的功能如下：

(1) 高度(H)：该选项可以指定多行文字的字体高度。

(2) 对正(J)：该选项可以设置多行文字的排列对齐方式。与单行文字的对齐方式类似。

(3) 行距(L)：该选项可以设置多行文字的行间距。既可以设置行间距为固定的精确值，也可以将其设置为单行文本高度的若干倍(*X)。

(4) 旋转(R)：该选项可以设置文本的旋转角度。

(5) 样式(S)：该选项可以重新指定当前文字的文字样式。

(6) 宽度(W)：该选项可以设置多行文字输入框的宽度。

(7) 栏(C)：该选项可对多行文字进行分栏设置，主要用于大量文本。

执行上述操作后，AutoCAD 将弹出【文字格式】工具栏和"文字输入框"，即多行文字编辑器。利用它们可以输入文字，设置文字的样式、字体、高度、对齐等属性。

1．【文字格式】工具栏

输入多行文字时，很多属性都可以在【文字格式】工具栏中进行设置，如图 6-7 所示。该工具栏分为上、下两部分，上半部分主要为字符属性，下半部分主要为段落属性。

图 6-7　【文字格式】工具栏

常用的工具按钮介绍如下：

❖　【样式】：在该下拉列表中可以选择一种文字样式用于多行文字。

❖　【字体】：用于设置多行文字的字体。

❖　【文字高度】：用于设置多行文字的字体高度，即大小。

❖　B I U Ō 按钮：分别用于设置多行文字的粗体、斜体、下划线和上划线等效果。

❖　↶ ↷ 按钮：分别对操作执行取消与重做。

❖　【颜色】：用于设置多行文字的颜色。

❖　【选项】：单击该按钮，可以打开一个关于多行文字的菜单，其中包括插入字段、输入文字、特殊符号、段落设置、分栏等。

❖　按钮：这些按钮用于设置段落的分栏、对正方式以及进行段落设置。其中，单击 按钮，可以打开【段落】对话框，如图 6-8 所示。在该对话框中可以综合设置多行文字的段落属性，如缩进、段间距、行间距、对齐与制表位等。

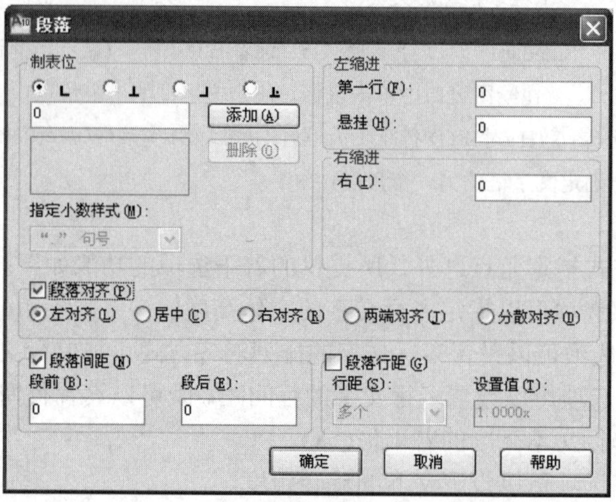

图 6-8　【段落】对话框

❖　 按钮：单击该按钮，可以设置行距。

❖　 按钮：单击该按钮，可以设置编号。

❖　 按钮：单击该按钮，在打开的【字段】对话框中可以选择要插入到文字中的字段。

❖　 Aa aA 按钮：这两个按钮用于设置英文的大小写。选择文字后，单击它们可以将文字全部更改为大写或小写。

❖　 @▾ 按钮：单击该按钮，可以插入一些专业符号。

❖　 0/ 0.0000：用于设置文字的倾斜角度。倾斜角度是相对于 90 度方向的偏移角度。取值范围为 −85～85。

❖　 a·b 1.0000：用于设置选定字符的字间距。当取值为 1 时为常规间距；当取值大于 1 时可增大间距；当取值小于 1 时可减小间距。

❖　 o 1.0000：用于设置文字的宽度比例。当取值为 1 时表示字符为常规宽度；当取值大于 1 时表示文字加宽；当取值小于 1 时表示文字变窄。

2. 输入文字

多行文字的操作与 Word 中的操作非常类似，上方的标尺可以控制段落的缩进。而在文字输入框中，可以直接输入多行文字，文字到达右侧边缘时会自动换行，如图 6-9 所示。如果要输入多段文字，则需要按回车键换行，然后继续输入即可。

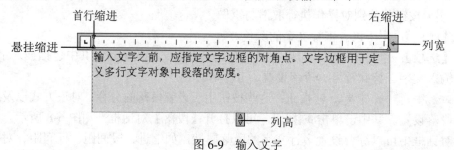

图 6-9　输入文字

❖　【首行缩进】：控制段落的第一行向右移动的距离。

❖　【悬挂缩进】：控制段落中除第一行以外的内容向右移动的距离。

❖　【右缩进】：控制段落的右边缘向左移动的距离。

❖　【列高】：用于改变文字输入框的高度。

❖　【列宽】：用于改变文字输入框的宽度。

如果要输入特殊的字符，可以在【文字格式】工具栏中单击 @▾ 按钮，在打开的下拉列表中选择系统提供的特殊字符，这里都是一些专业的符号。

6.1.4　编辑文本(Ddedit)

用户可以对图形中已经存在的文字进行编辑修改，以改变文字的某些属性，此时可利用多行文字编辑器进行操作。

调用文本【编辑】命令的方法如下：

> 菜单栏：执行【修改】/【对象】/【文字】/【编辑】命令
>
> 工具栏：单击【文字】工具栏中的【编辑】按钮 🄰⃰
>
> 命令行：Ddedit

命令行提示与操作如下：

命令: Ddedit↵　　(执行文字编辑命令)

选择注释对象或 [放弃(U)]:　　　(选择要编辑的文字)

如果选择的文字对象是单行文字，则激活单行文字的输入状态，此时修改文字内容即可，也可以重新输入。

如果选择的对象是多行文字，则激活多行文字编辑器，在重新出现的【文字格式】工具栏和"文字输入框"中既可以修改文字内容，也可以修改文字样式。

6.2　表　　格

在以前的 AutoCAD 版本中，要绘制表格必须采用直线并结合偏移、复制等编辑命令来完成，这样的操作过程繁琐而复杂。而在 AutoCAD 2010 中，不但可以插入表格、设置表格样式，甚至可以从 Excel 中直接复制表格，不但快速高效，而且操作也更加简单，可以大大提高绘图效率。

6.2.1　新建表格样式

与文字样式一样，AutoCAD 图形中的表格都有与其对应的表格样式。表格样式用于控制表格的外观，保证标准的字体、颜色、文本高度和行距。用户可以使用默认的表格样式，也可以自定义表格样式。

调用【表格样式】命令的方法如下：

> 菜单栏：执行【格式】/【表格样式】命令
>
> 工具栏：单击【样式】工具栏中的【表格样式】按钮 🄳
>
> 命令行：Tablestyle

执行了上述命令之一后，将弹出【表格样式】对话框，如图 6-10 所示。

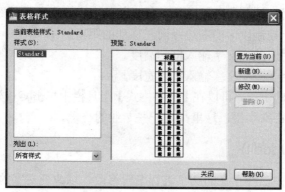

图 6-10　【表格样式】对话框

该对话框分为三部分，左侧为表格样式列表，中间为表格样式预览，右侧为功能按钮。各部分的功能如下：

❖　【当前表格样式】：显示当前使用的表格样式。
❖　【样式】：该列表中显示了当前图形文件中所包含的表格样式。
❖　【列出】：通过该下拉列表，可以设置【样式】列表内显示图形文件中的所有样式，或者显示正在使用的样式。
❖　【预览】：显示了在【样式】列表内选中的表格样式的效果。
❖　置为当前(U)按钮：在【样式】列表内选择一个表格样式，然后单击该按钮，可以将选中的表格样式设置为当前表格样式。
❖　删除(D)按钮：单击该按钮，可以删除选中的表格样式。
❖　修改(M)...按钮：单击该按钮，则打开【修改表格样式】对话框。该对话框与【新建表格样式】对话框具有相同的参数，用于修改选中的表格样式。具体使用请参考 6.2.2 节的内容。

通常情况下，图形文件中只有一个 Standard 表格样式。如果要新建表格样式，需要单击右侧的新建(N)...按钮，这时将弹出【创建新的表格样式】对话框，如图 6-11 所示。

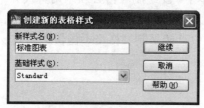

图 6-11　【创建新的表格样式】对话框

❖　【新样式名】：用于输入新样式的名称。
❖　【基础样式】：用于选择创建新样式的基础表格样式。新样式将在该样式的基础上进行修改，这样可以提高工作效率。

确定了样式名称以后，单击继续按钮，则弹出【新建表格样式】对话框。通过它可以指定表格的行样式、表格方向、边框特性和文本样式等内容，如图 6-12 所示。设置好参数以后，单击确定按钮就可以创建一个表格样式，新建的表格样式将出现在【表格样式】对话框的表格样式列表中。

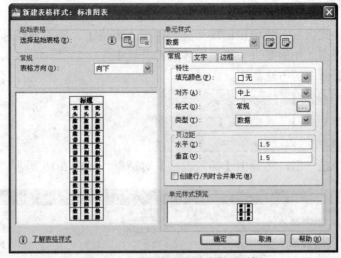

图 6-12　【新建表格样式】对话框

6.2.2　设置表格样式

在【新建表格样式】对话框的【单元样式】下拉列表中有 3 个重要的选项，即"数据"、"标题"和"表头"，分别用于设置表格的数据、列标题和总标题对应的样式。其中"数据"选项如图 6-12 所示；"标题"选项如图 6-13 所示，"表头"选项如图 6-14 所示。

图 6-13　"标题"选项　　　　　图 6-14　"表头"选项

在【新建表格样式】对话框中，不论选择了"数据"、"标题"还是"表头"选项，都有 3 个相同的选项卡，即【常规】、【文字】和【边框】选项卡，它们的作用如下：

❖ 【常规】选项卡：用于设置表格的填充颜色、对齐方向、格式、类型及页边距等特性。

❖ 【文字】选项卡：用于设置表格单元中的文字样式、高度、颜色和角度等特性。

❖ 【边框】选项卡：可以设置表格的边框是否存在。当表格具有边框时，还可以设置表格的线宽、线型、颜色和间距等特性。

6.2.3 创建表格

设置好表格样式以后，就可以向图形文件中插入表格了。插入表格时，在绘图窗口中出现的都是规则表格，还需要进一步编辑才能符合要求。

调用【表格】命令的方法如下：

> 菜单栏：执行【绘图】/【表格】命令
>
> 工具栏：单击【绘图】工具栏中的【表格】按钮⊞
>
> 命令行：Table

执行上述命令之一后，将弹出【插入表格】对话框，如图 6-15 所示。

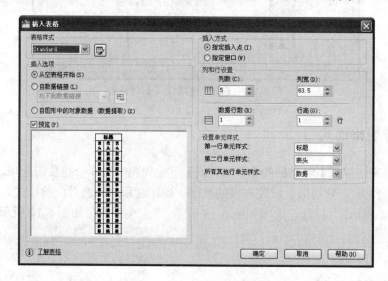

图 6-15　【插入表格】对话框

在该对话框中，各选项的功能介绍如下：

❖ 【表格样式】：用于选择表格样式，也可以单击其右侧的按钮，在打开的【表格样式】对话框中创建新的表格样式。

❖ 【从空表格开始】：选择该项，可以创建一个空表格。

❖ 【自数据链接】：选择该项，可以从外部导入数据来创建表格。

❖ 【自图形中的对象数据(数据提取)】：选择该项，可以从输出到表格或外部文件的图形中提取数据来创建表格。

❖ 【指定插入点】：选择该项，可以在绘图窗口中单击鼠标，插入固定大小的表格。

❖ 【指定窗口】：选择该项，可以在绘图窗口中通过拖动鼠标来创建任意大小的表格。

❖ 【列数】：用于设置表格的列数。

❖ 【列宽】：用于设置表格的列宽。

❖ 【数据行数】：用于设置表格的行数。

❖ 【行高】：用于设置表格的行高。

❖ 【第一行单元样式】：用于设置表格中第一行的单元样式。默认情况下，使用标题单元样式。

- ❖ 【第二行单元样式】：用于设置表格中第二行的单元样式。默认情况下，使用表头
  单元样式。
- ❖ 【所有其他行单元样式】：用于指定表格中所有其他行的单元样式。默认情况下，
  使用数据单元格样式。

在【插入表格】对话框中进行相应的设置后，单击 ⬚ 确定 ⬚ 按钮，则返回绘图窗口，
这时单击鼠标即可在相应的位置插入一个空表格，并打开【文字格式】工具栏，用户可以
逐行输入相应的文字或数据，如图 6-16 所示。

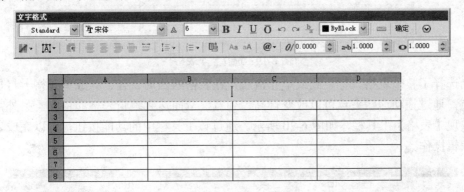

图 6-16　插入的表格

6.2.4　编辑表格

在绘图窗口中插入表格以后，就可以对表格或单元格进行编辑了。编辑表格之前首先
要选择表格，方法如下：

- ❖ 在单元格上单击鼠标，可以选中一个单元格，被选中的单元格周围将出现夹点；
  而在表格内拖动鼠标，则出现一个虚线框，被虚线框所触及的单元格都将被选中，
  如图 6-17 所示。

图 6-17　选中一个单元格与多个单元格

- ❖ 在行号上单击鼠标可以选择一行。按住 Shift 键单击行号，可以选中两次单击行号
  之间的所有行，也可以在行号上拖动鼠标选择多行，如图 6-18 所示。

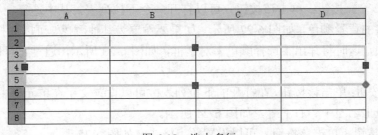

图 6-18　选中多行

❖ 列的选择与行类似，在列号上单击鼠标或拖动鼠标，可以选择一列或多列；另外也可以按住 Shift 键并单击列号选择多列。

❖ 单击表格的边框，可以选择整个表格，如图 6-19 所示。

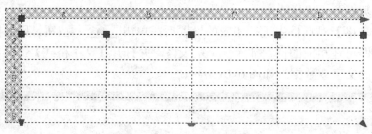

图 6-19　选择整个表格

当选择了整个表格、行、列或单元格后，在表格的四周、行、列或单元格上将显示许多夹点，通过拖动这些夹点可以改变行高、列宽，从而达到编辑表格的目的。另外，此时还会出现【表格】工具栏，如图 6-20 所示。通过该工具栏中的功能按钮，可以完成表格的其他编辑操作。

图 6-20　【表格】工具栏

下面介绍【表格】工具栏中的常用按钮。

❖ 　　　按钮：主要用于插入行与删除行。可以在选中行或单元格的上方或下方插入行，或者删除选中单元格所在的行。

❖ 　　　按钮：这三个按钮用于插入列或删除列，与行操作类似。可以在当前列的前方或后方插入新列，也可以删除当前列。

❖ 　　　按钮：这两个按钮用于合并单元格或拆分单元格。当选中多个单元格后，可以全部、按列或按行合并单元格，如图 6-21 所示。

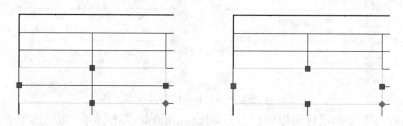

图 6-21　合并单元格前、后对比

❖ 　颜色 40　按钮：单击该按钮，可以打开一个下拉列表，从中选择一种颜色设置单元格的背景颜色，如图 6-22 所示。如果要设置为其他颜色，可以选择【选择颜色】选项，这时将弹出【选择颜色】对话框，如图 6-23 所示，通过它可以设置更多的颜色。

❖ 　　按钮：单击该按钮，在打开的下拉列表中可以设置文字在单元格中的对齐方式，如左上、左中、右下等，如图 6-24 所示。

❖ 　　按钮：单击该按钮，可以设置数字格式，如图 6-25 所示。

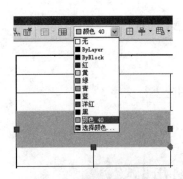

图 6-22　设置背景颜色　　　　　　　　图 6-23　【选择颜色】对话框

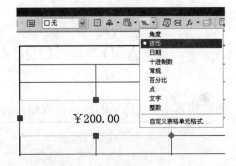

图 6-24　设置对齐方式　　　　　　　　图 6-25　设置数字格式

❖　　按钮：单击该按钮，将弹出【单元边框特性】对话框，如图 6-26 所示。在该对话框中可以设置单元格边框的线宽、颜色等特性。

❖　　按钮：单击该按钮，则弹出【在表格单元中插入块】对话框，如图 6-27 所示，可以从中设置插入的块在表格单元中的对齐方式、比例和旋转角度等特性。

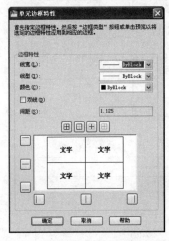

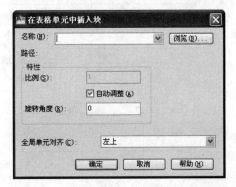

图 6-26　【单元边框特性】对话框　　　　图 6-27　【在表格单元中插入块】对话框

另外，选中表格或单元格后，单击鼠标右键，在弹出的快捷菜单中也可以快速地编辑表格。可以对表格进行剪切、复制、删除、移动、缩放和旋转等操作，还可以均匀地调整表格的行、列大小等。

6.3 本 章 习 题

1．在 AutoCAD 中，如何创建文字样式？
2．在 AutoCAD 中，文字类型有哪些？如何创建多行文字？
3．在 AutoCAD 中，如何创建表格样式？
4．创建如题图 6-1 所示的说明文本。

技术要求：未注倒角1×45°

题图 6-1

5．输入如题图 6-2 所示的特殊字符。

$$\pm\Delta 50^{\circ} \qquad \varnothing 20f7\left(^{-0.020}_{-0.041}\right) \qquad 1\tfrac{1}{2}$$

题图 6-2

6．创建如题图 6-3 所示的标题栏表格，并保存该操作结果。

<table>
<tr><td colspan="3" rowspan="2">装配图或零件图名称</td><td>图 号</td><td></td><td>比 例</td><td></td><td>第 张</td></tr>
<tr><td>材 料</td><td></td><td>数 量</td><td></td><td>共 张</td></tr>
<tr><td>设 计</td><td></td><td>日 期</td><td colspan="2" rowspan="3">（工程名称）</td><td colspan="3" rowspan="3">（设计单位）</td></tr>
<tr><td>绘 图</td><td></td><td></td></tr>
<tr><td>审 阅</td><td></td><td></td></tr>
</table>

题图 6-3

7．绘制如题图 6-4 所示的标题栏，并保存该操作结果(提示：其尺寸如题图 6-5 所示，表格单元中的文字可以采用直接输入和属性定义两种方式)。

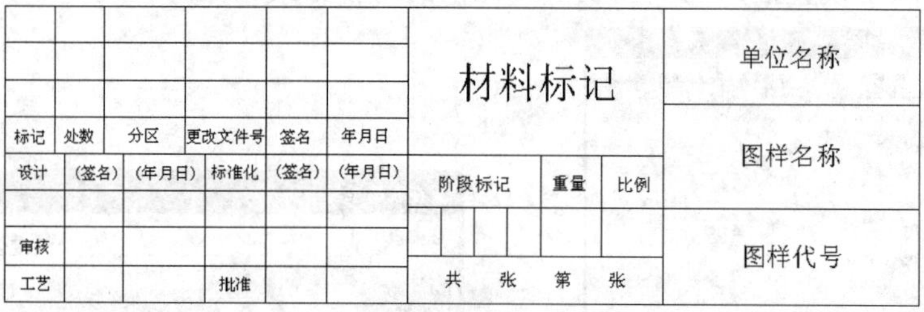

材料标记
单位名称
图样名称
图样代号
标记
处数
分区
更改文件号
签名
年月日
设计
(签名)
(年月日)
标准化
(签名)
(年月日)
阶段标记
重量
比例
审核
工艺
批准
共　张　第　张

题图 6-4

180
10
10
16
16
12
16
50
26
12
56
7
10
9
9
20
18
6.5
6.5
6.5
12
12
16
12
12
16
50

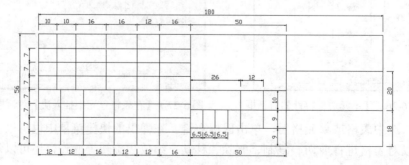

题图 6-5

中文版 AutoCAD 2010 基础教程

第 7 章　尺　寸　标　注

◎本章主要内容◎

- ■ 尺寸标注概述
- ■ 尺寸标注的样式设置
- ■ 尺寸标注
- ■ 形位公差
- ■ 编辑标注对象
- ■ 本章习题

一张完整的图纸不能没有尺寸标注，因为它是精确表达图形中目标对象的形状、大小和相对位置关系的重要数据，没有正确的尺寸标注，绘制出的图纸就不能有效地指导加工与制造，图纸也就失去了意义。所以，在 AutoCAD 制图中，尺寸标注是非常重要的一个环节，必不可少。

AutoCAD 2010 提供了方便、准确的尺寸标注功能，可以轻松完成图纸中要求的尺寸标注。通过本章的学习，用户可以掌握尺寸标注的概念和各种标注的创建与修改方法，为自己的图形文件添加准确的标注信息。

7.1　尺寸标注概述

尺寸标注是图形的测量注释，可以测量和显示对象的长度、角度等测量值。AutoCAD 提供了多种标注样式和多种设置标注格式的方法，可以满足建筑、机械、电子等大多数应用领域的要求。

7.1.1　尺寸标注的组成

一张完整的图纸中，尺寸标注通常由箭头、标注文字、尺寸线、延伸线等组成。图 7-1 列出了一个典型的尺寸标注各部分的名称。

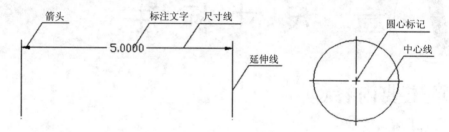

图 7-1　构成标注的基本元素

❖ 箭头：表明测量的开始和结束位置。AutoCAD 提供了多种符号供选择，用户也可以创建自定义符号，如图 7-2 所示。

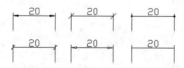

图 7-2　不同样式的尺寸箭头

❖ 标注文字：表明实际测量值。可以使用由 AutoCAD 自动计算出的测量值，并可附加公差、前缀和后缀等。用户也可以自行指定或取消文字。

❖ 尺寸线：表明标注的范围。通常使用箭头来指出尺寸线的起点和终点。

❖ 圆心标记和中心线：标记圆或圆弧的圆心。

❖ 延伸线：从被标注的对象延伸到尺寸线的直线。通常出现在标注对象的两端，用于控制尺寸线的起、止端点位置。一般情况下，延伸线由测量点引出，但有时也会用实体的轮廓线或中心线等来代替。各种形式的延伸线如图 7-3 所示。

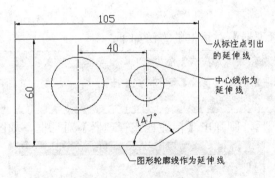

图 7-3　各种形式的延伸线

7.1.2　尺寸标注的类型

AutoCAD 中提供了六大类尺寸标注类型，分别是线性型尺寸标注、径向型尺寸标注、角度型尺寸标注、坐标型尺寸标注、指引线标注和中心标注。其中，线性型尺寸标注又分为水平标注、垂直标注、平齐标注、旋转标注、基线标注和连续标注等六种类型；径向型尺寸标注包括半径尺寸标注和直径尺寸标注两种类型；中心标注包括圆心标注和圆心线标注。各种尺寸标注类型如图 7-4 所示。

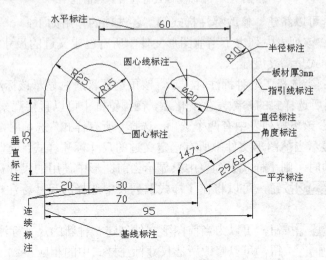

图 7-4　各种尺寸标注类型

7.2　尺寸标注的样式设置

标注样式(Dimension Style)用于控制标注的格式和外观，不同的国家、行业、公司都有不同的标注标准。使用尺寸标注前必须设置符合所用标准的标注样式。AutoCAD 中的标注均与一定的标注样式相关联。

在 AutoCAD 中新建图形文件时，系统将根据样板文件来创建一个缺省的标注样式。如使用"acad.dwt"样板时缺省样式为"STANDARD"，使用"acadiso.dwg"样板时缺省样式为"ISO-25"。用户可通过【标注样式管理器】对话框来创建新的标注样式或对标注样式进行修改和管理。

启动【标注样式管理器】对话框的方法如下：

> 菜单栏：执行【标注】/【标注样式】命令
>
> 工具栏：单击【标注】工具栏中的【标注样式】按钮
>
> 命令行：Dimstyle

执行上述命令之一后，则弹出【标注样式管理器】对话框，如图 7-5 所示。

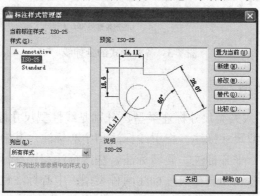

图 7-5　【标注样式管理器】对话框

通过该对话框可以新建、修改标注样式等。各选项的作用如下：

❖　【样式】：该列表中列出了当前图形文件中所有已定义过的尺寸标注样式，当前尺寸标注样式呈高亮度显示。

❖　【预览】：当选择了一种标注样式后，该预览框将适时显示该标注样式的最终标注效果。当所选样式的参数发生变化后，在预览框中可以直接观察到变化后的效果。

❖　【列出】：该下拉列表中有两个选项。选择"所有样式"选项时，表示将在【样式】列表中显示当前图形文件中所有已定义过的尺寸标注样式；选择"正在使用的样式"选项时，则【样式】列表中只显示当前图形中使用的尺寸标注样式。

❖　单击 置为当前(U) 按钮，可以将在【样式】列表中选择的尺寸标注样式设置为当前样式。

❖　单击 新建(N)... 按钮，可以为当前图形文件创建一种新的尺寸标注样式。

❖　单击 修改(M)... 按钮，可以修改所选尺寸标注样式中的相应参数。

❖　单击 替代(O)... 按钮，可以临时生成覆盖尺寸标注样式来标注某些特殊尺寸。

❖　单击 比较(C)... 按钮，可以比较不同尺寸标注样式间的区别。

7.2.1　新建标注样式

如果要在当前图形文件中创建一种新的尺寸标注样式，可以在【标注样式管理器】对话框中单击 新建(N)... 按钮，这时弹出【创建新标注样式】对话框，如图 7-6 所示。

该对话框中各选项的作用如下：

❖　【新样式名】：用于输入新创建的尺寸标注

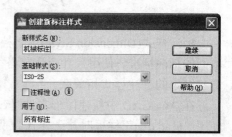

图 7-6　【创建新标注样式】对话框

样式的名称。

❖　【基础样式】：该下拉列表中列出了当前图形文件中所有已定义过的尺寸标注样
式。选择一种样式后，可以基于该样式创建新的尺寸标注样式。

❖　【用于】：用于设置尺寸标注样式的应用范围。可适用的范围有"所有标注"、"线性
标注"、"角度标注"、"半径标注"、"直径标注"、"坐标标注"和"引线和公差"等。

设置了新样式的名称、基础样式和适用范围以后，单击该对话框中的 继续 按钮，将
打开【新建标注样式】对话框，如图 7-7 所示。在该对话框中用户可以为新创建的尺寸标
注样式设置直线、符号和箭头、文字、单位等相关参数。

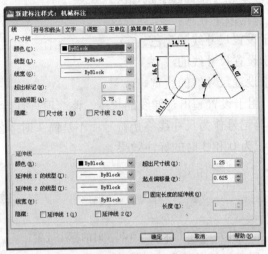

图 7-7　【新建标注样式】对话框

7.2.2　修改标注样式

如果要对已经存在的标注样式进行修改，可以在【标注样式管理器】对话框的【样式】
列表中选择要修改的样式，然后单击 修改(M)... 按钮，这时将弹出【修改标注样式】对话框，
如图 7-8 所示。通过该对话框可以修改标注中的各项参数。

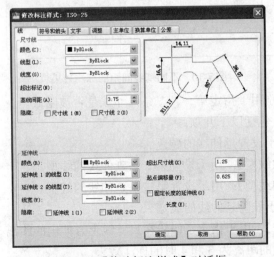

图 7-8　【修改标注样式】对话框

7.2.3　设置尺寸标注

　　【新建标注样式】对话框与【修改标注样式】对话框具有相同的尺寸标注参数，共有 7 个选项卡，分别是【线】、【符号和箭头】、【文字】、【调整】、【主单位】、【换算单位】和【公差】。

1. 线的设置

　　在【线】选项卡中可以设置尺寸线、延伸线的格式和特性，如图 7-8 所示。该选项卡主要分为【尺寸线】选项区和【延伸线】选项区。

　　【尺寸线】选项区包括以下几项：

❖　【颜色】：用于设置尺寸线的颜色。

❖　【线型】：用于设置尺寸线的线型。

❖　【线宽】：用于设置尺寸线的线宽。

❖　【超出标记】：用于设置超出延伸线的长度，该选项只有当用户以"倾斜"、"建筑标记"、"无"等记号作为尺寸线终止符号而不是箭头时才能激活。如图 7-9 所示分别为超出标记为 0 和 3 时的标注效果。

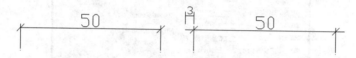

图 7-9　超出标记为 0 和 3 时的标注效果

❖　【基线间距】：用于设置基线标注中各尺寸线之间的距离，如图 7-10 所示。

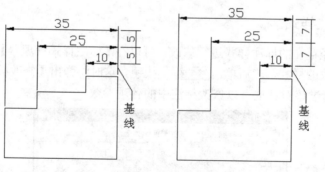

图 7-10　不同基线间距的标注效果

❖　【隐藏】：分别用于指定第一、二条尺寸线是否被隐藏。

　　【延伸线】选项区包括以下几项：

❖　【颜色】：用于设置延伸线的颜色。

❖　【延伸线 1 的线型】：用于设置第一条延伸线的线型。

❖　【延伸线 2 的线型】：用于设置第二条延伸线的线型。

❖　【线宽】：用于设置延伸线的线宽。

❖　【超出尺寸线】：用于指定延伸线在尺寸线上方伸出的距离，如图 7-11 所示分别为超出尺寸线的距离为 3 和 4 时的标注效果。

图 7-11　延伸线超出尺寸线的距离为 3 和 4 时的标注效果

❖　【起点偏移量】：用于指定延伸线与标注起点的偏移距离，如图 7-12 所示为不同
　　起点偏移量的标注效果。

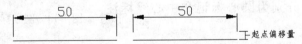

图 7-12　不同起点偏移量的标注效果

❖　【隐藏】：分别指定第一、二条延伸线是否被隐藏。

❖　【固定长度的延伸线】：选择该项，可以启用固定长度的延伸线。

❖　【长度】：用于设置延伸线的总长度，起始于尺寸线，直到标注原点。

2. 符号和箭头

在【符号和箭头】选项卡中，可以设置尺寸线两端的箭头标记。通常情况下，两个箭
头应该一致。另外还可以设置圆心标记、弧长符号和半径折弯标注的格式和位置，如图 7-13
所示。

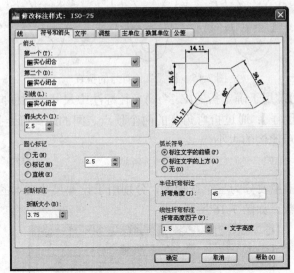

图 7-13　【符号和箭头】选项卡

【箭头】选项区包括以下几项：

❖　【第一个】：用于设置尺寸线的第一个箭头类型。一旦选择了第一个箭头类型，第
　　二个箭头自动匹配第一个箭头。如果要为第二个箭头设置不同的形状，可以在【第
　　二个】选项中进行设置。

❖　【第二个】：用于设置尺寸线的第二个箭头类型。可以与第一个箭头不同，它不影
　　响第一个箭头的类型。

❖　【引线】：用于设置引线的箭头类型。

❖　【箭头大小】：用于设置箭头尺寸的大小。

【圆心标记】选项区包括以下几项：

❖ **【无】**：选择该项，则不创建圆心标记。

❖ **【标记】**：选择该项，将创建圆心标记，在其后面的数值框中可以设置圆心标记的大小。

❖ **【直线】**：选择该项，将创建中心线，在其后面的数值框中可以设置中心线的大小。如图 7-14 所示分别为圆心标记和中心线标注效果。

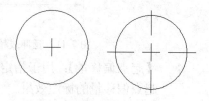

图 7-14　圆心标记和中心线标注效果

其他选项的设置如下：

❖ **【折断大小】**：用于设置折断标注的间距大小。

❖ **【标注文字的前缀】**：选择该项，将把弧长符号放置在标注文字之前。

❖ **【标注文字的上方】**：选择该项，将把弧长符号放置在标注文字的上方。

❖ **【无】**：选择该项，将不显示弧长符号。如图 7-15 所示分别为弧长符号放置在前方、上方和无弧长符号。

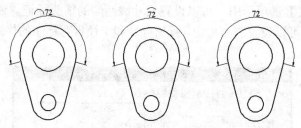

图 7-15　设置弧长符号的位置

❖ **【折弯角度】**：用于确定折弯(Z 字形)半径标注中尺寸线的横向线段的角度。

❖ **【折弯高度因子】**：通过折弯角度的两个顶点之间的距离确定折弯高度。高度因子用于控制显示比例的大小。

3. 文字

【文字】选项卡中主要分为三个选项区，分别用于设置尺寸文本的样式、颜色、高度、位置、对齐等特性参数，如图 7-16 所示。

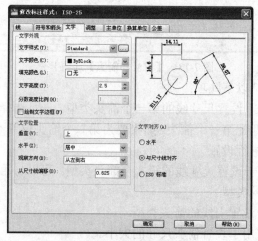

图 7-16　【文字】选项卡

标注文字的外观主要包括文字的样式、颜色、高度等参数。【文字外观】选项区包括以下几项:

❖ 【文字样式】:用于设置当前标注文字的字体样式。用户可以选择一种已定义过的字体样式作为当前尺寸标注中文本的字体样式,也可以单击其右侧的⬚按钮,在打开的【文字样式】对话框中选择新的字体样式作为尺寸文本的样式。

❖ 【文字颜色】:用于设置当前标注文字的颜色。

❖ 【填充颜色】:用于设置标注文字的背景颜色。可以在列表中选择所需的颜色,也可以选择【选择颜色】选项,在打开的【选择颜色】对话框中选择合适的颜色。

❖ 【文字高度】:用于设置当前标注文字的高度。

❖ 【分数高度比例】:用于设置标注文字中的分数相对于其他标注文字的比例。AutoCAD 将该比例值与标注文字高度的乘积作为分数的高度。

❖ 【绘制文字边框】:选择该项,将在标注文字的周围绘制一个边框。如图 7-17 所示分别为无边框与有边框的效果。

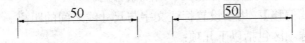

图 7-17 标注文字无边框与有边框的效果

【文字位置】选项区包括以下几项:

❖ 【垂直】:用于设置标注文字相对尺寸线的垂直位置,有"居中"、"上"、"下"、"JIS"和"外部"等几项,其中"JIS"是将文字按照日本工业标准放置,如图 7-18 所示。

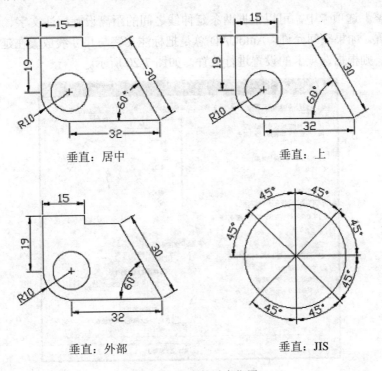

图 7-18 文字的垂直位置

❖ 【水平】：用于设置标注文字相对于尺寸线和延伸线的水平位置，有"居中"、"第一条延伸线"、"第二条延伸线"、"第一条延伸线上方"和"第二条延伸线上方"等几项，如图 7-19 所示。

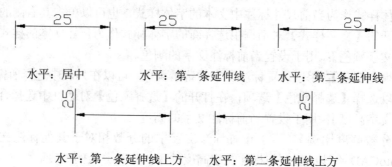

图 7-19　文字的水平位置

❖ 【观察方向】：用于设置标注文字的观察方向。

❖ 【从尺寸线偏移】：用于设置标注文字与尺寸线之间的距离。

【文字对齐】选项区包括以下几项：

❖ 【水平】：选择该项将水平放置文字，文字角度与尺寸线角度无关。

❖ 【与尺寸线对齐】：选择该项，文字角度与尺寸线角度保持一致。

❖ 【ISO 标准】：选择该项，当文字在延伸线内时，文字与尺寸线对齐；当文字在延伸线外时，则文字水平排列。

4．调整

在【调整】选项卡中，可以根据两条延伸线之间的距离设置标注文字、箭头、引线和尺寸线的位置。如果空间允许，AutoCAD 总是把标注文字与尺寸线放置在延伸线之内；如果空间不够，则根据选项卡的设置进行放置，如图 7-20 所示。

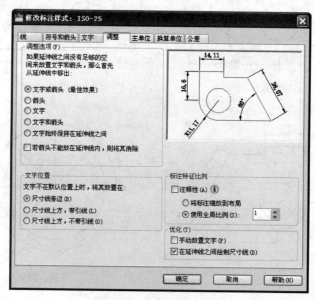

图 7-20　【调整】选项卡

在【调整选项】选项区中，可以设置当没有足够空间将标注文字、尺寸箭头全部放在延伸线之内时的各种标注方法。

❖ 【文字或箭头(最佳效果)】：选择该项，将尽可能将文字和箭头都放在延伸线之内，容纳不下的元素将放在延伸线之外。

❖ 【箭头】：选择该项，当延伸线之间的距离仅够放下箭头时，箭头放在延伸线内而文字放在延伸线外；否则，文字和箭头都放在延伸线外。

❖ 【文字】：选择该项，当延伸线之间的距离仅够放下文字时，文字放在延伸线内而箭头放在延伸线外；否则，文字和箭头都放在延伸线外。

❖ 【文字和箭头】：选择该项，当延伸线之间的距离不足以放下文字和箭头时，文字和箭头都放在延伸线外。

❖ 【文字始终保持在延伸线之间】：选择该项，将强制文字始终放在延伸线之间。

❖ 【若箭头不能放在延伸线内，则将其消除】：选择该项，如果延伸线内没有足够的空间，则隐藏箭头，即尺寸线两端不出现箭头。

在【文字位置】选项区中，可以设置标注文字在非缺省状态时的位置，共有三种情况：分别是"尺寸线旁边"、"尺寸线上方，带引线"和"尺寸线上方，不带引线"，如图 7-21 所示。

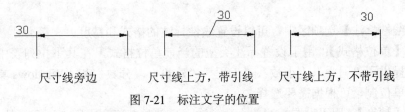

图 7-21 标注文字的位置

❖ 【尺寸线旁边】：选择该项，将文字放在尺寸线旁边。

❖ 【尺寸线上方，带引线】：选择该项，当文字移动到离尺寸线较远的地方时，则创建文字到尺寸线的引线。

❖ 【尺寸线上方，不带引线】：选择该项，即使文字离尺寸线较远，也不创建引线。

在【标注特征比例】选项区中，可以设置全局标注比例或图纸空间比例。而在【优化】选项区中，可以设置文字的放置方法等。

❖ 【注释性】：选择该项，可以指定标注为注释性文字。

❖ 【将标注缩放到布局】：选择该项，将根据当前模型空间视口和图纸空间的比例确定比例因子。

❖ 【使用全局比例】：选择该项，可以对全部尺寸标注设置缩放比例。该比例不改变尺寸的测量值。

❖ 【手动放置文字】：选择该项，则忽略所有水平对正设置，并把文字放在指定位置。

❖ 【在延伸线之间绘制尺寸线】：选择该项，无论 AutoCAD 是否把箭头放在测量点之外，都在测量点之间绘制尺寸线。

5. 主单位

在【主单位】选项卡中，可以设置主标注单位的格式和精度，以及标注文字的前缀和后缀等属性，如图 7-22 所示。

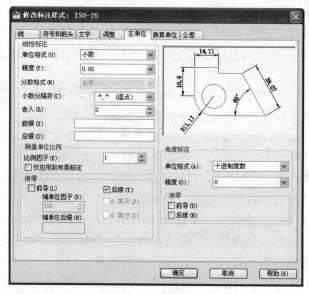

图 7-22 【主单位】选项卡

在该选项卡中包含了四个选项区，即【线性标注】、【测量单位比例】、【消零】和【角度标注】。

在【线性标注】选项区中，可以设置线性标注的格式和精度。

❖ 【单位格式】：用于设置标注类型的当前单位格式。在其下拉列表中，AutoCAD 提供了"科学"、"小数"、"工程"、"建筑"、"分数"和"Windows 桌面"等 6 种单位制，可根据需要选择。

❖ 【精度】：用于设置标注的小数位数，也就是精确到小数点后几位数。

❖ 【分数格式】：用于设置分数的格式。AutoCAD 提供了"水平"、"对角"和"非堆叠"等 3 种形式供用户选择。

❖ 【小数分隔符】：用于设置十进制格式的分隔符。AutoCAD 提供了句点(.)、逗点(,)和空格 3 种形式。

❖ 【舍入】：用于设置标注测量值的四舍五入规则(角度除外)。

❖ 【前缀】：用于设置文字前缀，可以输入文字或用控制代码显示特殊符号。如果指定了公差，则 AutoCAD 也给公差添加前缀。

❖ 【后缀】：用于设置文字后缀，用法与【前缀】类似，只是出现的位置不同。

在【测量单位比例】选项区中可以设置线性标注测量值的比例因子(角度除外)。如果选择【仅应用到布局标注】选项，则仅对在布局里创建的标注应用线性比例值。

在【消零】选项区中，可以设置前导零和后续零是否输出。例如，一个尺寸为 0.50(精度为 0.00)的标注，如果设置为前导消零，则显示为.50；如果设置为后续消零，则显示为 0.5；如果设置为前导与后续都消零，则显示为.5。

在【角度标注】选项区中，可以设置角度标注的格式和精度。

❖ 【单位格式】：用于设置角度单位格式。AutoCAD 提供了"十进制度数"、"度/分/秒"、"百分度"和"弧度"4 种角度单位。

❖ 【精度】：用于设置角度标注的小数位数。

❖ 【消零】：用于设置是否省略标注角度时的零。

6. 换算单位

在 AutoCAD 中，通过换算标注单位，可以将标注的单位转换成不同的测量单位，通常是显示英制标注的等效公制标注，或公制标注的等效英制标注。在标注文字中，换算标注单位显示在主单位旁边的方括号中。

在【换算单位】选项卡中，可以设置换算测量单位的格式和比例，如图 7-23 所示。

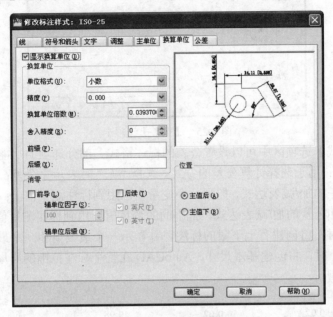

图 7-23 【换算单位】选项卡

在该选项卡中，各项参数与【主单位】选项卡中的参数基本相同，所以这里简要介绍一下不同的参数。

❖ 【显示换算单位】：选择该项后，其他参数才可用。

【换算单位】选项区用于设置换算单位的格式和精度，其中的【换算单位倍数】用于设置主单位和换算单位之间的换算系数。

【消零】选项区用于设置前导和后续的零是否输出。

【位置】选项区用于设置换算单位的位置。

❖ 【主值后】：选择该项，将换算单位放在主单位之后。

❖ 【主值下】：选择该项，则换算单位放在主单位之下。如图 7-24 所示为换算单位的不同摆放位置。

图 7-24 换算单位的不同摆放位置

7. 公差

在【公差】选项卡中可以设置标注文字中公差的格式，如图 7-25 所示。

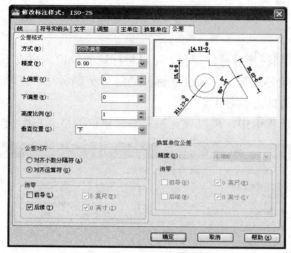

图 7-25　【公差】选项卡

在【公差格式】选项区中可以设置公差的标注格式。部分选项的功能说明如下：

❖　【方式】：用于选择计算公差的方式。选择"无"时表示无公差；选择"对称"时，添加公差的加/减表达式，把同一个变量值应用到标注测量值上；选择"极限偏差"时，添加公差的加/减表达式，把不同的变量值应用到标注测量值上；选择"极限尺寸"时，将创建有上下限的标注，并显示一个最大值和一个最小值；选择"基本尺寸"时，将创建基本尺寸，AutoCAD 在整个标注范围的四周绘制一个框，如图 7-26 所示。

图 7-26　计算公差的方式

❖　【精度】：用于设置公差标注的精度。

❖　【上偏差】：用于设置最大公差值或上偏差值。

❖　【下偏差】：用于设置最小公差值或下偏差值。

❖　【高度比例】：用于设置公差文字的高度比例，也就是公差文字与一般标注文字的高度之比。

❖　【垂直位置】：用于控制对称公差和极限公差的文字对齐方式。

❖　【对齐小数分隔符】：选择该项，将通过值的小数分割符堆叠值。

❖　【对齐运算符】：选择该项，将通过值的运算符堆叠值。

7.3　尺　寸　标　注

正确地进行尺寸标注是绘图工作中非常重要的一个环节。AutoCAD 2010 提供了方便快捷的尺寸标注方法，用户可以通过执行命令实现，也可以利用菜单或工具按钮实现。本节重点介绍各种类型的尺寸标注的使用方法。

7.3.1 线性标注(Dimlinear)

线性标注主要用于标注水平方向和垂直方向的尺寸，用户可以指定点或选择一个对象来完成标注。线性标注有以下 3 种类型：

❖ 水平：测量平行于 X 轴的两点之间的距离。

❖ 垂直：测量平行于 Y 轴的两点之间的距离。

❖ 旋转：测量当前坐标系中指定方向上的两点之间的距离。

当创建一个线性标注时，AutoCAD 基于指定标注的位置自动创建一个水平或垂直的测量值，当然也可以明确指定线性标注的类型。

调用【线性】标注命令的方法如下：

> 菜单栏：执行【标注】/【线性】命令
>
> 工具栏：单击【标注】工具栏中的【线性】按钮⊢
>
> 命令行：Dimlinear

命令行提示与操作如下：

> 命令: Dimlinear↵ (执行线性标注命令)
>
> 指定第一条延伸线原点或<选择对象>: (指定一个标注点)
>
> 指定第二条延伸线原点: (指定另一个标注点)
>
> 指定尺寸线位置或 [多行文字(M)/文字(T)/角度(A)/水平(H)/垂直(V)/旋转(R)]: 单击鼠标 (确定尺寸线的位置或选择其他选项)

在确定了两个标注点以后，移动鼠标可以看到由这两点生成的延伸线，指定一点可确定延伸线通过的位置。AutoCAD 在绘制延伸线的同时，将标注文字也绘制在尺寸线上。

 当两个标注点不位于同一水平线或同一垂直线上时，可以通过拖动鼠标来确定是创建水平标注还是垂直标注。使光标位于两点之间，上下拖动可引出水平尺寸线；左右拖动可引出垂直尺寸线。

【选项说明】

(1) 标注对象时，可以指定标注点或选择对象。在"指定第一条延伸线原点或<选择对象>:"提示下直接回车，则系统继续提示：

> 选择标注对象: (拾取要标注的对象即可)

(2) 修改标注文字："多行文字(M)"和"文字(T)"选项允许修改系统自动测量的标注文字。

(3) 角度(A)：该选项允许修改标注文字的旋转角度。在使用【文字】和【角度】选项后，AutoCAD 会继续提示以确定尺寸线的位置。

(4) 修改标注类型："水平(H)"选项用于绘制水平方向的尺寸标注，"垂直(V)"选项用于绘制垂直方向的尺寸标注，不受鼠标拖动方向的影响。

(5) 旋转 (R)：用于绘制既不是水平方向也不是垂直方向的尺寸标注，而是根据指定的角度绘制尺寸标注。该角度不同于对齐标注(见本章对齐标注的相关内容)，不需要通过两点来确定角度值。

　　例 7-1　标注如图 7-27 所示图形的尺寸。

　　本例主要练习线性尺寸标注的操作方法，分别通过指定点与选择对象两种方法进行操作。具体操作步骤如下：

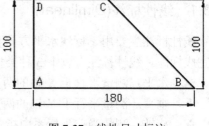

图 7-27　线性尺寸标注

　　　　命令: Dimlinear↵　　(执行线性标注命令)

　　　　指定第一条延伸线原点或 <选择对象>: ↵

　　　　　　(通过选择对象进行标注)

　　　　选择标注对象: 拾取 AB 线段

　　　　指定尺寸线位置或 [多行文字(M)/文字(T)/角度(A)/水平(H)/垂直(V)/旋转(R)]: 在适当位置单击鼠标　　(确定尺寸线的位置)

　　　　标注文字=180　　(系统的自动测量值)

　　　　命令: ↵　　(直接回车重复调用线性标注命令)

　　　　指定第一条延伸线原点或 <选择对象>: 拾取点 B　　(指定第一个标注点)

　　　　指定第二条延伸线原点: 拾取点 C　　(指定第二个标注点)

　　　　指定尺寸线位置或 [多行文字(M)/文字(T)/角度(A)/水平(H)/垂直(V)/旋转(R)]: 移动光标位置后单击鼠标　　(确定尺寸线的位置)

　　　　标注文字=100　　(系统的自动测量值)

　　A、D 两点的标注步骤同上，不再赘述。

7.3.2　对齐标注(Dimaligned)

　　对齐标注(也称为实际长度标注)用于创建与标注点成一定角度的斜线、斜面的尺寸标注，它的尺寸线与标注点之间的连线是平行的，而线性标注中的"旋转(R)"可以是任意角度的。

　　调用【对齐】标注命令的方法如下：

> 菜单栏：执行【标注】/【对齐】命令
> 工具栏：单击【标注】工具栏中的【对齐】按钮 ⟍
> 命令行：Dimaligned

　　命令行提示与操作如下：

　　　　命令: Dimaligned↵　　(执行对齐标注命令)

　　　　指定第一条延伸线原点或<选择对象>:　　(指定一个标注点)

　　　　指定第二条延伸线原点:　　(指定另一个标注点)

　　　　指定尺寸线位置或 [多行文字(M)/文字(T)/角度(A)]: 单击鼠标　　(确定尺寸线的位置)

　　下面我们对例 7-1 中的 BC 线段重新进行对齐标注。具体操作步骤如下：

　　　　命令: Dimaligned↵　　(执行对齐标注命令)

　　　　指定第一条延伸线原点或<选择对象>: 拾取 B 点

　　　　指定第二条延伸线原点: 拾取 C 点

　　　　指定尺寸线位置或 [多行文字(M)/文字(T)/角度(A)]: 在适当的位置单击鼠标确定尺寸线

标注文字=142　　（系统自动测量值，如图 7-28 所示）

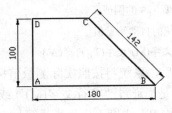

图 7-28　对齐标注

7.3.3　坐标标注(Dimordinate)

坐标标注是针对点而言的，它可以沿一条简单的引线显示点的 X 或 Y 坐标，也称为基准标注。AutoCAD 使用当前用户坐标系(UCS)来确定测量的 X 或 Y 坐标，并且沿与当前 UCS 轴正交的方向绘制引线。

调用【坐标】标注命令的方法如下：

菜单栏：执行【标注】/【坐标】命令

工具栏：单击【标注】工具栏中的【坐标】按钮

命令行：Dimordinate

命令行提示与操作如下：

命令：Dimordinate↵　　（执行坐标标注命令）

指定点坐标：　　（指定要标注的点）

指定引线端点或[X 基准(X)/Y 基准(Y)/多行文字(M)/文字(T)/角度(A)]：　　（指定引线的端点即可）

【选项说明】

(1) 指定引线端点：通过点坐标和引线端点坐标的差来确定 X 坐标标注或 Y 坐标标注。如果 Y 坐标的坐标差较大，则标注就测量 X 坐标；否则标注就测量 Y 坐标。

(2) X 基准(X)：该选项测量 X 坐标并确定引线和标注文字的方向。

(3) Y 基准(Y)：该选项测量 Y 坐标并确定引线和标注文字的方向。

其他选项与前面介绍的标注选项相同，不再赘述。需要注意的是，坐标标注使用的是绝对坐标值，如图 7-29 所示。

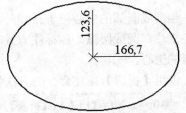

图 7-29　点的坐标标注

7.3.4　半径标注(Dimradius)

半径标注主要用于标注圆或圆弧。调用【半径】标注命令的方法如下：

菜单栏：执行【标注】/【半径】命令

工具栏：单击【标注】工具栏中的【半径】按钮

命令行：Dimradius

命令行提示与操作如下：

命令: Dimradius↵　　（执行半径标注命令）

选择圆弧或圆:　　（选择要标注的圆或圆弧）

标注文字 = 31.00　　（系统的自动测量值）

指定尺寸线位置或 [多行文字(M)/文字(T)/角度(A)]:　　（确定尺寸线的位置）

当指定了尺寸线的位置以后，系统将按照实际测量值标注出圆或圆弧的半径，并且测量值前面出现半径符号 R；但是当通过"多行文字(M)"或"文字(T)"选项重新确定标注文字时，必须在文字前面加前缀 R，否则不出现半径符号 R。

7.3.5　直径标注(Dimdiameter)

直径标注的方法与半径标注的方法相同，只是它用于标注圆或圆弧的直径。

调用【直径】标注命令的方法如下：

> 菜单栏：执行【标注】/【直径】命令
>
> 工具栏：单击【标注】工具栏中的【直径】按钮◌
>
> 命令行：Dimdiameter

命令行提示与操作如下：

命令: Dimdiameter↵　　（执行直径标注命令）

选择圆弧或圆:　　（指定要标注的圆或圆弧）

标注文字 = 61.00　　（系统的自动测量值）

指定尺寸线位置或[多行文字(M)/文字(T)/角度(A)]:　　（确定尺寸线的位置）

其中，多行文字、文字、角度选项的含义与前面所述的同名选项相同，用户可以利用这些选项来改变标注值和标注的倾斜角度。

7.3.6　折弯标注(Dimjogged)

当圆或圆弧的中心位于布局外部，并且无法在其实际位置显示时，通常创建折弯半径标注来注释圆或圆弧。该标注方式与半径标注的基本相同，但需要指定一个位置代替圆或圆弧的圆心。

调用【折弯】标注命令的方法如下：

> 菜单栏：执行【标注】/【折弯】命令
>
> 工具栏：单击【标注】工具栏中的【折弯】按钮◌
>
> 命令行：Dimjogged

命令行提示与操作如下：

命令: Dimjogged↵　　（执行折弯标注命令）

选择圆弧或圆:　　（选择要标注的圆或圆弧）

指定图示中心位置:　　（指定一点，用于替代圆弧或圆的实际中心点）

标注文字 = 12.50　　（系统的自动测量值）

指定尺寸线位置或[多行文字(M)/文字(T)/角度(A)]:　　（选择一点以确定尺寸线的位置或选择其他选项）

指定折弯位置：　(指定一点，以确定在何处折弯)

例 7-2　标注如图 7-30 所示圆的直径与半径。

本例主要练习圆的直径、半径标注方法，其中标注圆的半径有两种方法：半径标注和折弯标注。本例将使用这两种方法来实现半径的标注。具体操作步骤如下：

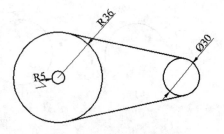

图 7-30　半径与直径的标注

命令: Dimdiameter↵　(执行直径标注命令)

选择圆弧或圆:拾取右侧的圆　(选择标注对象)

标注文字 = 30　(系统的自动测量值)

指定尺寸线位置或 [多行文字(M)/文字(T)/角度(A)]: 在圆的右上角单击鼠标　(确定尺寸线的位置)

命令: Dimradius↵　(执行半径标注命令)

选择圆弧或圆:拾取左侧的大圆　(选择标注对象)

标注文字 = 36　(系统的自动测量值)

指定尺寸线位置或 [多行文字(M)/文字(T)/角度(A)]: 在大圆的右上角单击鼠标

命令: Dimjogged↵　(执行折弯标注命令)

选择圆弧或圆: 拾取左侧的小圆　(选择标注对象)

指定图示中心位置: 在小圆的左下角单击鼠标　(指定圆心的替代点)

标注文字 = 5　(系统的自动测量值)

指定尺寸线位置或 [多行文字(M)/文字(T)/角度(A)]:单击一点，确定尺寸线位置

指定折弯位置: 单击一点，确定折弯位置

7.3.7　角度标注(Dimangular)

使用角度标注可以标注圆弧、圆、两条相交直线以及一个角的度数。

调用【角度】标注命令的方法如下：

> 菜单栏: 执行【标注】/【角度】命令
>
> 工具栏: 单击【标注】工具栏中的【角度】按钮△
>
> 命令行: Dimangular

命令行提示与操作如下：

命令: Dimangular↵　(执行角度标注命令)

选择圆弧、圆、直线或 <指定顶点>:　(选择需要标注角度的对象，该对象可以是圆、圆弧或直线)

1. 标注对象为圆弧

在"选择圆弧、圆、直线或 <指定顶点>:"提示下，如果拾取的对象是一段圆弧，则系统将自动以该圆弧的两个端点为角度标注延伸线的起始点来标注圆弧的中心角，同时系统提示：

指定标注弧线位置或 [多行文字(M)/文字(T)/角度(A)/象限点(Q)]:　(确定尺寸线位置)

标注文字 = 当前值　(系统的自动测量值)

圆弧角度标注效果如图 7-31(a)所示。

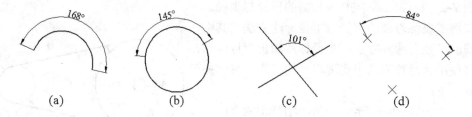

图 7-31　角度标注

2. 标注对象为圆

在"选择圆弧、圆、直线或 <指定顶点>:"提示下，如果拾取的对象是圆，则系统会将选取点作为第一条延伸线的起始点，并继续提示：

指定角的第二个端点：　　（在圆周上选择第二条延伸线的起始点）

指定标注弧线位置或 [多行文字(M)/文字(T)/角度(A)/象限点(Q)]:　　（确定尺寸线位置）

标注文字 = 当前值　　（系统的自动测量值）

圆上指定弧段的角度标注效果如图 7-31(b)所示。

3. 标注对象为直线

如果要标注两条直线的夹角，则在"选择圆弧、圆、直线或 <指定顶点>:"提示下选择一条直线，这时系统将继续提示：

选择第二条直线：　　（再选择一条直线）

指定标注弧线位置或 [多行文字(M)/文字(T)/角度(A)/象限点(Q)]:　　（确定尺寸线位置）

标注文字 = 当前值　　（系统的自动测量值）

两直线夹角的角度标注效果如图 7-31(c)所示。

4. 标注对象为三点

如果在"选择圆弧、圆、直线或 <指定顶点>:"提示下直接回车，则执行"指定顶点"选项，同时系统提示：

指定角的顶点：　　（选择角的顶点）

指定角的第一个端点：　　（指定角度的第一个端点）

指定角的第二个端点：　　（指定角度的第二个端点，这样就形成了一个由指定三点组成并以第一个选取点为顶点的角）

指定标注弧线位置或 [多行文字(M)/文字(T)/角度(A)/象限点(Q)]:　　（确定尺寸线位置）

标注文字 = 当前值　　（系统的自动测量值）

三点确定的角度尺寸标注的效果如图 7-31(d)所示。

7.3.8　快速标注(Qdim)

当在选定对象的端点和圆心点之间创建一系列标注时，可以使用快速标注(Qdim)命令，它可以让用户交互、动态、自动化地进行尺寸标注。使用该命令既可以同时选择多个圆或圆弧标注直径或半径，也可以同时选择多个对象进行基线标注或连续标注，选择一次可以完成多个标注，既节省时间又可提高工作效率。

调用【快速标注】命令的方法如下：

> 菜单栏：执行【标注】/【快速标注】命令
>
> 工具栏：单击【标注】工具栏中的【快速标注】按钮
>
> 命令行：Qdim

命令行提示与操作如下：

命令：Qdim↵　　（执行快速标注命令）

选择要标注的几何图形：　　（选择一个对象）

选择要标注的几何图形：　　（继续选择其他对象或回车结束）

指定尺寸线位置或 [连续(C)/并列(S)/基线(B)/坐标(O)/半径(R)/直径(D)/基准点(P)/编辑(E)/设置(T)]<连续>：　　（确定尺寸线位置）

如果确定了尺寸线的位置，AutoCAD 将根据指定的尺寸线位置，在所选对象的各端点之间创建连续的水平标注或垂直标注，如图 7-32 所示。

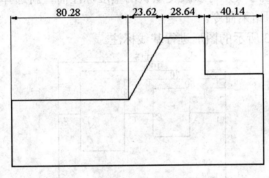

图 7-32　快速标注

【选项说明】

(1) 连续 (C)：选择该项，可以创建一系列连续标注。

(2) 并列 (S)：选择该项，可以创建一系列并列标注。

(3) 基线 (B)：选择该项，可以创建一系列基线标注。

(4) 坐标 (O)：选择该项，可以创建一系列坐标标注。

(5) 半径 (R)：选择该项，可以创建一系列半径标注。

(6) 直径 (D)：选择该项，可以创建一系列直径标注。

(7) 基准点 (P)：选择该项，可以为基线和坐标标注设置新的基准点。

(8) 编辑 (E)：选择该项，可以编辑一系列标注。AutoCAD 提示在现有的标注中添加或删除标注点。

(9) 设置(T)：选择该项，可以为指定延伸线原点设置默认对象捕捉。

7.3.9　基线标注(Dimbaseline)

在进行多个尺寸标注时，有时需要选取图形对象的一个边界线或面作为基准，而所有的尺寸标注都以该基准为参照进行定位，这种标注方法就是基线标注。在进行基线标注之前要先标注出一个尺寸，AutoCAD 把该尺寸的第一条延伸线作为基线，然后进行基线标注。

调用【基线】标注命令的方法如下：

菜单栏：执行【标注】/【基线】命令

工具栏：单击【标注】工具栏中的【基线】按钮

命令行：Dimbaseline

命令行提示与操作如下：

命令: Dimbaseline↵　　(执行基线标注命令)

指定第二条延伸线原点或 [放弃(U)/选择(S)] <选择>:　　(指定另一个标注点)

在使用基线标注命令之前，应先用线性命令(Dimlinear)、对齐命令(Dimaligned)或角度命令(Dimangular)来标注第一段尺寸，因为系统自动以第一次标注的第一条延伸线作为基线标注的起点。

【选项说明】

(1) 放弃(U)：执行该选项，表示取消前一次的基线标注。

(2) 选择(S)：执行该选项，可以改变默认的基准标注而重新选择新的基准标注。

(3) 按两次回车键即结束命令。

例 7-3　对如图 7-33 所示的图形进行基线标注。

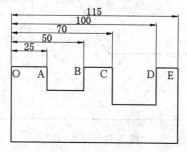

图 7-33　基线标注

在本例中，进行基线标注之前，首先要使用线性标注来标注第一段尺寸，然后将它作为基准标注，再进行其他线段的基线标注。具体操作步骤如下：

命令: Dimlinear↵　　(执行线性标注命令)

指定第一条延伸线原点<选择对象>: 拾取点 O

指定第二条延伸线原点: 拾取点 A

指定尺寸线位置或[多行文字(M)/文字(T)/角度(A)/水平(H)/垂直(V)/旋转(R)]: 在 OA 上方的适当位置单击鼠标　　(确定尺寸线的位置)

标注文字=25　　(系统的自动测量值)

命令: Dimbaseline↵　　(执行基线标注命令)

指定第二条延伸线原点或 [放弃(U)/选择(S)]<选择>: 拾取点 B

标注文字=50　　(系统的自动测量值)

指定第二条延伸线原点或[放弃(U)/选择(S)]<选择>: 拾取点 C

标注文字=70

指定第二条延伸线原点或[放弃(U)/选择(S)]<选择>: 拾取点 D

标注文字=100

指定第二条延伸线原点或[放弃(U)/选择(S)]<选择>: 拾取点 E

标注文字=115

最后，在提示下按两次回车键，结束操作。

多讲几句   用户可以选择不同的线性、角度或者对齐标注来作为基准标注。一般地，后来创建的基线标注都在先前创建的标注的上方或左方，间隔为基线间距。因此，一般都是将标注文字最小或者最大的作为基准标注。

7.3.10 连续标注(Dimcontinue)

连续标注是指多个尺寸首尾相接的标注方法，即相邻两个尺寸共用一个延伸线。进行连续标注之前应先标出一个尺寸，再用连续标注法标注与其相邻的若干尺寸。

调用【连续】标注命令的方法如下：

菜单栏：执行【标注】/【连续】命令

工具栏：单击【标注】工具栏中的【连续】按钮 ⊢⊢

命令行：Dimcontinue

命令行提示与操作如下：

命令：Dimcontinue↵   (执行连续标注命令)

指定第二条延伸线原点或 [放弃(U)/选择(S)] <选择>:   (指定另一个标注点或选择其他选项)

【选项说明】

(1) 默认情况下，AutoCAD 将前一个标注的第二个延伸线作为连续标注的第一条延伸线，所以直接指定第二条延伸线的原点即可。

(2) 通过"选择(S)"选项可以重新指定连续标注的基准标注。

例 7-4 用连续标注方式标注如图 7-34 所示的图形。

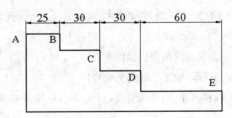

图 7-34 连续标注

本例主要练习连续标注的使用，具体操作步骤如下：

命令: Dimlinear↵   (执行线性标注命令)

指定第一条延伸线原点或 <选择对象>:拾取点 A

指定第二条延伸线原点:拾取点 B

指定尺寸线位置或[多行文字(M)/文字(T)/角度(A)/水平(H)/垂直(V)/旋转(R)]:在线段 AB 的上方单击鼠标   (确定尺寸线的位置)

标注文字 = 25

命令: Dimcontinue↵   (执行连续标注命令)

指定第二条延伸线原点或 [放弃(U)/选择(S)] <选择>:拾取点 C

标注文字 = 30

指定第二条延伸线原点或 [放弃(U)/选择(S)] <选择>:拾取点 D

标注文字 = 30

指定第二条延伸线原点或 [放弃(U)/选择(S)] <选择>:拾取点 E

标注文字 = 60

最后，在提示下按两次回车键，结束操作。

7.3.11　引线标注(Leader)

引线标注是指将注释连接到图形的特征点上。AutoCAD 提供了多种引线标注功能，利用它不仅可以标注特定的尺寸，还可以在图形中添加注释与说明。引线标注的构成如图 7-35 所示，它分为箭头、引线、基线和注释文字。如图 7-36 所示为使用引线标注为零件材料添加的注释文字。

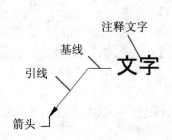

图 7-35　引线标注的构成

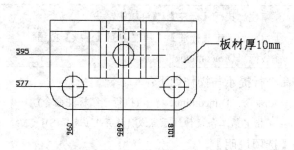

图 7-36　引线标注的使用

1. 利用 Leader 命令进行引线标注

利用 Leader 命令可以创建灵活多样的引线标注形式，可以根据需要将指引线设置为折线或曲线；指引线可以带箭头，也可以不带箭头；注释文字可以是多行文字或形位公差，还可以是一个图块。Leader 命令只能通过命令行执行，命令行提示与操作如下：

命令: Leader↵　　(执行 Leader 命令)

指定引线起点:　　(单击鼠标，确定引线的起点)

指定下一点:　　(单击鼠标，确定引线的另一点)

指定下一点或 [注释(A)/格式(F)/放弃(U)] <注释>:　　(继续指定引线的下一点，或者直接回车，输入注释文字)

【选项说明】

(1) 如果指定引线的端点超过两个，则绘制出折线作为指引线。

(2) 注释(A)：选择该项，可以直接输入注释文字，输入文字以后按回车键可以换行继续输入。如果连续按两次回车键，则可以结束操作。

(3) 格式(F)：选择该项，可以设置引线的格式，此时系统继续提示：

输入引线格式选项 [样条曲线(S)/直线(ST)/箭头(A)/无(N)] <退出>:

❖　样条曲线(S)：选择该项，设置指引线为样条曲线。

❖　直线(ST)：选择该项，设置指引线为折线。

❖　箭头(A)：选择该项，在指引线的起始端画箭头。

❖　无(N)：选择该项，在指引线的起始端不画箭头。

(4) 放弃(U)：选择该项，放弃当前操作。

2. 利用 Qleader 命令进行引线标注

利用 Qleader 命令不但可以快速地生成引线标注，而且可以通过命令行优化对话框进行用户自定义，由此可以消除不必要的命令行提示，获得较高的工作效率。

Qleader 命令的执行也需要通过命令行完成。在命令行中输入 Qleader，然后按回车键，则命令行提示与操作如下：

命令: Qleader↵　　(执行 Qleader 命令)

指定第一个引线点或 [设置(S)] <设置>:　　(单击鼠标，确定引线的起点)

指定下一点:　　(确定引线的转折点)

指定下一点:　　(确定引线的另一个端点)

指定文字宽度<0>:　　(指定注释文本的宽度)

输入注释文字的第一行<多行文字(M)>:　　(输入第一行注释文本)

输入注释文字的下一行:　　(继续输入下一行文本或直接回车结束操作)

结束上述操作以后，在绘图窗口中将创建引线标注。输入注释文字时，用户也可以采用"多行文字(M)"的方法输入，此时将弹出多行文字编辑器。输入全部注释文字以后，在【文字格式】工具栏中单击 确定 按钮即可。

使用 Qleader 命令进行引线标注时，可以设置引线的格式。在"指定第一个引线点或[设置(S)] <设置>:"提示下直接回车，则弹出【引线设置】对话框，如图 7-37 所示，该对话框中包含【注释】、【引线和箭头】和【附着】3 个选项卡，可以对引线标注进行设置。下面简要介绍各选项卡的作用。

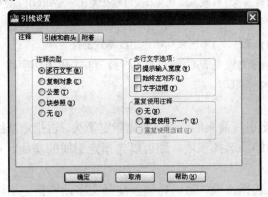

图 7-37　【引线设置】对话框

(1) 【注释】选项卡：用于设置引线标注中注释文本的类型、多行文本的格式并确定注释文本是否多次使用。

(2) 【引线和箭头】选项卡：用于设置引线标注中指引线的箭头形式，如图 7-38 所示。其中，【点数】选项用于设置执行 Qleader 命令时，AutoCAD 提示用户输入的点的数目。例如，设置点数为 3，执行 Qleader 命令时，当用户在命令行提示下指定 3 个点以后，系统自动提示用户输入注释文本。如果勾选【无限制】选项，则 AutoCAD 会一直提示用户输入点直到连续按回车键为止。

(3) 【附着】选项卡：用于设置注释文本和指引线的相对位置，如图 7-39 所示。

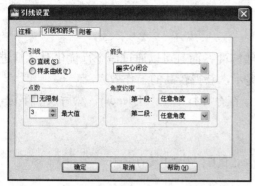

图 7-38　【引线和箭头】选项卡

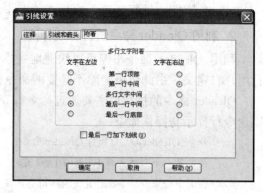

图 7-39　【附着】选项卡

3. 多重引线标注

多重引线标注可以将一个注释文字指向多个特征点，并且可以方便地编辑引线，如添加、删除、对齐等。使用多重引线标注时，可以先创建箭头或基线，也可以先创建注释文字。

调用【多重引线】标注命令的方法如下：

菜单栏：执行【标注】/【多重引线】命令

工具栏：单击【多重引线】工具栏中的【多重引线】按钮

命令行：Mleader

命令行提示与操作如下：

命令: Mleader↵　　(执行多重引线标注命令)

指定引线箭头的位置或 [引线基线优先(L)/内容优先(C)/选项(O)] <选项>:　　(单击鼠标确定引线箭头的位置)

指定引线基线的位置:　　(单击鼠标确定引线基线的位置)

当指定了引线箭头的位置与基线的位置以后，将打开【文字格式】工具栏和"文字输入框"，这时输入注释内容即可。

【选项说明】

(1) 默认选项是指定引线箭头的位置，即先指定箭头，再指定基线，最后输入注释文字。

(2) 引线基线优先(L)：选择该项，则可以先指定引线的基线，再指定引线的箭头，最后输入注释文字。

(3) 内容优先(C)：选择该项，可以先输入注释文字，再指定引线的箭头。

(4) 选项(O)：选择该项，则可以设置更多的输入选项，控制引线的类型、基线、内容类型等。

4.【多重引线】工具栏

在 AutoCAD 中提供了专门的【多重引线】工具栏，用于创建与编辑引线标注，如图 7-40 所示。

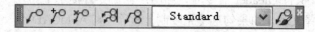

图 7-40　【多重引线】工具栏

❖　【多重引线】按钮 ：单击该按钮，可以创建多重引线标注。

- ❖ 【添加引线】按钮 ⁊ᵒ：单击该按钮，可以为已经存在的引线标注添加新的引线。
- ❖ 【删除引线】按钮 ⁊ᵒ：单击该按钮，可以删除多重引线标注中的引线。
- ❖ 【多重引线对齐】按钮 ⁊ᵓ：单击该按钮，可以将选定的多重引线标注按照指定的位置对齐。
- ❖ 【多重引线合并】按钮 ⁊8：单击该按钮，可以将选定的包含块的多重引线合并为一条引线。

5. 管理多重引线的样式

在【多重引线】工具栏中单击【多重引线样式】按钮 ⁄ᵍ，可以打开【多重引线样式管理器】对话框，如图 7-41 所示。在该对话框中可以设置多重引线的格式、结构与内容等参数。单击 新建(N)... 按钮，可以打开【创建新多重引线样式】对话框，如图 7-42 所示，在其中为新样式命名、选择基础样式。

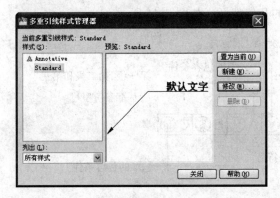

图 7-41　【多重引线样式管理器】对话框　　图 7-42　【创建新多重引线样式】对话框

当设置了新样式名称与基础样式以后，单击 继续(O) 按钮，则进入【修改多重引线样式】对话框，如图 7-43 所示。该对话框中共有 3 个选项卡，即【引线格式】、【引线结构】和【内容】，通过它们可以对多重引线的格式、结构与注释内容进行详细的设置。由于该对话框与【标注样式管理器】对话框类似，所以这里不再详细介绍各选项。

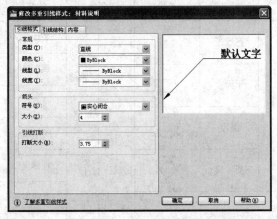

图 7-43　【修改多重引线样式】对话框

用户定义了多重引线的各选项以后，单击 确定 按钮，然后在【多重引线样式管理器】对话框中将新样式设置为当前多重引线样式即可。除此以外，用户还可以单击 修改(M)...

按钮，对已经存在的引线样式进行修改。

7.4　形位公差

在实际制造零件的过程中，不仅会产生尺寸误差，也会产生几何形状和相对位置上的误差。在国家标准中，通常把零件在形状上所允许的变动量称为形状公差，而把零件上关联的实际要素的位置对基准所允许的变动量称为位置公差，将二者合起来简称为形位公差。

7.4.1　形位公差的组成

在 AutoCAD 中，可以通过特征控制框来显示形位公差信息。例如，表示特征的形状、轮廓、方向、位置和跳动的偏差等。特征控制框至少由两个组件组成。第一个特征控制框包含一个几何特征符号，表示应用公差的几何特征，如图 7-44 所示。

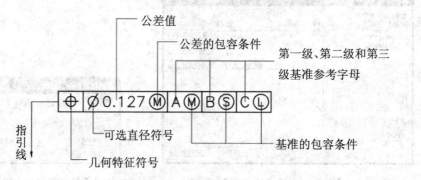

图 7-44　形位公差的组成

形位公差即形状公差和位置公差。有关国家标准规定的各种公差项目特征符号及其含义如表 7-1 所示。与形位公差有关的材料控制符号和含义如表 7-2 所示。

表 7-1　公差项目特征符号及其含义

分类	特征	符号	分类	特征	符号
形状公差	直线度	—	定向	平行度	//
	平面度	▱		垂直度	⊥
	圆度	○		倾斜度	∠
	圆柱度	⌀	定位	同轴度	◎
				对称度	═
形状公差或位置公差	线轮廓度	⌒		位置度	⊕
			跳动	圆跳度	↗
	面轮廓度	⌒		全跳度	⌰

表7-2 材料控制符号和含义

符 号	含 义
Ⓜ	最大实体要求
Ⓛ	最小实体要求
Ⓢ	不考虑特征尺寸

用特征控制框来表示形位公差是较为常用的方法,该控制框包含了所有与尺寸相关的必要的公差信息。特征控制框由几何特征符号框和公差值框组成,同时还可以增加基准包容条件和公差包容条件等。

7.4.2 形位公差标注

形位公差用来定义图形中的形状和轮廓在定向或定位上的最大允许误差。图形中的形状和轮廓包括正方形、多边形、平面、圆柱面和圆锥面。

调用【公差】标注命令的方法如下:

菜单栏: 执行【标注】/【公差】命令

工具栏: 单击【标注】工具栏中的【公差】按钮⊕田

命令行: Tolerance

执行上述命令之一后,将弹出【形位公差】对话框,如图7-45所示。

该对话框中各选项的含义如下:

(1) 符号:用于设置或显示形位公差的符号。单击该列对应的黑框■,则弹出【特征符号】窗口,如图7-46所示。在【特征符号】窗口中列出了所有的项目特征符号,其中白色背景方格中的符

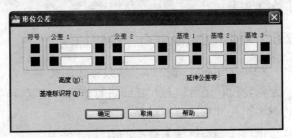

图7-45 【形位公差】对话框

号是当前选用的特征符号。点选某个特征符号后,系统将自动返回【形位公差】对话框,同时所选的特征符号出现在【符号】图标框中。

(2) 公差1/2:用于设置公差1/2的公差值。该列中左边的黑框用来控制是否在公差值前面加注直径符号(φ);右边的黑框用于选取材料状况符号,单击它则打开【附加符号】窗口,如图7-47所示。在该窗口中选取某一种符号后自动关闭该窗口,并返回到【形位公差】对话框;中间的文本框用于输入公差值。

图7-46 【特征符号】窗口

图7-47 【附加符号】窗口

(3) 基准1/2/3:用于设置形位公差的基准。用户可以在文本框中分别输入公差的一级、

二级、三级基准代号，而单击右侧的黑框■，可以设置该基准的材料状况。

(4) 高度：用于设置投影公差带的高度。

(5) 基准标识符：用于创建由参照字母组成的基准标识符。

(6) 延伸公差带：用于设置投影公差带符号。

在【形位公差】对话框中设置相应的参数后，单击 确定 按钮，则系统提示：

输入公差位置：

在该提示下指定形位公差框的标注位置，即可完成公差标注。

7.5　编辑标注对象

标注也是一种图形对象，用户可以使用前面讲过的编辑命令来编辑它。例如，移动标注、打断标注和复制标注等。同样还可以编辑标注本身，比如标注文字的位置、内容、尺寸线、延伸线以及箭头等。

7.5.1　利用夹点编辑标注

创建了标注后，用户可以根据需要随时对其进行调整。利用前面章节中讲过的夹点编辑方法可以调整尺寸线、尺寸文本的位置变化，选择不同的夹点可以对标注进行不同的调整。该方法是修改标注最快、最简单的方法。夹点编辑命令的相关内容请参阅本书第 5 章，这里不再赘述。

7.5.2　使用 Dimedit 命令编辑标注

利用 Dimedit 命令可以修改标注的文字内容、移动文字到一个新的位置、把文字倾斜一定的角度，还可以对尺寸线进行修改，使其旋转一定的角度。另外，Dimedit 命令可以同时对多个尺寸标注进行编辑。

调用【编辑标注】命令的方法如下：

> 菜单栏：执行【标注】/【倾斜】命令
> 工具栏：单击【标注】工具栏中的【编辑标注】按钮
> 命令行：Dimedit

命令行提示与操作如下：

命令: Dimedit↵　　(执行编辑标注命令)

输入标注编辑类型[默认(H)/新建(N)/旋转(R)/倾斜(O)] <默认>:　　　(根据编辑需要选择相关选项)

【选项说明】

(1) 默认(H)：选择该项，可以将移动或旋转过的标注文字返回到原来的默认位置。

(2) 新建(N)：选择该项，可以将标注文字修改为新的内容，此时 AutoCAD 将弹出【文字格式】工具栏和文字输入窗口，通过它来修改标注文字的内容。

(3) 旋转(R)：选择该项，可以将标注文字旋转指定的角度。

(4) 倾斜(O)：选择该项，可以将线性标注的延伸线倾斜一定的角度，如图 7-48 所示。当延伸线与图形中的其他特征发生冲突时，使用该选项可以解决这个问题。

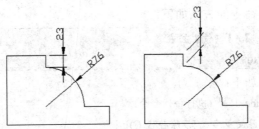

图 7-48　倾斜标注效果

7.5.3　编辑标注文字的位置

大多数情况下，标注文字都位于尺寸线的中间。如果要改变标注文字在尺寸线上的位置，可以用以下方法进行处理。

> 菜单栏：执行【标注】/【对齐文字】子菜单命令
>
> 工具栏：单击【标注】工具栏中的【编辑标注文字】按钮 $\overset{A}{\vdash}$
>
> 命令行：Dimtedit

命令行提示与操作如下：

命令：Dimtedit↵　　　　(执行编辑标注文字命令)

选择标注：　　(选择要修改文字位置的标注对象)

为标注文字指定新位置或[左对齐(L)/右对齐(R)/居中(C)/默认(H)/角度(A)]:　　　(选择相应的选项后回车即可)

【选项说明】

(1) 指定新位置：这是默认选项，不选择其他选项即表示使用该选项，这时拖动鼠标就可以将标注文字移动到新位置，再单击鼠标即可。

(2) 左对齐(L)：选择该项，可以使标注文字沿尺寸线向左对齐。

(3) 右对齐(R)：选择该项，可以使标注文字沿尺寸线向右对齐。

(4) 居中(C)：选择该项，可以将标注文字放在尺寸线上的中间位置。

(5) 默认(H)：选择该项，把标注文字按默认位置放置。

(6) 角度(A)：选择该项，可以改变标注文字的倾斜角度。

如图 7-49 所示分别为将标注文字修改为左对齐、右对齐、居中对齐以及将文字倾斜 45度角的效果。

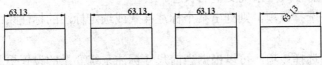

图 7-49　标注文字的对齐效果

7.5.4　替代标注

单击菜单栏中的【标注】/【替代】命令，可以临时修改尺寸标注的系统变量设置，并按该设置修改尺寸标注。该操作只对指定的尺寸对象作修改，并且修改后不影响原系统的变量设置。

调用【替代】标注命令的方法如下：

> 菜单栏：执行【标注】/【替代】命令
> 命令行：Dimoverride

命令行提示与操作如下：

　　命令：Dimoverride↵　　（执行替代命令）

　　输入要替代的标注变量名或 [清除替代(C)]:

默认情况下，输入要修改的系统变量名，并为该变量指定一个新值，然后选择需要修改的对象，这时指定的尺寸标注将按新的变量设置作相应的更改。如果在命令提示下输入 C，并选择需要修改的对象，这时可以取消用户已作出的修改。

7.5.5　更新标注

更新标注是指通过指定其他标注样式修改现有的尺寸标注。修改标注样式以后，可以选择是否更新与此标注样式相关联的尺寸标注。

调用【更新】标注命令的方法如下：

> 菜单栏：执行【标注】/【更新】命令
> 工具栏：单击【标注】工具栏中的【标注更新】按钮
> 命令行：-Dimstyle

命令行提示与操作如下：

　　命令: -Dimstyle↵　　（执行更新标注命令）

　　当前标注样式: ISO-25　　注释性: 否　　（系统自动显示内容）

　　输入标注样式选项[注释性(AN)/保存(S)/恢复(R)/状态(ST)/变量(V)/应用(A)/?] <恢复>:　　（选择相应的选项）

【选项说明】

(1) 注释性(AN)：选择该项，可以创建注释性标注样式。

(2) 保存(S)：选择该项，可以将当前尺寸系统变量的设置作为一种尺寸标注样式来命名并保存。

(3) 恢复(R)：选择该项，可以将用户保存的某一尺寸标注样式恢复为当前样式。

(4) 状态(ST)：选择该项，可以切换到文本窗口，并显示各尺寸系统变量及当前设置，通过它可以查看当前各尺寸系统变量的状态。

(5) 变量(V)：选择该项，则列出某个标注样式或选定标注的标注系统变量设置，但不修改当前设置。

(6) 应用(A)：选择该项，可以根据当前尺寸标注系统变量的设置更新选定的尺寸标注对象。

(7) ?：选择该项，将显示当前图形中命名的尺寸标注样式。

7.6　本章习题

1. 在 AutoCAD 中，尺寸标注有哪些类型，各有什么特点？

2．一个完整的尺寸标注通常由哪几部分组成？

3．在 AutoCAD 中，如何创建引线标注？

4．什么是形位公差，它的组成要素有哪些？

5．按题图 7-1 中给定的尺寸 1∶1 地绘制下列图形，并标注尺寸(尺寸线和轮廓线放在不同图层中)。

6．按题图 7-2 中给定的尺寸 1∶1 地绘制下列图形，并标注尺寸(尺寸线和轮廓线放在不同图层中)。

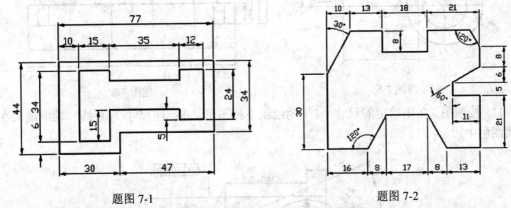

题图 7-1   题图 7-2

7．按题图 7-3 中给定的尺寸 1∶1 地绘制下列图形，并标注尺寸(尺寸线和轮廓线放在不同图层中)。

8．按题图 7-4 中给定的尺寸 1∶1 地绘制下列图形，并标注尺寸(尺寸线和轮廓线放在不同图层中)。

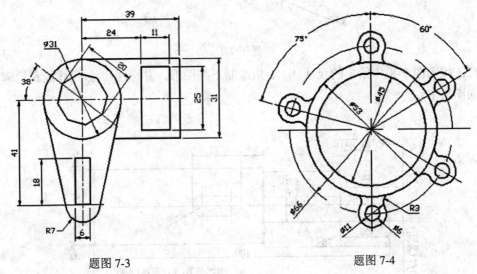

题图 7-3   题图 7-4

9．按题图 7-5 中给定的尺寸 1∶1 地绘制下列图形，并标注尺寸(尺寸线和轮廓线放在不同图层中)。

10．按题图 7-6 中给定的尺寸 1∶1 地绘制下列图形，并标注尺寸(尺寸线和轮廓线放在不同图层中)。

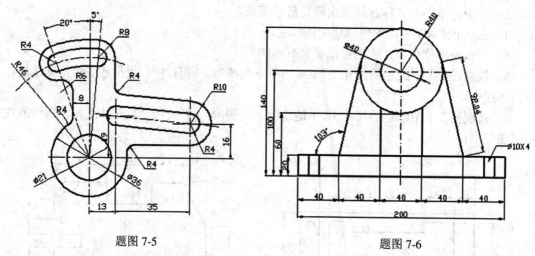

题图 7-5　　　　　　　　　　　　　　　　题图 7-6

11. 按题图 7-7 中给定的尺寸 1∶1 地绘制下列图形，并标注尺寸(尺寸线和轮廓线放在不同图层中)。

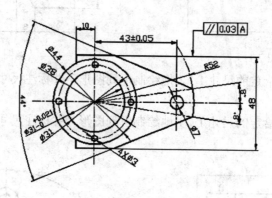

题图 7-7

12. 按题图 7-8 中给定的尺寸 1∶1 地绘制下列图形，并标注尺寸(尺寸线和轮廓线放在不同图层中)。

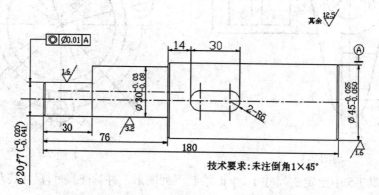

技术要求：未注倒角1×45°

题图 7-8

中文版 AutoCAD 2010 基础教程

第 **8** 章　图块与外部参照

◎**本章主要内容**◎

- 图块
- 外部参照
- 设计中心
- 工具选项板
- 快速计算器
- 图形信息查询
- 本章习题

　　图块是 AutoCAD 图形设计中的一个重要概念。在绘制图形时，经常会遇到一些重复出现的图形，例如，机械设计中的螺钉、螺母，建筑设计中的桌椅、门窗等。如果每次都重新绘制这些图形，将造成大量的重复工作。如果将这些重复的图形定义成图块，并根据需要为图块创建属性，指定名称、用途及设计者等信息，在需要时直接将其插入图形中，则可以减少重复工作，提高绘图效率。

　　另外，用户也可以将已有的图形文件以参照的形式插入到当前图形中，即外部参照。还可以通过设计中心浏览、查找、预览、使用和管理 AutoCAD 图形、图块、外部参照等不同的文件资源。

8.1　图　　块

　　"图块"简称"块"，是由若干图元组合而成并用 Block 命令定义的、可重复使用的对象。在绘图过程中，可以把它作为单一对象按指定的缩放系数和旋转角度多次插入到图形中指定的位置。

8.1.1　图块的特点

　　一组对象一旦被定义为图块，就可以根据作图需要将它插入到指定的位置，这种操作称为"块引用"或"块插入"。在 AutoCAD 中，使用图块可以提高绘图速度、节省存储空间，并且便于修改图形。

　　下面介绍一下图块的特点。

1. 图块的唯一性

　　图块分为保存块与非保存块，无论哪一种图块都是用名称来标识而与其他图块区分的。因此，在一个图形文件中，不允许出现相同的图块名称。图块的名称最好简单易记，既便于操作，又容易与其他图块区分开来。

2. 可多次重复使用

　　在设计工作中，经常有一些重复出现的图形，如一些符号、标准件、部件等。我们可以把它们定义成图块，保存在图像文件或磁盘中，也可以建成一个图块库，需要时把某个图块插入图形中即可。对于重复出现较多的图形，使用图块可以避免大量重复性的工作，这样显然有助于提高绘图的速度和质量。

3. 节省存储空间

　　图形文件中虽然保存了"块定义"中各图形元素的所有构造信息，但对于"块引用"来说，它只保留引用图块的名称、插入点坐标以及比例与角度等信息，从而大大节省了存储空间。图块越复杂，插入的次数越多，图块的这种优越性就越显著。

4. 便于修改图形

　　一张工程图纸往往要经过多次修改。如果使用了图块，只要修改被定义为"图块"的图形或重新选择另一组图形来代替，再用相同的名称重新定义该图块，则图形中插入的关于该图块的"块引用"就自动更新为新图块，这样就省去了逐一修改的麻烦。

5. 可以加入属性

图形中经常需要填写一些文字信息以满足生产和管理上的需要。图块可以带有文字信息，称之为"块的属性"。它与图块存储在一起，可以在每次插入图块时自动显示或输入，也可以控制它在图形中显示或不显示，还可以从图形中提取属性作为文件使用，并传送到外部数据库中进行管理。

8.1.2　定义内部图块(Block)

通过 Block 命令，可以把多个图形元素组合在一起，定义为一个"图块"单元，并赋予它唯一的名字，以后可以随时将它插入到图形中而不必重新绘制。定义块的过程就是创建块的过程，需要借助【创建块】命令来完成。

调用【创建块】命令的方法如下：

> 菜单栏：执行【绘图】/【块】/【创建】命令
>
> 工具栏：单击【绘图】工具栏中的【创建块】按钮 ⏥
>
> 命令行：Block

执行上述命令之一后，将弹出【块定义】对话框，如图 8-1 所示。通过该对话框可以将已经绘制好的对象创建为图块。

图 8-1　【块定义】对话框

该对话框中各选项的含义如下：

(1) 【名称】：用于输入新建块的名称。块名称可由字母、数字、汉字、空格及特殊字符("$"、"_"和"-")等组成，最多不能超过 255 个字符。不同的块必须定义不同的名称。当定义的块较多时，最好使块的名称带有一定的含义，以便于区别。如果当前图形中插入了块，则在【名称】下拉列表可以看到块的名称。

(2) 【基点】选项区：用于定义块的基点。该点是将来向图形中插入块时的对齐点，也是缩放、旋转等操作的基准点。一般应选择有特征的位置作为基点，如中心点、左下角点等。

❖　【在屏幕上指定】：选择该选项，关闭对话框时，命令行中将提示用户指定基点。

❖　【拾取点】按钮 ⬚：单击该按钮，可以在屏幕上直接指定基点。

❖ 【X/Y/Z】：用于设置基点的坐标值。

(3) 【对象】选项区：用于选择要作为块的图形元素。

❖ 【在屏幕上指定】：选择该选项，关闭对话框时，命令行中将提示用户选择对象。

❖ 【选择对象】按钮 ：单击该按钮，可以在屏幕上选择要作为块的图形对象。选择对象以后，按回车键则返回【块定义】对话框。

❖ 【快速选择】按钮 ：单击该按钮，将弹出【快速选择】对话框，如图 8-2 所示。通过该对话框用户可以选择对象。

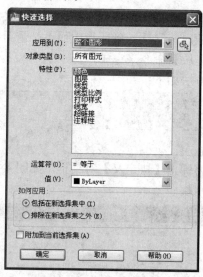

图 8-2 【快速选择】对话框

❖ 【保留】：选择该选项，在创建块定义以后，这些对象仍按原来的方式保留在图形中。

❖ 【转换为块】：选择该选项，在创建块定义以后，这些对象也转换为一个整体的"块"。也就是说，图形还存在，但是类型发生了变化。

❖ 【删除】：选择该选项，在创建块定义以后，将这些对象从当前图形中删除。但该块定义仍然存在并可随时被调用。

(4) 【方式】选项区：用于设置组成块的对象的显示方式。

❖ 【注释性】：选择该选项，可以指定块为注释性。所谓注释性，通常指用于对图形加以注释的对象特性。该特性使用户可以自动完成注释缩放过程。

❖ 【使块方向与布局匹配】：选择该选项，可以指定在图纸空间视口中的块参照的方向与布局的方向匹配，该选项只有在选择了【注释性】选项后才可用。

❖ 【按统一比例缩放】：选择该选项，当缩放图形时，块参照也将按统一比例进行缩放。

❖ 【允许分解】：选择该选项，则块参照允许被分解。

(5) 【设置】选项区：用于设置块的基本属性。

❖ 【块单位】：在该下拉列表中可以指定从 AutoCAD 设计中心拖放该块到图形中时的缩放 单位。

❖ 超链接(L)... 按钮：单击该按钮，则打开【插入超链接】对话框，如图 8-3 所示。通过它可以建立与块相关联的超链接。

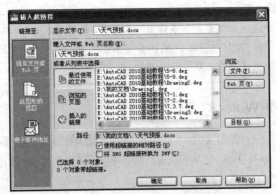

图 8-3　【插入超链接】对话框

(6)【说明】：该选项是一个较大的文本编辑框，用于输入有关块的简要说明，并且在设计中心可以看到该说明。

例 8-1　将如图 8-4 所示的图形定义成图块，基点为圆心，原图保留。

定义块之前必须先绘制出要作为"块"的图形元素，然后才可以进行操作，既可以使用菜单命令，也可以使用命令行来创建。具体操作步骤如下：

(1) 单击菜单栏中的【绘图】/【块】/【创建】命令，则弹出【块定义】对话框。

(2) 在【名称】文本框中输入块名称"标识点"；在【对象】选项区中单击"选择对象"按钮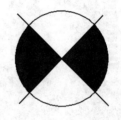，则返回绘图窗口。

图 8-4　用于定义块的图形

(3) 以窗口方式选择全部图形对象，按回车键确认选择，则又返回【块定义】对话框。

(4) 在【块定义】对话框中继续设置选项，首先选择【保留】选项；然后在【基点】选项区中单击"拾取点"按钮，则返回绘图窗口。

(5) 用鼠标拾取圆心作为块的基点，同时返回【块定义】对话框，此时的对话框如图8-5 所示。

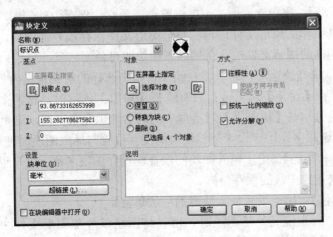

图 8-5　【块定义】对话框

(6) 单击 确定 按钮即可完成图块定义。

> 创建块时必须先绘出要作为块的对象，使用菜单或 Block 命令创建的块只能由块所在的图形使用，不能由其他图形使用，称为内部图块；如果希望在其他图形中也使用块，需要使用 Wblock 命令创建外部图块。

8.1.3 定义外部图块(Wblock)

外部图块是一个独立存储的文件，它可以供不同的图形引用。定义外部图块时只能通过命令行来完成。在命令行中输入 Wblock，按下回车键，则系统弹出【写块】对话框，如图 8-6 所示。

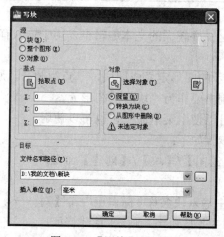

图 8-6 【写块】对话框

在该对话框中，各选项参数被分为两部分——【源】与【目标】，分别用于定义块与保存块的设置。各选项的含义如下：

(1) 【源】选项区：用于选择作为块的对象，设置块的基点与类型。

❖ 【块】：选择该选项，可以将已经定义过的内部图块保存为外部图块。在其右侧的下拉列表中可以选择所需的图块。

❖ 【整个图形】：选择该选项，可以将整个图形文件保存为外部图块。例如可以将图纸的图框制作成图形文件，再将整个图形文件保存成外部图块，这样，以后要绘制图幅相同的图形文件时，直接插入图块即可。

❖ 【对象】：选择该选项，可以将在绘图窗口中选择的对象定义为外部图块。

❖ 【基点】和【对象】选项区：只有选择【对象】选项时，这两个选项区才可用。具体使用方法与【块定义】对话框中的同名选项完全一样，这里不再赘述。

(2) 【目标】选项区：用于设置外部图块的保存位置与插入图块时使用的单位。

❖ 【文件名和路径】：用于输入图块的保存位置和图块名称。用户也可以单击右侧的按钮来指定图块的保存位置。

❖ 【插入单位】：用于设置插入块时的缩放单位。

使用 Wblock 命令定义外部图块时，可以将图块以外部图形文件(扩展名为 .dwg)或 Design XML 文件(扩展名为 .xml)的形式写入磁盘并存储。另外，这个命令也可以用来将图形的一部分或全部存入磁盘。用该命令存盘时，一些没有用到的图层、样式等会被删除，因此能够起到优化图形文件的作用。

　　Design XML 文件是利用 XML(可扩展标记语言)表示图形信息或非图形的设计数据的文本文件，这类文件能被其他 CAD 系统或非 CAD 系统的应用程序阅读，尤其适用于通过万维网来交流几何模型信息。

8.1.4　插入图块(Insert)

　　创建了图块以后，就可以将图块插入到图形中了，这将大大减少用户的工作量，提高绘图速度。因此，用户平时应注意积累，将一些具有共性的、常用的图形定义成图块，以便今后绘图时使用。

　　调用【插入块】命令的方法如下：

> 菜单栏：执行【插入】/【块】命令
> 工具栏：单击【绘图】工具栏中的【插入块】按钮
> 命令行：Insert

　　执行上述命令之一后，则弹出如图 8-7 所示的【插入】对话框。

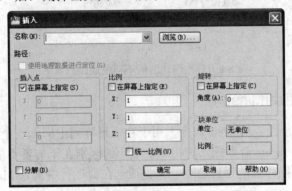

图 8-7　【插入】对话框

对话框中各选项的说明如下：

　　(1) 【名称】：用于指定要插入的块名称；用户也可以单击 浏览(B)… 按钮来选择并插入外部图形文件或外部块参照。

　　(2) 【插入点】选项区：用于指定图块在图形中的插入点。可以在【X】、【Y】、【Z】文本框中直接输入插入点的坐标值，也可以选中【在屏幕上指定】选项，返回绘图窗口，直接选取一点作为图块的插入点。

> 　　对用户来说，直接输入插入点的坐标值相对比较困难，而且一旦输入坐标值的过程中出现错误，插入后有可能会发生图块"消失"的现象。建议使用【在屏幕上指定】选项来指定插入点的位置。

　　(3) 【比例】选项区：用于指定插入块在 X、Y、Z 轴方向上的比例(以块的基点为准)。

　　❖　【在屏幕上指定】：选择该选项，将暂时退出【插入】对话框，在命令行提示中设置各方向上的缩放比例值。

　　❖　【X/Y/Z】：用于设置图块的缩放比例值。

❖ 　【统一比例】：选择该选项，则只需指定 X 轴方向上的比例因子，Y 轴和 Z 轴方向上的比例因子自动与其保持一致。

(4) 　【旋转】选项区：用于设置插入块的旋转角度(以块的基点为中心)。

❖ 　【在屏幕上指定】：选择该选项，将暂时退出【插入】对话框，在命令行提示中设置旋转角度。

❖ 　【角度】：用于设置插入块的旋转角度。

(5) 　【块单位】：用于显示有关图块单位的信息。

设置好各项参数后，单击 确定 按钮，即可插入图块。需要注意的是，在插入图块时，X、Y、Z 三个方向上的比例系数可以取正值，也可以取负值。当取值为负时，系统将插入一个与原图块镜像的图形，如图 8-8 所示。

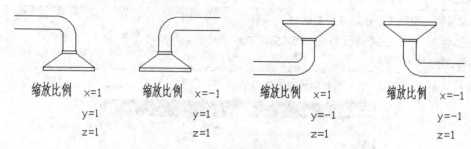

缩放比例 x=1 y=1 z=1　　缩放比例 x=-1 y=1 z=1　　缩放比例 x=1 y=-1 z=1　　缩放比例 x=-1 y=-1 z=1

图 8-8　插入图块时的不同缩放比例效果

8.1.5　多重插入图块(Minsert)

在 AutoCAD 中提供了 Minsert 命令，用于在矩形阵列中插入一个块的多个引用。使用该命令插入块与使用 Insert 命令插入块相比，唯一的区别在于前者不能被分解。

多重插入图块的操作只能通过命令行来完成。在命令行中输入 Minsert，按回车键，然后根据提示进行操作即可。

命令: Minsert↵　　(执行 Minsert 命令)

输入块名或 [?]:　　(输入要插入的块名称或 "?" 查询已定义的块信息)

单位: 毫米　转换: 1.0000

指定插入点或 [基点(B)/比例(S)/X/Y/Z/旋转(R)]:　　(指定插入块的位置或选择其他选项)

输入 X 比例因子，指定对角点，或 [角点(C)/XYZ(XYZ)] <1>:　　(确定 X 轴方向上的缩放比例系数)

输入 Y 比例因子或 <使用 X 比例因子>:　　(确定 Y 轴方向上的缩放比例系数)

指定旋转角度 <0>:　　(确定旋转角度)

输入行数 (---) <1>:　　(输入矩形阵列的行数)

输入列数 (|||) <1>:　　(输入矩形阵列的列数)

输入行间距或指定单位单元 (---):　　(输入矩形阵列的行间距)

指定列间距 (|||):　　(输入矩形阵列的列间距)

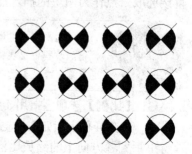

逐一完成了上面的设置以后，就可以将指定的图块以阵列的方式插入到当前图形中。如图 8-9 所示为多重插入图块的效果。

图 8-9　多重插入图块效果

8.1.6　分解图块(Explode/Xplode)

由于图块具有整体性，因此如果用户要在一个图块中单独修改一个或多个对象，必须先将块定义分解为它的组成对象，再对其进行修改。AutoCAD 中提供的分解图块命令有 Explode 和 Xplode。

Explode 命令可以对图块进行整体分解，如果操作对象为嵌套图块，那么每操作一次只能分解一级图块。如果要将图块还原成各个独立的实体对象，还需要再次执行 Explode 命令。图块被分解后，各图元将恢复其原始特性。

Xplode 命令可以对图块进行选择性分解，为分解后的图块对象指定颜色、线型、线宽及图层。

8.1.7　定义图块属性(Attdef)

为了增强图块的通用性，可以给图块增加一些必要的文字说明。这些文字说明被称为属性，它是块的一个组成部分，主要由属性标记与属性值组成。属性主要有两个用途：一是作插入块的注释；二是提取属性数据，生成数据文件供统计分析使用。

调用【定义属性】命令的方法如下：

> 菜单栏：执行【绘图】/【块】/【定义属性】命令
> 命令行：Attdef

执行上述命令之一后，则弹出【属性定义】对话框，如图 8-10 所示。

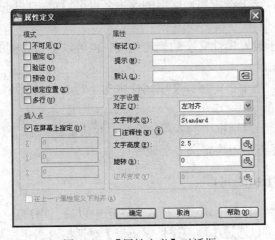

图 8-10　【属性定义】对话框

该对话框中各选项的含义如下：

(1) 【模式】选项区：用于设置块属性的模式。

❖　【不可见】：选择该选项，表示插入图块时不显示或打印属性值。

❖　【固定】：选择该选项，表示属性值为一固定的常量。常量属性在插入图块时，不会提示用户输入属性值，并且不能修改，除非重新定义块。

❖　【验证】：选择该选项，表示在插入图块时，两次提示输入属性值，以验证它的正确性，并可以在此时更改属性值。

❖ 【预设】：选择该选项，表示在定义属性时系统指定一个初始默认值，当要求输入属性值时，可以直接按回车键用缺省值代替，也可以重新输入新的属性值。

❖ 【锁定位置】：选择该选项，将锁定块参照中的属性位置。

❖ 【多行】：选择该选项，可以指定属性值包含多行文字。

(2) 【属性】选项区：用于设置属性值。在每个文本框中，AutoCAD 允许输入不超过256 个字符。

❖ 【标记】：用于输入属性的标志名称。每一个属性都有各自的标记，用来显示属性值的字符样式、角度、位置等外观特征。可以用除空格、""和"！"以外的任何字符做标记，并且 AutoCAD 会自动把小写字母转换成大写字母。

❖ 【提示】：用于输入属性的提示信息。在插入含有属性的块时，命令行上会出现提示信息，提示用户输入属性值。如果没有设置"提示"，则系统会用"标记"作为提示。

❖ 【默认】：用于输入属性的默认值。

(3) 【插入点】选项区：用于确定属性文字的位置，可以在插入块时由用户在图形中确定文本的位置，也可以在 X、Y、Z 文本框中输入属性文字的坐标值。

(4) 【文字设置】选项区：用于设置属性文字的对齐方式、文字样式、文字高度和倾斜角度。

❖ 【对正】：用于选择属性文字的定位方式。

❖ 【文字样式】：用于选择属性文字的样式。

❖ 【注释性】：选择该选项，可以指定属性文字为注释性。

❖ 【文字高度】：用于设置属性文字的高度。也可以单击右侧的🔒按钮，然后在屏幕上指定高度。

❖ 【旋转】：用于设置属性文字的旋转角度。也可以单击右侧的🔒按钮，然后在屏幕上指定旋转角度。

❖ 【边界宽度】：用于指定多行文字属性中文字行的最大长度。该选项不适用于单行文字　属性。

设置了【属性定义】对话框中的各项内容后，单击 [　确定　]按钮，系统将完成一次属性定义，用户可以用上述方法为块定义多个属性。

8.1.8　编辑块属性(Eattedit)

当定义了图块属性，甚至图块已经插入到图形中以后，用户还可以对图块属性进行编辑。利用 Eattedit 命令可以通过【增强属性编辑器】对话框对指定图块的属性进行修改。不仅可以修改属性值，还可以对属性的位置、文字设置等进行编辑。

调用【Eattedit】命令的方法如下：

> 菜单栏：执行【修改】/【对象】/【属性】/【单个】命令
>
> 命令行：Eattedit

命令行提示与操作如下：

命令: Eattedit↵　　(执行 Eattedit 命令)

选择块:　　(选择插入在图形中的块)

在绘图窗口中选择了块以后，则弹出【增强属性编辑器】对话框，如图 8-11 所示。在该对话框中可以对块的属性进行编辑与修改。

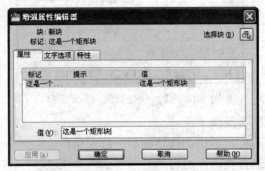

图 8-11　【增强属性编辑器】对话框

该对话框中包含三个选项卡，具体功能如下：

(1)【属性】选项卡：该选项卡显示了所选择的"块引用"中各属性的标记、提示及其对应的属性值。单击某一属性，就可在下方的【值】文本框中直接进行修改。

(2)【文字选项】选项卡：在该选项卡中可以直接修改属性的文字样式、对正方式、高度、文字角度等，如图 8-12 所示。其中各项的含义与设置文字样式所对应的选项相同，这里不再重复。

(3)【特性】选项卡：在该选项卡中可以直接修改属性文字所在的图层、颜色、线型、线宽和打印样式等特性，如图 8-13 所示。

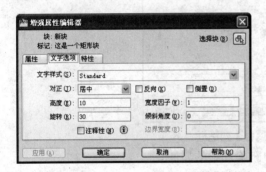

图 8-12　【文字选项】选项卡

图 8-13　【特性】选项卡

8.1.9　块属性管理器(Battman)

利用 Eattedit 命令只能对块中的一个块参照进行修改。如果这个块发生了改动，一一修改相应的块参照的工作量将非常大，而且容易出现未修改或修改了其他块参照等类的错误。而使用块属性管理器(Battman)命令不但能管理块属性，还可以管理不附着属性的块。

调用【块属性管理器】命令的方法如下：

> 菜单栏：执行【修改】/【对象】/【属性】/【块属性管理器】命令
> 工具栏：单击【修改Ⅱ】工具栏中的【块属性管理器】按钮🔲
> 命令行：Battman

执行上述命令之一后，则弹出【块属性管理器】对话框，如图 8-14 所示。

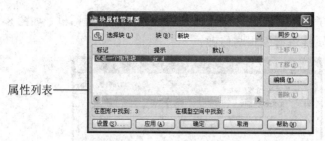

图 8-14　【块属性管理器】对话框

该对话框中各选项的含义如下：

❖ 【选择块】按钮：单击该按钮则返回绘图窗口，同时命令行中提示"选择块"，在绘图窗口中选择块后，则自动返回对话框继续操作。

❖ 【块】：在该下拉列表中列出了图形中所有带属性的块，所以也可以在这里选择要修改属性的块。

❖ 同步按钮：单击该按钮，将使用当前已确认的属性特性更新块引用。

❖ 上移按钮和下移按钮：单击该按钮，可以将列表框中选中的属性行向上或向下移动一行，以改变提示的顺序。

❖ 编辑按钮：单击该按钮，将弹出【编辑属性】对话框，如图 8-15 所示，可以在其中修改块的属性。

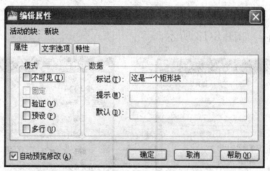

图 8-15　【编辑属性】对话框

❖ 删除按钮：单击该按钮，将从块中删除选中的属性。

❖ 设置按钮：单击该按钮，将弹出【块属性设置】对话框，如图 8-16 所示。通过它可以控制在列表框中显示的块属性。

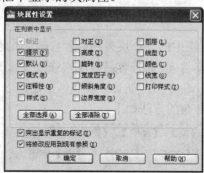

图 8-16　【块属性设置】对话框

❖ 　【属性列表】：该列表中显示了所选择块的全部属性，或者显示在【块属性设置】
对话框中设定的属性项目。

8.2　外　部　参　照

外部参照与图块有很多相似的地方，但是它们是有区别的：对于图块而言，一旦插入
到图形中，就成了当前图形的一部分；而以外部参照方式将一个图形文件插入到另一图形
(称之为主图形)中以后，被插入图形文件的信息并不直接加入到主图形中，主图形只是记
录参照的关系。

8.2.1　外部参照与外部块

在前面的内容中，我们介绍了如何以图块的形式将一个图形插入到另外一个图形之中，
并且把图形作为块插入时，块定义和所有相关联的几何图形都将存储在当前图形的数据库
中，修改原图形后，块不会随之更新。与这种方式相比，外部参照(External Reference，Xref)
提供了一种更为灵活的图形引用方法。使用外部参照可以将多个图形链接到当前图形中，
并且作为外部参照的图形会随着原图形的修改而更新。此外，外部参照不会明显地增加当
前图形文件的大小，可以节省磁盘空间，也有利于保持系统的性能。

当一个图形文件被作为外部参照插入到当前图形中时，外部参照中每个图形的数据仍
然分别保存在各自的源图形文件中，当前图形中所保存的只是外部参照的名称和路径。无
论一个外部参照文件多么复杂，AutoCAD 都会把它作为一个单一对象来处理，而不允许进
行分解。用户可以对外部参照进行比例缩放、移动、复制、镜像或旋转等操作，还可以控
制外部参照的显示状态，但这些操作都不会影响到原图形文件。

AutoCAD 允许在绘制当前图形的同时显示多达 32 000 个外部参照，并且可以对外部参
照进行嵌套，嵌套的层次可以为任意多层。当打开或打印附着有外部参照的图形文件时，
AutoCAD 将自动对每一个外部参照图形文件进行重新加载，从而确保每个外部参照文件反
映的都是它们的最新状态。

8.2.2　外部参照中的命名对象

外部参照中除了包含图形对象以外，还包括图形的命名对象，如块、标注样式、图层、
线型和文字样式等。为了区别外部参照与当前图形中的命名对象，AutoCAD 将外部参照的
名称作为其命名对象的前缀，并用符号"|"来分隔。

例如，外部参照 exam9-1.dwg 中名称为"CENTER"的图层，在引用它的图形中名称
为"exam9-1|CENTER"。

在当前图形中不能直接引用外部参照中的命名对象，但可以控制外部参照图层的可见
性、颜色和线型。

8.2.3　附着外部参照

附着外部参照的目的是帮助用户用其他图形来补充当前图形。与插入块不同，将图形

附着为外部参照，就可以在每次打开主图形时更新外部参照图形，即主图形时刻反映参照图形的最新变化。但是，附着外部参照的过程与插入块的过程类似。

调用【附着外部参照】命令的方法如下：

菜单栏：执行【插入】/【DWG 参照】命令

工具栏：单击【参照】工具栏中的【附着外部参照】按钮

命令行：Xattach(简写为 xa)

执行上述命令之一后，则弹出【选择参照文件】对话框，提示用户指定外部参照文件，如图 8-17 所示。在该对话框中选择作为外部参照的图形文件，然后单击 打开(Q) 按钮，则弹出【附着外部参照】对话框，如图 8-18 所示。

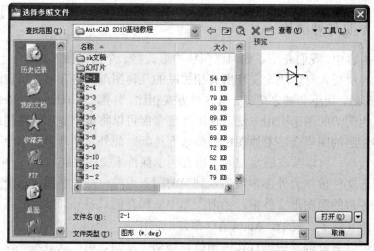

图 8-17　【选择参照文件】对话框

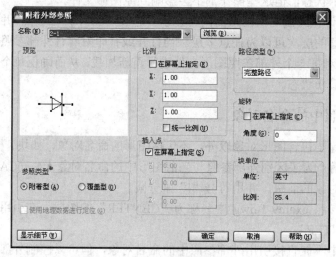

图 8-18　【附着外部参照】对话框

在该对话框中，【插入点】、【比例】和【旋转】等选项与插入块时的【插入】对话框选项相同，其他选项的作用如下：

(1) 【路径类型】选项区：用于设置是否保存外部参照的完整路径，共包括"完整路径"、"相对路径"和"无路径"3 种类型。

- ❖ 【完整路径】：选择该选项，外部参照的精确位置将保存到主图形中。此选项的精确度最高，但灵活性最小。如果移动了工程文件夹，AutoCAD 将无法融入任何使用完整路径附着的外部参照。
- ❖ 【相对路径】：选择该选项，将保存外部参照相对于主图形的位置。此选项的灵活性最大。如果移动了工程文件夹，AutoCAD 仍可以融入使用相对路径附着的外部参照，只要此外部参照相对主图形的位置未发生变化即可。
- ❖ 【无路径】：选择该选项，则不使用路径附着外部参照。此时，AutoCAD 首先在主图形的文件夹中查找外部参照。当外部参照文件与主图形位于同一个文件夹时，此选项非常有用。

(2) 【参照类型】选项区：用于指定外部参照是"附着型"还是"覆盖型"。

- ❖ 【附着型】：选择该选项，在图形中附着附着型外部参照时，如果其中嵌套有其他外部参照，则将嵌套的外部参照包含在内。
- ❖ 【覆盖型】：选择该选项，在图形中附着覆盖型外部参照时，任何嵌套在其中的覆盖型外部参照都将被忽略，而且其本身也不能显示。

8.2.4　管理外部参照

　　AutoCAD 图形可以参照多种外部文件，包括图形、文字、打印配置等。这些参照文件的路径保存在每个 AutoCAD 图形中。如果要将图形文件或它们参照的文件移动到其他文件夹或磁盘驱动器中，则需要更新保存的参照路径，这时可以使用【参照管理器】窗口进行处理。

　　在桌面上单击【开始】/【所有程序】/【Autodesk】/【AutoCAD 2010】/【参照管理器】命令，可以打开【参照管理器】窗口，如图 8-19 所示。用户可以在其中查看参照文件的文件名、参照名、保存路径等，也可以对参照文件进行路径更新处理。

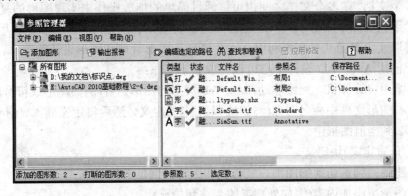

图 8-19　【参照管理器】窗口

　　在 AutoCAD 中还提供了【外部参照】选项板，利用它也可以对外部参照进行管理操作，如打开、附着、重载等。单击菜单栏中的【插入】/【外部参照】命令，可以打开【外部参照】选项板，如图 8-20 所示。在选项板上方的【文件参照】列表框中显示了当前图形中各个参照文件的名称。选择一个参照文件以后，在下方的【详细信息】列表框中将显示外部参照的名称、加载状态、大小、类型等内容。当用户附着多个外部参照后，在【文件参照】列表框中的某个参照文件上单击鼠标右键，将弹出一个快捷菜单，如图 8-21 所示。在该菜单中选择不同的命令，可以对外部参照进行打开、附着、卸载、重载、拆离等操作。

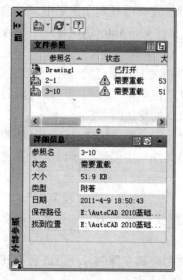

图 8-20　【外部参照】选项板

图 8-21　关于外部参照的操作

8.3　设　计　中　心

　　AutoCAD 设计中心(AutoCAD Design Center，ADC)是 AutoCAD 中的一个非常有用的工具。它有着类似于 Windows 资源管理器的界面，可以管理图块、外部参照、光栅图像以及来自其他源文件或应用程序的内容，可以将位于本地计算机、局域网或因特网上的图块、图层、外部参照和用户自定义的图形复制并粘贴到当前绘图窗口中。同时，如果在绘图窗口中打开多个文档，在多个文档之间也可以通过简单的拖放操作来实现图形的复制和粘贴。粘贴内容除了包含图形本身以外，还包含图层、线型、字体等内容。所以，利用 AutoCAD 设计中心可以实现资源共享和再利用，大大提高了图形管理和图形设计的效率。

　　通常，使用 AutoCAD 设计中心可以完成如下工作：

- ❖ 浏览用户计算机、网络驱动器和 Web 页上的图形内容(例如图形或符号库)。
- ❖ 查看图形文件中命名对象(例如块和图层)的定义，然后将定义插入、附着、复制或粘贴到当前图形中。
- ❖ 更新(重定义)块定义。
- ❖ 创建指向频繁访问的图形、文件夹和因特网网址的快捷方式。
- ❖ 向图形中添加内容(例如外部参照、块和填充)。
- ❖ 在新窗口中打开图形文件。
- ❖ 将图形、块和填充拖动到工具选项板上以便于访问。

8.3.1　设计中心窗口结构

　　设计中心窗口分为两部分，左边为树状图，右边为项目列表。在树状图中可以浏览内容的位置，而在项目列表中则显示了内容。窗口顶部的工具栏提供了若干选项和操作，而底部的状态栏则显示了选中项目的存储路径。

打开 AutoCAD 设计中心窗口的方法如下：

> 菜单栏：执行【工具】/【选项板】/【设计中心】命令
>
> 工具栏：单击【标准】工具栏中的【设计中心】按钮 ▦
>
> 命令行：Adcenter（或简写为 adc）

执行上述命令之一后，可以打开【设计中心】窗口，如图 8-22 所示。

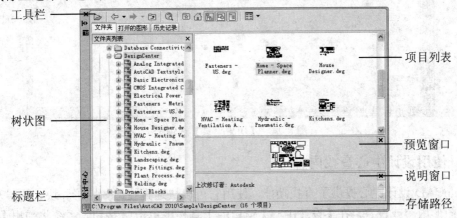

图 8-22　【设计中心】窗口

该窗口的左侧包含【文件夹】、【打开的图形】和【历史记录】三个选项卡，其说明如下：

(1)【文件夹】选项卡：该选项卡用来显示设计中心的资源。它是一个树状图结构，与 Windows 资源管理器类似，显示导航图标的层次结构，包括网络和计算机、Web 地址(URL)、计算机驱动器、文件夹、图形和相关的支持文件、外部参照、布局、填充样式和命名对象。

(2)【打开的图形】选项卡：该选项卡用来显示当前已打开的所有图形，其中包括最小化的图形。单击某个图形文件图标，就可以在右侧的项目列表中看到该图形的有关设置，如标注样式、布局、块、图层、外部参照等，如图 8-23 所示。

图 8-23　【打开的图形】选项卡

(3)【历史记录】选项卡：该选项卡用来显示设计中心中以前打开过的文件列表，包括这些文件的具体路径，如图 8-24 所示。双击列表中的某个图形文件，可以在【文件夹】选项卡中的树状图中定位此图形文件，并将其内容加载到项目列表中。

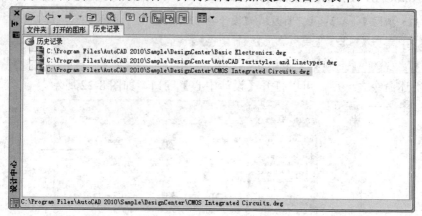

图 8-24　【历史记录】选项卡

8.3.2　使用设计中心查找内容

AutoCAD 设计中心提供了查找功能，使用它可以快速查找诸如图形、块、图层及尺寸样式等图形内容或设置。在【设计中心】窗口的工具栏中单击 按钮，系统将弹出【搜索】对话框，如图 8-25 所示。

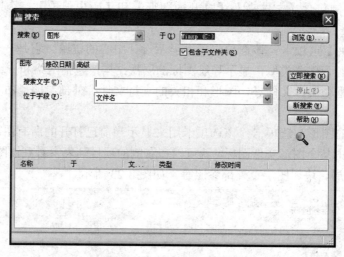

图 8-25　【搜索】对话框

在该对话框中可以设置条件来缩小搜索范围。例如，如果忘记了将块保存在图形中还是保存为单独的图形，可以选择搜索图形和块。

当在【搜索】下拉列表中选择的对象不同时，对话框中显示的选项卡也将不同。例如，当选择了"图形"选项时，对话框中将包含 3 个选项卡，在每个选项卡中都可以设置不同的搜索条件。

(1)【图形】选项卡：使用该选项卡可以按"文件名"、"标题"、"主题"、"作者"、"关键字"等查找图形文件。

(2)【修改日期】选项卡：用于指定图形文件创建或上一次修改的日期，也可以指定日期范围。这样，查找图形文件时只按照指定的日期进行搜索，如图 8-26 所示。

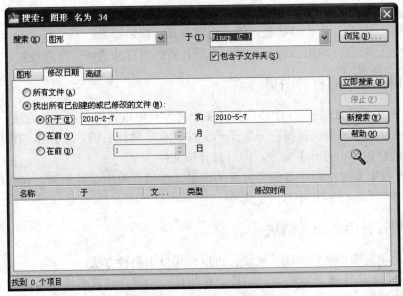

图 8-26　【修改日期】选项卡

（3）【高级】选项卡：用于指定其他的搜索参数，如图 8-27 所示。例如，可以输入文字进行搜索，查找包含特定文字的块定义名称、属性或图形说明；还可以在该选项中指定搜索文件的范围。如在【大小】下拉列表中选择"至少"选项，并在其后的文本框中输入 100，则表示查找大小为 100 KB 以上的图形文件。

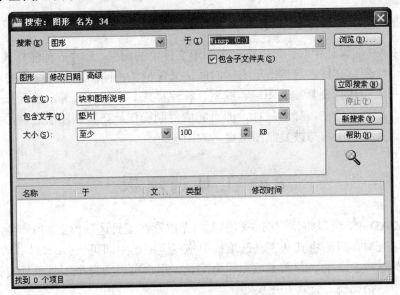

图 8-27　【高级】选项卡

除了前面介绍的选项卡以外，对话框中还有一些公共选项，它们的作用如下：

❖　【搜索】：用于确定查找内容的类型，如图形、图层、文字样式、标注样式等。

❖　【于】：用于指定查找路径。

❖　　浏览(B)...　按钮：单击该按钮，将打开【浏览文件夹】对话框指定查找路径。

❖　【包含子文件夹】：选择该选项，将控制搜索范围包括搜索路径中的子文件夹。

❖　[立即搜索(N)]按钮：单击该按钮，按照指定条件开始搜索。

❖　[停止(P)]按钮：单击该按钮，停止搜索并显示搜索结果。

❖　[新搜索(W)]按钮，单击该按钮，表示要查找新的内容并清除以前的搜索。

8.3.3　使用设计中心打开图形

如果要在 AutoCAD 的设计中心中打开图形文件，可以使用以下两种方法：

(1) 在项目列表区中选择要打开的图形文件，单击鼠标右键，在弹出的快捷菜单中选择【在应用程序窗口中打开】命令，即可打开该文件。

(2) 在【搜索】对话框中找到要打开的图形文件后，单击鼠标右键，在弹出的快捷菜单中选择【在应用程序窗口中打开】命令。

8.3.4　使用设计中心插入图块

如果要向当前图形文件中插入图块，可以使用以下两种方法：

(1) 在项目列表中选择要插入的图块，按住鼠标左键，将其拖曳至当前图形文件的绘图窗口中，释放鼠标，则命令行中给出提示，根据系统提示依次设置插入点、比例、方向等选项即可。

(2) 在项目列表中选择要插入的图块，按住鼠标右键，将其拖曳到当前图形文件的绘图窗口中，释放鼠标，在弹出的快捷菜单中选择【插入为块】命令，则弹出【插入】对话框，后面的操作与插入图块完全相同。

8.3.5　复制图层、线型等内容

在 AutoCAD 的设计中心，可以将一个图形文件中的图层、线型、标注样式、表格样式等复制给另一个图形文件。这样既节省了时间，又保持了不同图形文件结构的一致。

在项目列表中选择要复制的图层、线型、标注样式、表格样式等，然后按住鼠标左键拖曳到另一个图形文件中，释放鼠标，即可完成复制操作。在复制图层之前，必须确保当前打开的图形文件中没有与被复制图层重名的图层。

8.4　工　具　选　项　板

在 AutoCAD 中，可以将常用的块和图案填充放置在工具选项板上。当需要向图形中添加块或图案填充时，只需将其从工具选项板中拖曳至图形中即可。

位于工具选项板上的块和图案填充称为工具。用户可以为每个工具单独设置若干个工具特性，其中包括比例、旋转和图层等。

打开【工具选项板】窗口的方法如下：

> 菜单栏：执行【工具】/【选项板】/【工具选项板】命令
>
> 工具栏：单击【标准】工具栏中的【工具选项板】按钮 🗗
>
> 命令行：ToolPalettes

执行上述命令之一后，则弹出【工具选项板】窗口，如图 8-28 所示。在窗口中有若干个选项卡，分别放置着不同类型的工具。

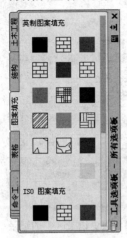 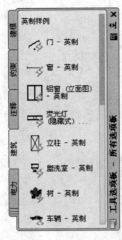 

图 8-28 【工具选项板】窗口

在【工具选项板】窗口中选择表明类别的选项卡后，单击该类别下的某个按钮，即可在命令行提示下完成符号的插入、图案的填充和命令的执行等。

如果要针对【工具选项板】窗口进行移动、调整尺寸、设置透明度等操作，用户可以用鼠标在标题栏上单击右键，在弹出的快捷菜单中选择相应的命令；如果要针对选项卡中的某一选项进行操作，则可以在该选项上单击鼠标右键，在弹出的快捷菜单中选择相应的命令。

8.5 快速计算器

在 AutoCAD 中，快速计算器的使用相当广泛，只要有数值输入的地方，几乎就可以使用快速计算器。快速计算器可以执行各种算术、科学和几何计算，并且能够创建和使用变量、转换测量单位等。

打开【快速计算器】窗口的方法如下：

> 菜单栏：执行【工具】/【选项板】/【快速计算器】命令
>
> 工具栏：单击【标准】工具栏中的【快速计算器】按钮 🖩
>
> 命令行：Quickcalc

执行上述命令之一后，则弹出【快速计算器】窗口，如图 8-29 所示。它主要包括工具栏、历史记录区、输入框、数字键区、科学区、单位转换区和变量区。其中，数字键区提供了输入算术表达式的数字和符号；科学区提供了三角、对数、指数和其他表达式的控制按钮；单位转换区用于实现不同测量单位的转换；变量区用来定义和存储附加的常量和函数，并在表达式中使用这些常量和函数。

在【快速计算器】窗口中执行计算时，计算的表达式与值被自动存储到历史记录区中，如图 8-30 所示，以便于在后续计算中访问。

图 8-29　【快速计算器】窗口

图 8-30　历史记录区中的记录

8.6　图形信息查询

对于每一个 AutoCAD 图形对象而言，它们都有一定的特性，例如直线有长度和端点，圆有圆心和半径，所有这些用户定义的对象尺寸和位置的属性都被称为几何属性。除此之外，每个对象还有颜色、线型、图层、线型比例、线宽等其他一些特性，这些特性都被称为对象属性。以上这些特征统称为信息。

用户在工作时可能需要经常修改或查看对象的几何属性和对象属性。利用 AutoCAD 提供的各种查询功能，可以很容易地查到图形对象的面积、长度、坐标值等信息。单击菜单栏中的【工具】/【查询】命令，在弹出的子菜单中列出了多种查询命令，如图 8-31 所示。另外，通过【查询】工具栏也可以完成图形信息的查询操作，如图 8-32 所示。

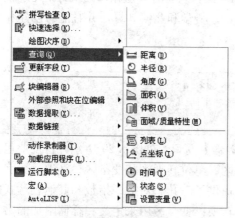

图 8-31　【查询】命令子菜单

图 8-32　【查询】工具栏

8.6.1　查询距离(Dist)

利用距离(Dist)命令可以精确计算出两点之间的距离，以及两点连线在 XY 平面上的投影分别在 X 轴、Y 轴和 Z 轴上的增量(ΔX、ΔY 和 ΔZ)等。该命令最好配合目标捕捉方法使用，以便精确测量距离。

调用【距离】命令的方法如下：

> 菜单栏：执行【工具】/【查询】/【距离】命令
> 工具栏：单击【查询】工具栏中的【距离】按钮
> 命令行：Dist

利用距离命令测量距离时，有两种操作方法：一种是直接在屏幕上拾取两点，计算其距离；另一种是在命令行中输入两点的坐标值，计算其距离。

命令: Dist↵ (执行距离命令)

指定第一点: (单击一点，或输入三维坐标值)

指定第二个点或 [多个点(M)]: (单击一点，或输入三维坐标值)

距离 = 162.3283，XY 平面中的倾角=2，与 XY 平面的夹角=0

X 增量 = 162.2209，Y 增量= 5.9032，Z 增量= 0.0000 (显示计算结果)

计算结果显示在命令行中。各项信息的含义如下：

❖ 距离：指定的两点间的长度。
❖ XY 平面中的倾角：指定的两点之间的连线与 X 轴正方向的夹角。
❖ 与 XY 平面的夹角：指定的两点之间的连线与 XY 平面的夹角。
❖ X 增量：指定的两点在 X 轴方向的坐标差值。
❖ Y 增量：指定的两点在 Y 轴方向的坐标差值。
❖ Z 增量：指定的两点在 Z 轴方向的坐标差值。

多讲几句   指定的要查询距离的两点，在绘图窗口中可以真实存在，也可以不存在。如果要查询图形对象上的某两个特定点之间的距离，建议用户启用对象捕捉功能，以便于准确指定点。

8.6.2 查询面积(Area)

在工程设计中，有时需要计算某个区域或某个对象上一个封闭边界的面积。AutoCAD 为用户提供了强大的面积计算功能。

用户可以通过选择封闭对象(如圆、封闭多段线)或拾取点来测量面积。在选取的多点之间以直线(可以是假想的连线)连接，并且最后一点和第一点相连而形成封闭区域。用户甚至可以选取一条开放的多段线，此时【面积】命令假定在多段线之间有一条线使之封闭，然后计算出相应的面积，而所计算出的封闭区域的周长则为多段线的真正长度。

调用【面积】命令的方法如下：

> 菜单栏：执行【工具】/【查询】/【面积】命令
> 工具栏：单击【查询】工具栏中的【面积】按钮
> 命令行：Area

命令行提示与操作如下：

命令: Area↵ (执行面积命令)

　　指定第一个角点或 [对象(O)/增加面积(A)/减少面积(S)] <对象(O)>:　　　(单击鼠标指定一点，或者选择其他选项)

　　指定下一个点或 [圆弧(A)/长度(L)/放弃(U)]:　　(指定下一个点)

　　指定下一个点或 [圆弧(A)/长度(L)/放弃(U)]:　　(继续指定下一个点)

　　指定下一个点或 [圆弧(A)/长度(L)/放弃(U)/总计(T)] <总计>:↵　　(回车完成计算操作)

　　面积 = 4261.07，周长 = 319.55　　(显示计算结果)

　　在上面的操作中，因为只确定了三个点，并没有形成封闭区域，所以【面积】命令自动将第三个点与第一个点进行了假定连接，计算由三点构成的封闭区域的面积与周长。

【选项说明】

　　查询面积时，既可以通过指定点确定计算区域，也可以直接选择封闭对象。默认情况下是通过指定点确定计算区域的，除此以外还提供了一些选项。

　　(1) 指定第一个角点：该选项为系统的默认选项，通过输入指定点形成封闭区域，系统计算该区域的面积。

　　(2) 对象(O)：选择该项，系统将提示"选择对象"，这时直接选择封闭对象(如圆形、矩形或封闭多段线等)就可以计算出封闭区域的面积。

　　(3) 增加面积(A)：用于把新选的面积加入到总面积中。

　　(4) 减少面积(S)：用于把新选的面积从总面积中减去。

　　(5) 圆弧(A)：通过指定点的方式确定封闭区域时，在第二行提示中会出现"圆弧(A)"选项。选择该项，将在指定的两点之间确定一段圆弧。

　　(6) 长度(L)：该选项也出现在第二行提示中。选择该项，可以由圆弧状态切换回直线状态。

　　例 8-2　利用查询面积命令计算如图 8-33 所示的阴影部分的面积。

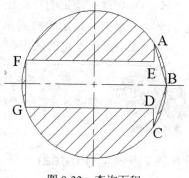

图 8-33　查询面积

　　要计算本例中的阴影面积，可以采用"减"模式先计算出大圆的面积，再减去中间的箭头面积。具体操作步骤如下：

　　命令: Area↵　　(执行面积命令)

　　指定第一个角点或 [对象(O)/增加面积(A)/减少面积(S)] <对象(O)>: A↵　　(先选择"加"模式计算出总面积)

　　指定第一个角点或 [对象(O)/减少面积(S)]: O↵　　(以对象方式确定计算区域)

　　("加"模式) 选择对象: 拾取圆形　　(选择要计算的封闭区域)

　　面积 = 6217.0151，周长 = 279.5091

　　总面积 = 6217.0151　　(第一次计算结果)

　　("加"模式) 选择对象:↵　　(退出"加"模式)

　　指定第一个角点或 [对象(O)/减少面积(S)]: S↵　　(切换到"减"模式)

　　指定第一个角点或 [对象(O)/增加面积(A)]: 捕捉拾取 A 点

　　("减"模式)指定下一个点或 [圆弧(A)/长度(L)/放弃(U)]: 捕捉拾取 B 点

　　("减"模式)指定下一个点或 [圆弧(A)/长度(L)/放弃(U)]: 捕捉拾取 C 点

（"减"模式）指定下一个点或 [圆弧(A)/长度(L)/放弃(U)/总计(T)] <总计>: 捕捉拾取 D 点

（"减"模式）指定下一个点或 [圆弧(A)/长度(L)/放弃(U)/总计(T)] <总计>:捕捉拾取 G 点

（"减"模式）指定下一个点或 [圆弧(A)/长度(L)/放弃(U)/总计(T)] <总计>:捕捉拾取 F 点

（"减"模式）指定下一个点或 [圆弧(A)/长度(L)/放弃(U)/总计(T)] <总计>:捕捉拾取 E 点

（"减"模式）指定下一个点或 [圆弧(A)/长度(L)/放弃(U)/总计(T)] <总计>:↵　　（结束计算）

面积 = 2442.4549，周长 = 261.1611

总面积 = 3774.5592　　（最后的计算结果）

指定第一个角点或 [对象(O)/增加面积(A)]:↵　　（结束操作）

要使用"减"模式从一个图形的面积中减去另一个图形的面积，必须先使用"加"模式计算出总面积，再切换到"减"模式，依次进行减运算，不可以直接执行减运算操作。

例 8-3　利用查询面积命令计算如图 8-34 所示的阴影部分面积。

本例由三个圆构成，圆 A 与圆 B 相交，重叠区域为 D，而圆 C 完全包含在圆 A 中。所以要计算阴影区域的面积，需要先将圆 A 与圆 B 的面积相加，然后减去圆 C 的面积，再减去重叠区域为 D 的面积(这里要减 2 次)。而重叠区域不是一个独立对象，所以要先创建面域。具体操作步骤如下：

(1) 创建面域。

单击菜单栏中的【绘图】/【边界】命令，在弹出的【边界创建】对话框中设置【对象类型】为"面域"，然后单击【拾取点】按钮，如图 8-35 所示，则返回到绘图窗口中，在 D 区域内单击一点(此点称为内部点)并按回车键，即可创建面域。

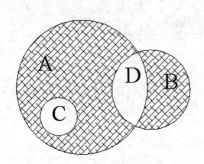

图 8-34　查询阴影区域面积

图 8-35　【边界创建】对话框

(2) 查询面积。

命令: Area↵　　(执行面积命令)

指定第一个角点或 [对象(O)/增加面积(A)/减少面积(S)]: A↵　　(选择"加"模式)

指定第一个角点或 [对象(O)/减少面积(S)]: O↵　　(选择查询对象)

（"加"模式)选择对象: 拾取圆 A

面积 = 6450.3798，圆周长 = 284.7066

总面积 = 6450.3798　　(计算结果)

（"加"模式) 选择对象:拾取圆 B

面积 = 2264.1332，圆周长 = 168.6770

总面积 = 8714.5130　　　（计算结果）

（"加"模式)选择对象: ↵　　　（结束相加运算）

指定第一个角点或 [对象(O)/减少面积(S)]: S↵　　　（切换到"减"模式）

指定第一个角点或 [对象(O)/增加面积(A)]: O↵　　　（选择查询对象）

（"减"模式)选择对象: 拾取圆 C

面积 = 518.9278，圆周长 = 80.7530

总面积 = 8195.5852　　　（计算结果）

（"减"模式)选择对象: 拾取重叠区域 D

面积 = 871.7747，周长 = 117.1738

总面积 = 7323.8105

（"减"模式)选择对象: 再次拾取重叠区域 D

面积 = 871.7747，周长 = 117.1738

总面积 = 6452.0358　　　（最终计算结果）

（"减"模式) 选择对象: 连续两次按下回车键　　　（结束操作）

8.6.3　查询点坐标(Id)

在绘图过程中，如果需要查看某个点的坐标，可以利用点坐标(Id)命令显示所选点的坐标值。

调用【点坐标】命令的方法如下：

菜单栏: 执行【工具】/【查询】/【点坐标】命令

工具栏: 单击【查询】工具栏中的【定位点】按钮 ⏚

命令行: Id

命令行提示与操作如下：

命令: Id↵　　　（执行点坐标命令）

指定点:　　　（拾取要查询坐标的点）

X = 233.0199　　　Y = 96.3806　　　Z = 0.0000　　　（显示查询结果）

例8-4　查询如图 8-36 所示的圆心坐标。

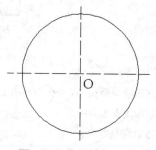

图 8-36　查询坐标

查询点坐标的操作非常简单，运行【点坐标】命令以后，拾取要查询的点即可。操作时要打开"对象捕捉"功能，以便于准确选择点。具体操作步骤如下：

命令: Id↵ (执行点坐标命令)

指定点: 拾取圆心 O 点

X = 66.6990 Y = 158.3838 Z = 0.0000

8.6.4 实体特性参数(List)

利用列表(List)命令，可以同时将一个或多个对象的对象属性和几何属性排列显示，这样用户可以方便地查询有关对象的信息。

调用【列表】命令的方法如下：

> 菜单栏：执行【工具】/【查询】/【列表】命令
> 工具栏：单击【查询】工具栏中的【列表】按钮 🗐
> 命令行：List

命令行提示与操作如下：

命令: List↵ (执行列表命令)

选择对象： (拾取对象)

选择对象：↵ (继续选择对象，或按回车键结束操作)

操作结束以后，将弹出【AutoCAD 文本窗口】，其中列出了对象的特征参数，如图 8-37 所示。

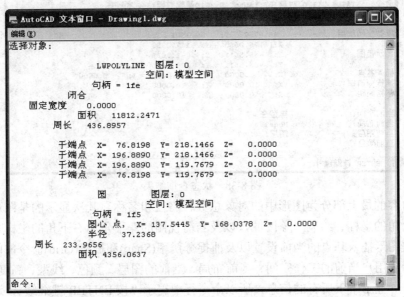

图 8-37 列表显示结果

选择不同的对象，列出的信息也不相同，但有些信息是始终显示的。对于每一个对象始终都显示的一般信息包括对象类型、对象所在的当前层、对象相对于当前用户坐标系的空间位置。

对于某些类型的对象，还增加了一些特殊的信息，如对圆形提供了半径、周长和面积信息；对于直线，提供了长度、在 XY 平面中的角度信息。

当一个图形中包含多个对象时，执行命令后，系统会在文本窗口中分屏显示，即窗口中的信息满屏时会暂停运行，同时命令行中提示"按 ENTER 键继续"，这时按下回车键，可继续显示下一个对象的信息。

8.6.5　图形文件的特性信息(Status)

在 AutoCAD 中，每个图形都有各自的状态。这些状态包括模型空间的图形界限，模型空间的使用情况，当前工作空间、图层、颜色、线型、线宽、打印样式和捕捉状态等，用户可以使用相关的命令来查看这些状态。

1. 查询对象状态

"状态"是指关于绘图环境及系统状态的各种信息。了解这些状态信息，对于控制图形的绘制、显示、打印输出等都很有意义。

调用【状态】命令的方法如下：

> 菜单栏：执行【工具】/【查询】/【状态】命令
>
> 命令行：Status

执行上述命令之一后，将直接出现运行结果，如图 8-38 所示。

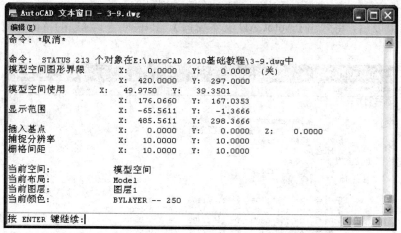

图 8-38　状态查询结果

显示内容的最上部分为图形中的对象总数、路径和名称。其次显示的是图形界限的左下角及右上角的坐标、绘制对象区域，以及当前视图的左下角和右下角的坐标。在这些坐标之后，是图形插入基点的当前设置以及捕捉分辨率(Snap)和栅格(Grid)命令的间距设置。接下来显示了用户当前的工作空间、当前布局、当前的图层、颜色、线型、高度和厚度等。

通常一屏显示不下所有的信息，所以命令行中提示"按 ENTER 键继续"，这时按回车键后将继续显示后面的状态信息。

2. 查询时间

查询当前图形的时间信息，对于用户与其他人员进行交流以及了解工作流程都有很大的帮助。

调用【时间】命令的方法如下：

> 菜单栏：执行【工具】/【查询】/【时间】命令
>
> 命令行：Time

执行上述命令之一后，系统自动切换到 AutoCAD 文本窗口，直接显示时间信息，如图 8-39 所示。

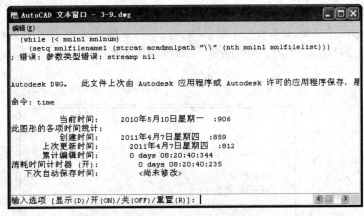

图 8-39 时间查询结果

利用时间(Time)命令可以显示当前时间、创建时间、上次更新时间、累计编辑时间、消耗时间计时器和下次自动保存时间等信息。

8.7 本 章 习 题

1. 创建电路图中常见的电阻、电容、三极管符号的图块，如题图 8-1 所示。

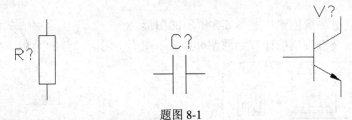

题图 8-1

2. 如题图 8-2 所示，按 1：1 的比例绘制图形，并将其定义为图块，然后在图形中插入图块，插入比例为 0.5，插入点自定，插入角度为 15°。

3. 如题图 8-3 所示，按 1：1 的比例绘制图形，并将其定义为外部图块(Wblock)，然后插入创建的图块，插入图块的参数自定。

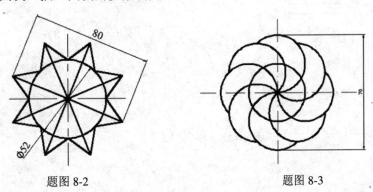

题图 8-2   题图 8-3

4．简述外部参照与块的区别。

5．如何利用设计中心浏览图形？

6．如何利用设计中心插入图块？

7．将 A3 图纸的边框定义为一个公共图块，并保存操作结果(提示：A3 图纸的外边框尺寸为(420.00，297.00)，其内、外边距尺寸如题图 8-4 所示)。

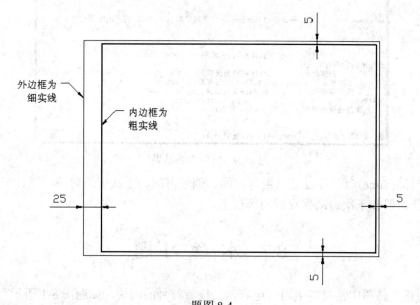

外边框为细实线

内边框为粗实线

题图 8-4

8．利用工具选项板创建如题图 8-5 所示的图形。

9．利用面域及查询功能计算如题图 8-6 所示图形中阴影部分的面积。

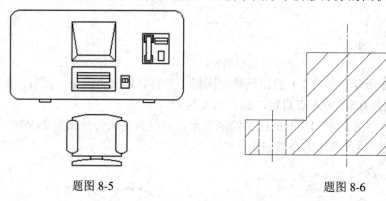

题图 8-5　　　　　　　　题图 8-6

AutoCAD® 2010

中文版AutoCAD 2010基础教程

第 9 章　三维绘图与实体造型

◎本章主要内容◎

- 三维坐标系
- 三维图形的显示
- 线框模型
- 曲面模型
- 实体模型
- 三维实体编辑
- 本章习题

　　随着 AutoCAD 技术的普及，越来越多的工程技术人员使用 AutoCAD 进行工程设计。由于三维图形具有逼真的效果，并且通过它可以直接得到透视图或平面效果图，所以在工程设计和绘图过程中，三维图形的应用越来越广泛。

　　使用 AutoCAD 的三维绘图工具，可以创建精细、真实的三维对象。并且可以利用三种方式来创建三维图形，即线框模型方式、曲面模型方式和实体模型方式。线框模型为一种轮廓模型，没有面和体的特征；曲面模型用面描述三维对象，不仅定义了三维对象的边界，还定义了表面，具有面的特征；而实体模型不仅具有线和面的特征，同时还具有体的特征。

9.1 三维坐标系

　　在 AutoCAD 中，要创建和观察三维图形，就一定要使用三维坐标系和三维坐标。因此，了解并掌握三维坐标系，树立正确的空间观念，是学习三维绘图的基础。

9.1.1 基本术语

　　三维实体模型需要在三维坐标系下进行描述。在三维坐标系下，可以使用直角坐标或极坐标来定义点。在绘制三维图形时，还可使用圆柱坐标和球面坐标来定义点。

　　在创建三维实体模型之前，我们先了解一些基本术语。

❖　XY 平面：它是 X 轴垂直于 Y 轴组成的一个平面，此时 Z 轴的坐标是 0。

❖　Z 轴：Z 轴是三维坐标系中的第三轴，它总是垂直于 XY 平面。

❖　相机位置：在观察三维模型时，相机的位置相当于视点。

❖　目标点：当用户的眼睛通过照相机看某物体时，用户聚焦在一个清晰点上，该点就是所谓的目标点。

❖　视线：这是一种假想的线，是将视点和目标点连接起来的线。

❖　和 XY 平面的夹角：即视线与其在 XY 平面投影线之间的夹角。

❖　XY 平面角度：即视线在 XY 平面的投影线与 X 轴之间的夹角。

9.1.2 三维坐标系

　　在前面的章节中已经详细介绍过平面坐标系的使用，其所有变换和使用方法同样适用于三维坐标系。下面介绍关于三维坐标系的相关知识。

1. 右手定则

　　在三维坐标系中，Z 轴的正方向是根据右手定则来确定的。右手定则也决定着三维空间中任一坐标轴的正旋转方向。

　　要确定 X、Y 和 Z 轴的正轴方向，可以将右手背对着屏幕放置，拇指即指向 X 轴的正方向；伸出食指和中指，如图 9-1 所示，食指指向 Y 轴的正方向，中指所指示的方向即是 Z 轴的正方向。

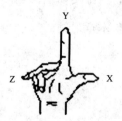

图 9-1　右手定则

要确定轴的正旋转方向，用右手的大拇指指向轴的正方向，弯曲的手指(无名指与小拇指)所指示的方向即是轴的正旋转方向。

2. 世界坐标系(WCS)

在 AutoCAD 中，三维世界坐标系是在二维世界坐标系的基础上根据右手定则增加 Z 轴而形成的。同二维世界坐标系一样，三维世界坐标系是其他三维坐标系的基础，不能对其重新定义。

3. 用户坐标系(UCS)

用户坐标系是为输入坐标、操作平面和观察视图提供的一种可变动的坐标系。定义一个用户坐标系即改变原点(0,0,0)的位置以及 XY 平面和 Z 轴的方向。可以在 AutoCAD 的三维空间中任何位置定位和定向用户坐标系，也可以随时定义、保存和调用多个用户坐标系。

9.1.3　三维坐标的形式

在 AutoCAD 中提供了下列三种三维坐标形式。

1. 三维笛卡尔坐标

三维笛卡尔坐标(X，Y，Z)与二维笛卡尔坐标(X，Y)相似，即在 X 和 Y 值基础上增加 Z 值。同样可以使用基于当前坐标系原点的绝对坐标值或基于上个输入点的相对坐标值。

2. 圆柱坐标

圆柱坐标与二维极坐标类似，但增加了从所要确定的点到 XY 平面的距离值，即三维点的圆柱坐标可以通过该点与 UCS 原点连线在 XY 平面上的投影长度，该投影与 X 轴正方向的夹角，以及该点在 Z 轴上的投影点的 Z 值来确定。例如，坐标"10<60，20"表示某点与原点的连线在 XY 平面上的投影长度为 10，其投影与 X 轴正方向的夹角为 60°，在 Z 轴上的投影点的 Z 值为 20。

圆柱坐标也有相对的坐标形式，如相对圆柱坐标"@10<45，30"表示某点与上个输入点连线在 XY 平面上的投影长度为 10，该投影与 X 轴正方向的夹角为 45°且在 Z 轴上的投影的距离为 30。

3. 球面坐标

球面坐标也类似于二维极坐标。在确定某点时，应分别指定该点与当前坐标系原点的距离，二者连线在 XY 平面上的投影与 X 轴正方向的夹角，以及二者连线与 XY 平面的夹角。例如，坐标"10<45<60"表示一个点，它与当前 UCS 原点的距离为 10，在 XY 平面的投影与 X 轴的夹角为 45°，该点与 XY 平面的夹角为 60°。

同样，球面坐标的相对形式表明了某点与上个输入点的距离，二者连线在 XY 平面上的投影与 X 轴正方向的夹角，以及二者连线与 XY 平面的夹角。

9.1.4　UCS 管理器

UCS 即用户坐标系统。AutoCAD 提供了【UCS】对话框，专门用于管理图形中的坐标系统，因此该对话框又被称为"UCS 管理器"。

打开【UCS】对话框的方法如下：

菜单栏：执行【工具】/【命名 UCS】命令

工具栏：单击【UCS II】工具栏中的【命名 UCS】按钮 ⬚

命令行：Ucsman

执行上述命令之一后，则弹出【UCS】对话框，如图 9-2 所示。该对话框中有三个选项卡，各选项卡中选项的含义如下：

(1) 【命名 UCS】选项卡：在此选项卡中可以选择或设置当前坐标系并了解某个坐标系的详细信息。

❖ 【当前 UCS】列表：列出了当前图形文件中所有的坐标系，列表中的"上一个"选项表示上一次曾经使用的坐标系。

❖ 置为当前(C) 按钮：单击该按钮，可以将所选坐标系设置为当前的坐标系。

❖ 详细信息(T) 按钮：单击该按钮，将弹出【UCS 详细信息】对话框，如图 9-3 所示。该对话框中显示了所选坐标系的坐标原点以及 X、Y、Z 轴的正方向等详细信息。

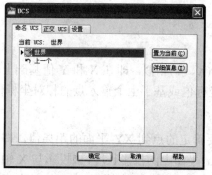

图 9-2　【UCS】对话框

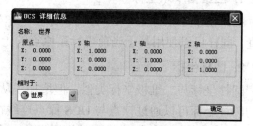

图 9-3　【UCS 详细信息】对话框

(2) 【正交 UCS】选项卡：在此选项卡中可以将当前坐标系设置为正交坐标系，如图 9-4 所示。列表框中提供了 6 种正交坐标系。选择某一种坐标系，单击 置为当前(C) 按钮，可以将所选的正交坐标系设置为当前坐标系。

(3) 【设置】选项卡：指定当前视图的 UCS 设置和图标设置，如图 9-5 所示。

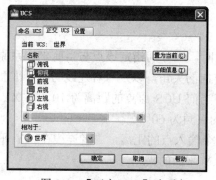

图 9-4　【正交 UCS】选项卡

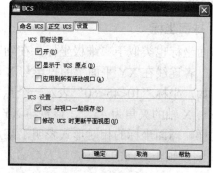

图 9-5　【设置】选项卡

❖ 【开】：选择该选项，将在视口中显示坐标系的图标。

❖ 【显示于 UCS 原点】：选择该选项，表示在原点上显示坐标系的图标。如果不选择该选项，则在视口中坐标系的原点不可见，坐标系图标将显示在视口的左下角。

❖ 【应用到所有活动视口】：选择该选项，坐标系图标将显示在当前图形中所有的活动视口中。

❖ 【UCS 与视口一起保存】：选择该选项，表示坐标系将与当前视口一起被保存。

❖ 【修改 UCS 时更新平面视图】：选择该选项，则修改视口中的坐标系时恢复平面
视图。当对话框关闭时，平面视图和选定的 UCS 设置被恢复。

9.1.5 创建坐标系

为了绘图更加方便，用户可以重新定位和旋转用户坐标系，以便于使用坐标输入、栅
格显示、栅格捕捉、正交模式和其他图形工具。

创建 UCS 坐标系的方法如下：

菜单栏：执行【工具】/【新建 UCS】子菜单中的相应命令

工具栏：单击【UCS】工具栏中的【UCS】按钮⌊

命令行：UCS

命令行提示与操作如下：

命令: UCS↵　　(执行新建 UCS 命令)

当前 UCS 名称: *世界*

指定 UCS 的原点或 [面(F)/命名(NA)/对象(OB)/上一个(P)/视图(V)/世界(W)/X/Y/Z/Z 轴(ZA)] <世界>:

【选项说明】

(1) 指定 UCS 的原点：选择该项，则使用一点、两点或三点定义一个新的 UCS。如果
指定一个点，当前 UCS 的原点将会移动而不改变 X、Y 和 Z 轴的方向。命令行提示如下：

指定 X 轴上的点或 <接受>:　　(继续指定 X 轴通过的点 2，或直接按回车键，接受原坐标系 X
轴为新坐标系的 X 轴)

指定 XY 平面上的点或 <接受>:　　(继续指定 XY 平面通过的点 3 以确定 Y 轴，或直接按回车
键，接受原坐标系 XY 平面为新坐标系的 XY 平面。根据右手法则，相应的 Z 轴也同时确定)

(2) 面(F)：选择该项，将 UCS 与三维实体的选定面对齐。要选择一个面，可以在该面
的边界内或面的边上单击鼠标，被选中的面将高亮显示，UCS 的 X 轴将与找到的第一个面
上最近的边对齐。

(3) 命名(NA)：按名称保存并恢复通常使用的 UCS 方向。

(4) 对象(OB)：选择该项，根据选定的三维对象定义新的 UCS。新建 UCS 的拉伸方向
(Z 轴正方向)与选定对象的拉伸方向相同。命令行提示如下：

选择对齐 UCS 的对象:　　(选择对象)

对于大多数对象，新 UCS 的原点位于离选定对象最近的顶点处，并且 X 轴与一条边
对齐或相切；对于平面对象，UCS 的 XY 平面与该对象所在的平面对齐；对于复杂对象，
将重新定位原点，但是轴的当前方向保持不变。

(5) 上一个(P)：选择该项，恢复上一个 UCS。

(6) 视图(V)：选择该项，以垂直于观察方向(平行于屏幕)的平面为 XY 平面，创建新
的 UCS，UCS 的原点保持不变。

(7) 世界(W)：选择该项，将当前用户坐标系设置为世界坐标系。WCS 是所有用户坐
标系的基准，不能被重新定义。

(8) X/Y/Z：选择该项，绕指定轴旋转当前 UCS。

(9) Z 轴(ZA)：选择该项，利用指定的 Z 轴正半轴定义 UCS。

9.2　三维图形的显示

为了方便在绘图过程中随时观察三维造型，我们必须了解三维视图的显示与操作、视点的设置、动态观察、视图控制器等内容。

9.2.1　标准视图

任何三维建模都可以从各个方向查看。标准视图设置了 6 个正交查看方向，分别为俯视、仰视、主视、左视、右视和后视，如图 9-6 所示。在实际工作中，通常只使用其中的 3 个视图就可以完全表达模型的全部细节。要切换视图，可以单击菜单栏中的【视图】/【三维视图】命令，通过其子菜单进行选择，如图 9-7 所示。

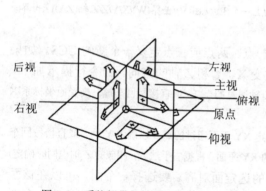

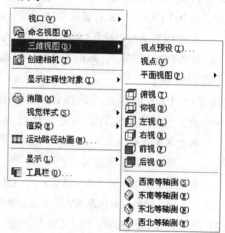

图 9-6　系统提供的标准正交视图　　　　　图 9-7　【三维视图】子菜单

通过【三维视图】子菜单可以看到，系统还提供了 4 个等轴测视图，分别是西南等轴测(S)、东南等轴测(E)、东北等轴测(N)和西北等轴测(W)。等轴测视图主要起到直观展示的作用，有利于理解三维模型。

在绘图过程中，快速设置视图的方法是选择 AutoCAD 系统预定义的三维视图。既可以通过菜单进行选择，也可以通过【视图】工具栏进行选择，如图 9-8 所示。

图 9-8　【视图】工具栏

9.2.2　视点(Vpoint)

视点是指观察图形的方向。在三维空间中，为便于观察模型，可以任意修改视点的位置。AutoCAD 系统默认的视点为(0，0，1)，即从(0，0，1)点(Z 轴正向上)向原点(0，0，0)观察模型。

【视点】命令用于控制视点的位置，调用方法如下：

> 菜单栏：执行【视图】/【三维视图】/【视点】命令
>
> 命令行：Vpoint

命令行提示与操作如下：

命令: Vpoint↵ (执行视点命令)

指定视点或 [旋转(R)] <显示指南针和三轴架>: (选择合适的选项)

【选项说明】

(1) 指定视点：输入视点的 X、Y、Z 坐标值。该坐标值定义了观察视图的视点位置，观察者可以从空间中该视点向模型原点方向观察。

(2) 旋转(R)：选择该项，可以通过两个角度来指定新的方向。第一个角是在 XY 平面中与 X 轴的夹角，第二个角是与 XY 平面的夹角，位于 XY 平面的上方或下方。

当选择该项后，AutoCAD 继续提示：

输入 XY 平面中与 X 轴的夹角<当前值>: (指定一个角度)

输入与 XY 平面的夹角<当前值>: (指定一个角度)

指定两个夹角后，AutoCAD 将根据视点的变化而更新图形。

(3) <显示指南针和三轴架>：如果在命令行提示下不输入任何坐标值，而是直接按回车键来响应"指定视点"的提示，那么屏幕上将出现指南针和三轴架，如图 9-9 所示，用于定义视图中的观察方向。

指南针是球体的二维表现方式，位于屏幕的右上角，圆心是北极(0，0，n)，内环是赤道(n，n，0)，整个外环是南极(0，0，−n)，如图 9-10 所示。

图 9-9 指南针和三轴架 　　　　图 9-10 指南针说明

指南针上显示有一个小十字光标，可以使用鼠标来移动这个十字光标到球体的任意位置上。如果要选择一个观察方向，可以将鼠标光标移动到球体的一个位置上，然后单击鼠标或按回车键，这时图形将根据视点位置的变化进行更新。

9.2.3 视点预设(Ddvpoint)

利用视点预设功能，用户可以通过对话框设置观察角度，即视点方向。调用【视点预设】命令的方法如下：

> 菜单栏：执行【视图】/【三维视图】/【视点预设】命令
>
> 命令行：Ddvpoint

执行上述命令之一后，则弹出【视点预设】对话框。在该对话框中确定视点与 X 轴、视点与 XY 平面的角度即可，如图 9-11 所示。

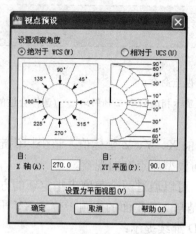

图 9-11 　【视点预设】对话框

9.2.4 动态观察

AutoCAD 提供了一个交互的三维动态观察器命令。该命令可以在当前视口中创建一个三维视图，用户可以使用鼠标来实时控制和改变这个视图，以得到不同的观察效果。使用三维动态观察器，既可以查看整个图形，也可以查看模型中的任意对象。动态观察分为 3 类：受约束的动态观察、自由动态观察和连续动态观察。

1. 受约束的动态观察

受约束的动态观察可以在三维空间中旋转视图，但仅限于水平动态观察和垂直动态观察。调用【受约束的动态观察】命令的方法如下：

> 菜单栏：执行【视图】/【动态观察】/【受约束的动态观察】命令
> 工具栏：单击【三维导航】工具栏中的【受约束的动态观察】按钮
> 命令行：3Dorbit

执行上述命令之一以后，视图中的目标将保持静止，而视点将围绕目标移动，但是用户的视点看起来就像三维模型正在随着光标的移动而旋转，用户可以以此方式指定模型的任意视图。此时显示三维动态观察光标，如果水平拖动光标，相机将平行于世界坐标系(WCS)的 XY 平面移动；如果垂直拖动光标，相机将沿 Z 轴移动，如图 9-12 所示。

2. 自由动态观察

自由动态观察可以在三维空间中自由地旋转视图而不受约束，从而保证可以从各个角度观察对象。调用【自由动态观察】命令的方法如下：

> 菜单栏：执行【视图】/【动态观察】/【自由动态观察】命令
> 工具栏：单击【三维导航】工具栏中的【自由动态观察】按钮
> 命令行：3Dforbit

执行上述命令之一以后，屏幕上将显示一个导航球，如图 9-13 所示。它由一个大圆和四个象限上的小圆组成，目标点是导航球的中心，而不是正在查看的对象的中心。在三维动态观察器中，查看的目标点被固定。用户可以利用鼠标控制相机位置绕对象移动，以得到动态的观察效果。

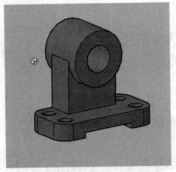

图 9-12　受约束的动态观察　　　　　　　图 9-13　自由动态观察

视图的旋转由光标的外观和位置决定，具体说明如下：

❖ **两条直线环绕的球状** 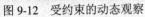：光标在导航球内部时的外观。此时拖动鼠标，可以自由移动对象。效果就像光标抓住环绕对象的球体并围绕目标点进行拖动一样。用这种方法可以实现水平、垂直或对角拖动。

❖ **圆形箭头状** ：光标置于导航球外部时，其形状变为圆形箭头状。此时拖动鼠标，将使视图围绕通过导航球中心的延长线并垂直于屏幕旋转，该操作称为"卷动"。

❖ **水平椭圆状** ：光标在导航球左、右两端的小圆上时的外观。此时拖动鼠标，将使视图围绕通过导航球中心的垂直轴(Y 轴)旋转。

❖ **垂直椭圆状** ：光标在导航球上、下两端的小圆上时的外观。此时拖动鼠标，将使视图围绕通过转盘中心的水平轴(X 轴)旋转。

3. 连续动态观察

连续动态观察可以在三维空间中连续旋转视图，以便于用户进行动态观察。调用【连续动态观察】命令的方法如下：

> 菜单栏：执行【视图】/【动态观察】/【连续动态观察】命令
>
> 工具栏：单击【三维导航】工具栏中的【连续动态观察】按钮
>
> 命令行：3Dcorbit

执行上述命令之一以后，在绘图窗口中沿任意方向拖动鼠标，使对象沿正在拖动的方向开始移动，释放鼠标，则对象在指定的方向上继续进行轨迹运动。

用户可以通过单击鼠标来停止连续的轨迹运动。如果重新拖动鼠标，则可以改变连续动态观察的方向。另外，在绘图窗口中单击鼠标右键并从快捷菜单中选择相关的命令，也可以修改连续动态观察的显示。

9.2.5　平面视图(Plan)

平面视图是从 Z 轴正向上的一点指向原点(0，0，0)的视图，这样可以获得 XY 平面上的视图。平面视图(Plan)命令可以将三维视图更改为当前 UCS 的平面视图、以前保存的 UCS 或 WCS，它只改变查看视图的方向并关闭透视，不修改当前 UCS。所以执行平面视图(Plan)命令以后，再输入或显示的任何坐标仍然相对于当前 UCS。

通过将 UCS 方向设置为"世界"并将三维视图设置为"平面视图"，可以恢复大多数图形的默认视图和坐标系。

调用【平面视图】命令的方法如下：

菜单栏：执行【视图】/【三维视图】/【平面视图】子菜单中的命令

命令行：Plan

命令行提示与操作如下：

命令: Plan↙　　(执行平面视图命令)

输入选项 [当前 UCS(C)/UCS(U)/世界(W)] <当前 UCS>：　　(选择相应的选项)

【选项说明】

(1) 当前 UCS(C)：选择该项，将重新生成平面视图显示，以使图形范围布满当前 UCS 的视口。

(2) UCS(U)：选择该项，将修改为以前保存的 UCS 的平面视图并重新生成显示，此时系统继续提示：

输入 UCS 名称或 [?]:　　(输入 UCS 名称或输入? 以列出图形中的所有 UCS)

(3) 世界(W)：选择该项，将重新生成平面视图显示，以使图形范围布满世界坐标系 (WCS)的视口。

9.2.6　消隐(Hide)

大部分情况下图形都以线框形式显示，复杂的图形以线框形式显示后将显得混乱，无法正确表达其图上的所有信息。这时，我们可以利用系统提供的消隐功能来隐藏被前景对象遮掩的背景对象，使图形的显示更加清晰。

调用【消隐】命令的方法如下：

菜单栏：执行【视图】/【消隐】命令

工具栏：单击【渲染】工具栏中的【隐藏】按钮 ⬡

命令行：Hide

执行上述命令之一后，系统将对当前视图内的所有实体自动进行消隐。如果图形很大且很复杂，计算机需要耗费一定的时间。消隐结束后，屏幕上将显示出消隐后的图形。如图 9-14 所示为图形消隐前、后的对比效果。

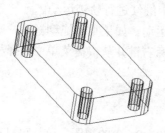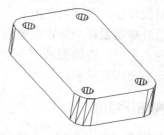

图 9-14　图形消隐前、后的对比效果

消隐不是删除线条，而是将某些线条隐藏起来。对消隐后的图形使用【重生成】命令，可以将其恢复到消隐前的状态。适当地消隐背景线可以使图形显示更加清晰，但不能编辑消隐后的视图。

9.3　线框模型

　　线框模型用来描绘三维对象的骨架。线框模型中没有面，只有描绘对象边界的点、直线和曲线。用 AutoCAD 可以在三维空间的任何位置放置二维对象来创建线框模型，同时 AutoCAD 也提供了一些三维线框对象。

9.3.1　三维多段线(3Dpoly)

　　三维多段线是在三维空间中由直线段组成的多段线，可以不共面，但是不能包括圆弧段。创建三维多段线与二维多段线类似，区别在于三维多段线的节点为三维点，且三维多段线的宽度不可变。

　　调用【三维多段线】命令的方法如下：

> 菜单栏：执行【绘图】/【三维多段线】命令
>
> 命令行：3Dpoly

　　命令行提示与操作如下：

　　命令：3Dpoly↵　　(执行三维多段线命令)

　　指定多段线的起点：　(确定起点)

　　指定直线的端点或 [放弃(U)]：　(确定下一点)

　　指定直线的端点或 [放弃(U)]：　(继续确定下一点)

　　指定直线的端点或 [闭合(C)/放弃(U)]：　(继续确定下一点，或结束操作)

　　例 9-1　绘制闭合的三维多段线，如图 9-15 所示。

　　本例主要练习三维多段线的使用，具体操作步骤如下：

　　命令：3Dpoly↵　　(执行三维多段线命令)

　　指定多段线的起点：10,20,10↵　　(输入起点坐标)

　　指定直线的端点或 [放弃(U)]：50,50,50↵　　(输入第二点坐标)

　　指定直线的端点或 [放弃(U)]：100,50,100↵　　(输入第三点坐标)

　　指定直线的端点或 [闭合(C)/放弃(U)]：100,100,50↵　(输入第四点坐标)

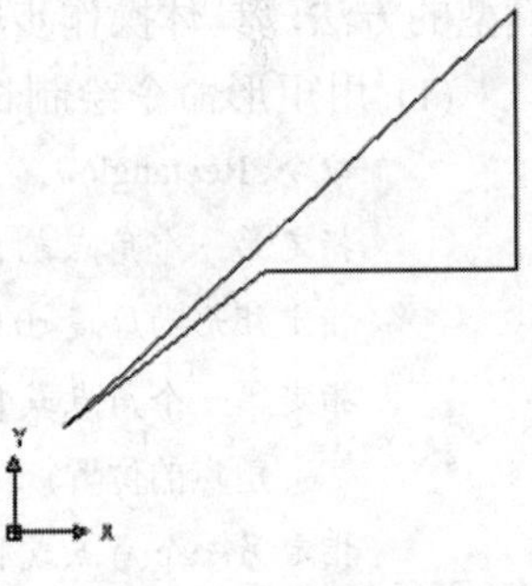

图 9-15　绘制三维多段线

　　指定直线的端点或 [闭合(C)/放弃(U)]：C↵　(闭合多段线)

　　用户也可以选择"放弃(U)"选项取消最后绘制的一段线，这样就是不闭合的三维多段线；而选择"闭合(C)"选项则将最后一个端点与起点连接起来，形成闭合的三维多段线并结束命令。

9.3.2　标高设置(Elev)

　　标高与厚度是 AutoCAD 模拟网格对象的一种方法。使用标高与厚度的优势在于：可以快速简便地修改新建对象和现有对象。

　　如果在创建新对象之前预先设置了标高(Z 值)，那么以后绘制的所有对象当需要输入三维坐标时，只输入 X、Y 坐标值即可，系统会把当前的标高值作为该点的 Z 坐标值。同样，如果预先设置了厚度值，那么创建的新对象将带有拉伸厚度。以后绘制的所有对象，如直线、二维多段线、圆、圆弧及二维填充多边形等都将沿着 Z 轴方向按当前的厚度值进行拉伸。例如，可以绘制一个带有厚度的圆得到一个圆柱体；绘制一个带有厚度的正方形得到一个立方体。

　　设置标高值可以使用 Elev 命令，具体操作如下：

　　　　命令: Elev↵　　(执行 Elev 命令)

　　　　指定新的默认标高<当前值>:　　(指定标高值或按回车键接受默认设置)

　　　　指定新的默认厚度<当前值>:　　(指定厚度值或按回车键接受默认设置)

　　　　　　　厚度值可以为正值或负值。对于二维对象，厚度值沿 Z 轴方向；对于三维对象，厚度值总是相对于当前用户坐标系而言的，即如果它们不与当前用户坐标系平行，那么它们将倾斜显示；对于文本和尺寸标注对象，不管当前的设置如何，AutoCAD 将其厚度均指定为 0。

　　例9-2　　在标高为 0 的平面上绘制长方体，厚度为 3.5。在长方体上绘制一个六面体，半径为 2.5，高度为 5。另外在长方体上绘制一个圆柱体，半径为 2.5，标高为 3.5，拉伸的高度为 5。参考效果如图 9-16 所示。

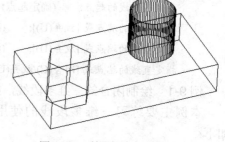

图 9-16　利用标高绘制三维图

　　本例主要练习使用标高与厚度绘制三维线框模型的方法，具体操作步骤如下：

　　(1) 用矩形命令绘制长方体。

　　　　命令: Rectangle↵　　(执行矩形命令)

　　　　指定第一个角点或 [倒角(C)/标高(E)/圆角(F)/厚度(T)/宽度(W)]: T↵　　(选择厚度选项)

　　　　指定矩形的厚度<0.0000>: 3.5↵　　(指定厚度值)

　　　　指定第一个角点或 [倒角(C)/标高(E)/圆角(F)/厚度(T)/宽度(W)]: 10，10↵　　(确定矩形的一个角点的位置)

　　　　指定另一个角点或 [面积(A)/尺寸(D)/旋转(R)]: 30，20↵　　(确定矩形对角点的位置)

　　(2) 设置新的标高和厚度(标高为 0，厚度为 5)。

　　　　命令: Elev↵

　　　　指定新的默认标高<0.0000>: ↵　　(采用默认值)

　　　　指定新的默认厚度<3.5000>: 5↵　　(设置厚度值为5)

　　(3) 绘制六棱柱。

　　　　命令: Polygon↵　　(执行多边形命令)

　　　　输入边的数目<4>: 6↵　　(设置边数为6)

　　　　指定正多边形的中心点或 [边(E)]: 在矩形内拾取一点　　(确定多边形的中心)

　　　　输入选项 [内接于圆(I)/外切于圆(C)] <I>: ↵　　(选择内接于圆选项)

指定圆的半径：2.5↵　　　(设置圆的半径)

(4) 设置标高和厚度(标高为 3.5，厚度为 5)。

命令：Elev↵

指定新的默认标高<0.0000>：3.5↵　　　(设置标高为 3.5)

指定新的默认厚度<5.0000>：↵　　　(采用上一次设置)

(5) 绘制圆柱体。

命令：Circle↵　　　(执行圆命令)

指定圆的圆心或 [三点(3P)/两点(2P)/切点、切点、半径(T)]：在矩形内拾取一点　　　(确定圆心的位置)

指定圆的半径或 [直径(D)]：2.5↵　　　(设置圆的半径)

完成上述操作后，得到的图形效果如图 9-17 所示，此时需要改变视图才可以看到三维效果，单击菜单栏中的【视图】/【三维视图】/【西南等轴测】命令即可。另外，也可以通过菜单栏中的【视图】/【动态观察】/【自由动态观察】命令来确定视点，结果如图 9-18 所示。

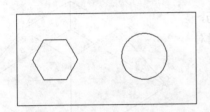

图 9-17　绘制完成时的效果

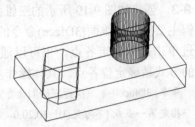

图 9-18　改变视点后的效果

9.4　曲面模型

曲面模型也可以称为网格模型，因为它的面是由多边形网格定义的，只能近似于曲面。与线框模型相比，曲面模型更为复杂，不仅定义了三维对象的边界，而且定义了表面。本节学习曲面模型的创建方法。

9.4.1　三维面(3Dface)

在创建三维模型时，有时需要创建一些三维面用于消隐与着色，这些三维面可以用三维面(3Dface)命令来创建。与 Solid 命令相比，3Dface 命令可以为每一个点指定不同的 Z 坐标，以创建空间的三维面；另外，还可以围绕一个对象沿顺时针或逆时针方向旋转一定的角度，从而生成三维面。

三维面的顶点总数不能超过 4 个。调用【三维面】命令的方法如下：

> 菜单栏：执行【绘图】/【建模】/【网格】/【三维面】命令
> 命令行：3Dface

命令行提示与操作如下：

命令：3Dface↵　　　(执行三维面命令)

指定第一点或 [不可见(I)]：　　　(使用鼠标或坐标值确定第一点)

指定第二点或 [不可见(I)]:　　　(确定构成面的第二点)

指定第三点或[不可见(I)] <退出>:　　　(确定构成面的第三点)

指定第四点或[不可见(I)] <创建三侧面>:　　　(确定构成面的第四点)

如果用户在提示指定第三点时按回车键，则 AutoCAD 将用三条边封闭形成一个面，同时结束操作。

如果用户依次指定了四个点，则 AutoCAD 将连接第四点与第一点，同时继续提示"指定第三点或 [不可见(I)]<退出>:"。

如果要在一个三维面(3Dface)命令中绘制多个面，那么第一个面的后两个端点将成为第二个面的前两个端点，第二个面的后两个端点又将成为第三个面的前两个端点，依此类推。

由于三维面(3Dface)命令中没有"放弃"选项，因此在一个命令中绘制多个三维面时应特别注意，避免出现失误而导致重新绘制整个面。

例 9-3　创建如图 9-19 所示的三维面。

本例主要练习三维面(3Dface)命令的使用技巧，可以通过单击鼠标确定各点，也可以通过输入绝对坐标值的方式精确定位各点。具体操作步骤如下：

命令: 3Dface↵　　　(执行三维面命令)

指定第一点或 [不可见(I)]: 30,20,0↵

　　　(通过坐标值确定点)

指定第二点或 [不可见(I)]: 40,30,20↵

指定第三点或 [不可见(I)] <退出>: 40,50,20↵

指定第四点或 [不可见(I)] <创建三侧面>: 30,60,0↵

指定第三点或 [不可见(I)] <退出>: 70,60,0↵

指定第四点或 [不可见(I)] <创建三侧面>: 60,50,20↵

指定第三点或 [不可见(I)] <退出>: 60,30,20↵

指定第四点或 [不可见(I)] <创建三侧面>: 70,20,0↵

指定第三点或 [不可见(I)] <退出>: 30,20,0↵

指定第四点或 [不可见(I)] <创建三侧面>: 40,30,20↵

指定第三点或 [不可见(I)] <退出>:↵　　　(按回车键退出操作)

命令: Vpoint↵　　　(执行视点命令)

当前视图方向:　VIEWDIR=0.0000,0.0000,1.0000

指定视点或 [旋转(R)]<显示指南针和三轴架>: 1,1,1↵　　　(设置视点)

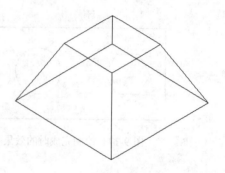

图 9-19　创建的三维面

完成上述操作以后，即可得到实例中要求的三维面。但是要注意，创建的三维面效果与用户指定点的顺序有关，不同的顺序可能导致不同的绘图结果。

9.4.2　三维网格(3Dmesh)

三维网格(3Dmesh)命令用于创建任意形状的三维多边形网格。在 AutoCAD 新版本中只能通过命令行实现。执行三维网格(3Dmesh)命令以后，AutoCAD 首先提示输入网格的行数

(用 M 表示)与列数(用 N 表示)，然后指定网格每个顶点的位置，这样就可以创建由 M×N 个点组成的三维网格。

创建三维网格的方法如下：

命令: 3Dmesh↵　　(执行三维网格命令)

输入 M 方向上的网格数量：　　(输入一个 2～256 之间的整数)↵

输入 N 方向上的网格数量：　　(输入一个 2～256 之间的整数)↵

【选项说明】

(1) M、N 的最小值为 2。

(2) 在两个方向上所允许的最大网格顶点数为 256。

(3) 每个点必须分别输入，可以是二维点，也可以是三维点，而且点之间的距离可以是任意值。

例 9-4　创建一个 5×4 的多边形网格，如图 9-20 所示。

命令: 3Dmesh↵　　(执行三维网格命令)

输入 M 方向上的网格数量：5↵　　(输入行数)

输入 N 方向上的网格数量：4↵　　(输入列数)

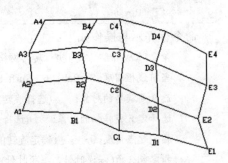

为顶点(0, 0)指定位置: 单击鼠标(指定点 A1)

为顶点(0, 1)指定位置: 单击鼠标(指定点 A2)

为顶点(0, 2)指定位置: 单击鼠标　(指定点 A3)

为顶点(0, 3)指定位置: 单击鼠标　(指定点 A4)

为顶点(1, 0)指定位置: 单击鼠标　(指定点 B1)

为顶点(1, 1)指定位置: 单击鼠标　(指定点 B2)

为顶点(1, 2)指定位置: 单击鼠标　(指定点 B3)

为顶点(1, 3)指定位置: 单击鼠标　(指定点 B4)

图 9-20　三维多边形网格

为顶点(2, 0)指定位置: 单击鼠标　(指定点 C1)

为顶点(2, 1)指定位置: 单击鼠标　(指定点 C2)

为顶点(2, 2)指定位置: 单击鼠标　(指定点 C3)

为顶点(2, 3)指定位置: 单击鼠标　(指定点 C4)

为顶点(3, 0)指定位置: 单击鼠标　(指定点 D1)

为顶点(3, 1)指定位置: 单击鼠标　(指定点 D2)

为顶点(3, 2)指定位置: 单击鼠标　(指定点 D3)

为顶点(3, 3)指定位置: 单击鼠标　(指定点 D4)

为顶点(4, 0)指定位置: 单击鼠标　(指定点 E1)

为顶点(4, 1)指定位置: 单击鼠标　(指定点 E2)

为顶点(4, 2)指定位置: 单击鼠标　(指定点 E3)

为顶点(4, 3)指定位置: 单击鼠标　(指定点 E4)

多讲几句　　　　本例主要用于帮助读者理解三维网格命令，所以在绘制图形时，没有精确指定顶点的坐标，而是通过单击鼠标确定的顶点。在指定顶点时，每一列都要按照相同的顺序，否则得不到预期的效果。

9.4.3　旋转网格(Revsurf)

旋转网格(Revsurf)命令是围绕指定的旋转轴，使对象旋转一定的角度而形成的网格对象。旋转对象可以是直线、圆弧、圆、二维多段线、三维多段线或样条曲线。如果旋转对象是由直线、圆弧或二维多段线组成的多个对象，则需要使用编辑多段线(Pedit)命令组合成一个对象，然后进行旋转生成网格曲面。旋转轴可以是直线或二维多段线，并且可以是任意长度和沿任意方向的。

在旋转网格(Revsurf)命令中，系统变量 Surftab1 和 Surftab2 分别用于控制网格的 M 值与 N 值。变量 Surftab1 的值决定了环绕旋转轴的面的数量，它是一个 2～32 766 之间的整数；变量 Surftab2 的值决定了旋转对象由多少段圆弧组成。

调用【旋转网格】命令的方法如下：

> 菜单栏：执行【绘图】/【建模】/【网格】/【旋转网格】命令
> 命令行：Revsurf

命令行提示与操作如下：

　　命令: Revsurf↵　　　(执行旋转网格命令)
　　当前线框密度: Surftab1=6　Surftab2=6　　(自动显示的系统设置)
　　选择要旋转的对象:　　(选择旋转对象)
　　选择定义旋转轴的对象:　　(选择作为旋转轴的对象)
　　指定起点角度<0>:　　(确定旋转的起始角度)
　　指定包含角(+=逆时针，-=顺时针)<360>:　　(输入旋转网格包含的角度，其中，"+"表示将沿逆时针方向旋转，"–"表示将沿顺时针方向旋转，默认值是 360 度)

【选项说明】

(1) 使用该命令之前，必须先绘制出旋转对象与旋转轴。当创建旋转网格后可以根据情况删除旋转轴。

(2) Surftab1 和 Surftab2 的默认值均为 6。

(3) 在"指定起点角度<0>:"提示下，如果要旋转一周，则该值不用输入；如果要旋转一定的角度，则该值必须输入，再输入旋转的角度值。逆时针旋转时角度为正值，顺时针旋转时角度为负值。

例 9-5　创建如图 9-21 所示的旋转网格，设置 Surftab1、Surftab2 的值均为 30，指定二维多段线为旋转对象，直线为旋转轴。

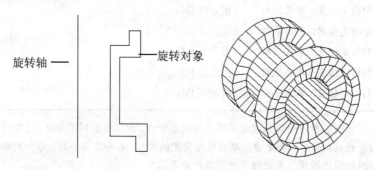

图 9-21　创建旋转网格

本例练习旋转网格命令的使用，首先需要创建旋转对象与旋转轴。旋转对象可以由多段线(Pline)命令进行绘制，然后使用编辑多段线(Pedit)命令组合成一个对象。生成旋转网格以后，必须转换到三维视图后才可以看到三维效果。具体操作步骤如下：

(1) 创建模型。

　　命令: Surftab1↵

　　输入 Surftab1 的新值<6>: 30↵　　　　(设置控制网格的 M 值)

　　命令: Surftab2↵

　　输入 Surftab2 的新值<6>: 30↵　　　　(设置控制网格的 N 值)

　　命令: Revsurf↵　　　(执行旋转网格命令)

　　当前线框密度: Surftab1 = 30　Surftab2 = 30

　　选择要旋转的对象: 拾取右侧的轮廓图形　　(指定旋转对象)

　　选择定义旋转轴的对象: 拾取左侧的直线　　(指定旋转轴)

　　指定起点角度<0>: ↵　(采用默认值，即起始角度为 0)

　　指定包含角(+ = 逆时针，– = 顺时针)<360>: ↵　　(采用默认值，即旋转 360 度)

(2) 改变视图。

单击菜单栏中的【视图】/【三维视图】/【西南等轴测】命令，将视图转换为三维视图，再单击菜单栏中的【视图】/【消隐】命令，即可观察旋转得到的网格模型。

9.4.4　平移网格(Tabsurf)

平移网格(Tabsurf)命令用于构造一个多边形网格，此网格表示一个由轮廓曲线和方向矢量定义的基本平移曲面。轮廓曲线可以是直线、圆弧、圆、二维多段线、三维多段线或样条曲线。方向矢量可以是直线或开放的二维或三维多段线。方向矢量指出形状的拉伸方向和长度，在多段线或直线上选定的端点决定了拉伸的方向，如图 9-22 所示。

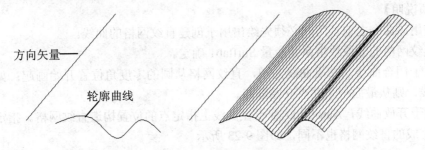

图 9-22　创建平移网格

调用【平移网格】命令的方法如下：

> 菜单栏：执行【绘图】/【建模】/【网格】/【平移网格】命令
> 命令行：Tabsurf

命令行提示与操作如下：

　　命令: Tabsurf↵　(执行平移网格命令)

　　当前线框密度: Surftab1=6　(自动显示的系统设置)

　　选择用作轮廓曲线的对象:　(选择一条曲线)

　　选择用作方向矢量的对象:　(选择一个方向矢量)

【选项说明】

(1) 平移网格的分段数由系统变量 Surftab1 确定。

(2) 方向矢量决定了曲面的方向。用户在选择方向矢量时，选取点的位置决定了拉伸方向，从选取点到远离该点的那一端是方向矢量的方向。

(3) 创建了平移网格后，可以删除原来的方向矢量。

9.4.5　直纹网格(Rulesurf)

直纹网格(Rulesurf)命令用于在两个对象之间创建直纹曲面网格。组成直纹网格的两个对象可以是直线、点、圆弧、圆、二维多段线、三维多段线或样条曲线。

如果其中的一个对象是开放的，如直线或圆弧，那么另一个对象也必须是开放的；如果其中的一个对象是闭合的，如圆或椭圆，那么另一个对象也必须是闭合的。当点作为其中的一个对象时，不必考虑另一个对象是开放的还是闭合的，但两个对象中只能有一个对象是点。

使用直纹网格(Rulesurf)命令可以创建一个 M 行、N 列的网格，M 值是一个固定值 2，N 值根据所需面的数量而改变，这个值可由系统变量 Surftab1 来控制。

调用【直纹网格】命令的方法如下：

> 菜单栏：执行【绘图】/【建模】/【网格】/【直纹网格】命令
>
> 命令行：Rulesurf

命令行提示与操作如下：

　　命令: Rulesurf↵　　　(执行直纹网格命令)

　　当前线框密度: Surftab1=6　　　(自动显示的系统设置)

　　选择第一条定义曲线:　　　(拾取第一条曲线)

　　选择第二条定义曲线:　　　(拾取第二条曲线)

【选项说明】

(1) 使用该命令之前，用户必须先绘出用于创建直纹网格的曲线。

(2) 直纹网格的分段数由系统变量 Surftab1 确定。

(3) 对于闭合曲线，如果曲线为圆，直纹网格从圆的零度角位置开始画起；如果是闭合的多段线，则从最后一个顶点开始画起。

(4) 对于开放曲线，AutoCAD 基于在曲线上指定点的位置构造直纹网格。指定点的位置不同，生成的直纹网格也不同，如图 9-23 所示。

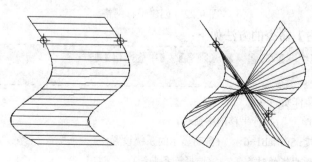

图 9-23　不同的直纹网格

9.4.6 边界网格(Edgesurf)

边界网格(Edgesurf)命令用于构造一个三维多边形网格，该曲面网格由四条相邻接的边作为边界进行创建。使用边界网格(Edgesurf)命令创建曲面网格时，只需要输入相应的四条边即可。这些边可以是圆弧、直线、多段线、样条曲线或者椭圆弧，但必须首尾相连以形成封闭的边界。

与旋转网格(Revsurf)命令相同，边界网格(Edgesurf)命令也由系统变量 Surftab1 和 Surftab2 来控制网格的 M 值与 N 值。

调用【边界网格】命令的方法如下：

> 菜单栏：执行【绘图】/【建模】/【网格】/【边界网格】命令
>
> 命令行：Edgesurf

命令行提示与操作如下：

命令：Edgesurf↵ （执行边界网格命令）

当前线框密度：Surftab1 = 6 Surftab2 = 6 （自动显示的系统设置）

选择用作曲面边界的对象 1： （选择第一条边界）

选择用作曲面边界的对象 2： （选择第二条边界）

选择用作曲面边界的对象 3： （选择第三条边界）

选择用作曲面边界的对象 4： （选择第四条边界）

【选项说明】

(1) 必须先绘出用于创建边界网格的四个边界对象，可以是直线、多段线、样条曲线、圆弧或椭圆弧，而且要首尾相连。

(2) 用户选择的第一个对象的方向为边界网格的 M 方向，它的相邻方向为网格的 N 方向。如图 9-24 所示为边界网格示例，左侧是边界对象，右侧为创建结果。

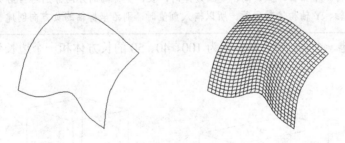

图 9-24 创建边界曲面

9.5 实 体 模 型

实体模型是一个实心的三维对象，它比表面模型具有更多的特征信息。创建了实体模型后，用户可以对其进行打孔、挖槽等布尔运算，从而创建出更为复杂和有实际意义的物体。用户可以直接输入实体的控制尺寸，由系统自动生成实体，也可以将创建好的二维图形对象进行拉伸或旋转生成目标实体。

9.5.1　长方体(Box)

　　长方体(Box)命令用于创建实心的长方体或立方体。在默认状态下，长方体的底面总与当前用户坐标系的 XY 平面平行。创建实心长方体时，可以通过指定长方体的中心点或一个角点来确定。

　　调用【长方体】命令的方法如下：

> 菜单栏：执行【绘图】/【建模】/【长方体】命令
> 工具栏：单击【建模】工具栏中的【长方体】按钮▢
> 命令行：Box

　　命令行提示与操作如下：

　　　　命令: Box↵　　(执行长方体命令)

　　　　指定第一个角点或 [中心(C)]:　　(通过单击鼠标确定长方体的角点或中心)

　　　　指定其他角点或 [立方体(C)/长度(L)]:　　(指定长方体的另一个角点或选择其他选项)

　　　　指定高度或 [两点(2P)]:　　(确定长方体的高度)

【选项说明】

　　(1) 指定第一个角点：该项为默认选项，用于输入长方体底面对角线的两点，再输入长方体的高度。

　　(2) 中心(C)：选择该项，则先确定长方体底面的中心点，系统根据中心点拉出一条拖引线以确定矩形的大小。

　　(3) 立方体(C)：选择该项，可以创建一个各边都相等的立方体。

　　(4) 长度(L)：选择该项，可以根据长方体的长、宽、高创建长方体。

> 在 AutoCAD 中，长方体的各边分别与当前 UCS 的 X 轴、Y 轴和 Z 轴平行。根据长、宽、高创建长方体时，长、宽、高的方向分别与当前 UCS 的 X 轴、Y 轴和 Z 轴平行。所以输入负值时，则沿坐标轴的负方向创建长方体。

　　例 9-6　创建一个长、宽、高分别为 100、40、50 的长方体和一个边长为 60 的立方体，如图 9-25 所示。

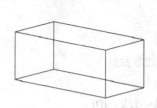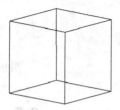

图 9-25　创建的长方体及立方体

　　本例主要练习长方体命令的使用。由于已知长方体的长度、宽度、高度以及立方体的边长，所以可以通过指定角点与长度的方式创建。具体操作步骤如下：

　　(1) 创建长方体。

　　　　命令: Box↵　　(执行长方体命令)

指定第一个角点或 [中心(C)]:点取一点　　　(确定长方体的一个角点)

指定其他角点或 [立方体(C)/长度(L)]: L↵　　　(选择长度选项)

指定长度: 100↵　(指定长方体的长度)

指定宽度: 40↵　　(指定长方体的宽度)

指定高度或 [两点(2P)]: 50↵　　(指定长方体的高度)

(2) 创建立方体。

命令: Box↵　　(执行长方体命令)

指定第一个角点或 [中心(C)]:点取一点　　　(确定立方体的一个角点)

指定其他角点或 [立方体(C)/长度(L)]:C↵　　(选择立方体选项)

指定长度: 60↵　　(指定立方体的长度)

完成了实例的创建以后，需要使用自由动态观察器改变视角，才能得到满意的显示效果。

9.5.2　圆锥体(Cone)

圆锥体(Cone)命令用于创建圆锥体或椭圆锥体。默认状态下，圆锥体的底面平行于当前用户坐标系的 XY 平面，且对称地变细直至交于 Z 轴上的一点。

调用【圆锥体】命令的方法如下:

菜单栏: 执行【绘图】/【建模】/【圆锥体】命令

工具栏: 单击【建模】工具栏中的【圆锥体】按钮 △

命令行: Cone

命令行提示与操作如下:

命令: Cone↵　　(执行圆锥体命令)

指定底面的中心点或 [三点(3P)/两点(2P)/切点、切点、半径(T)/椭圆(E)]:　　(指定圆锥体底面的
　　中心或者选择其他选项确定底面圆形，如果选择"椭圆(E)"则可以创建椭圆锥体)

指定底面半径或 [直径(D)]:　　(确定底面圆形的半径或直径)

指定高度或 [两点(2P)/轴端点(A)/顶面半径(T)]:　　(确定圆锥体的高度)

【选项说明】

(1) 默认状态下，AutoCAD 提示输入圆锥体底面的中心点，即底面圆心；另外也可以通过三点(3P)，两点(2P)以及切点、切点、半径(T)的方式来确定底面圆形。

(2) 椭圆(E): 选择该项，可以创建椭圆锥体。

(3) 指定高度时，只需输入高度值，不需要输入方向。此时如果选择了"顶面半径(T)"，则可以创建圆台体，如图 9-26 所示。

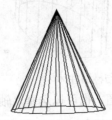

图 9-26　创建的圆锥体与圆台体

(4) 绘制圆锥体时，可以通过变量 Isolines 改变线框密度，其默认值为 4。值越大，实体模型越平滑。如图 9-27 所示分别为 Isolines=8 与 Isolines=30 时的效果。

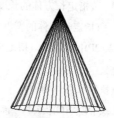

图 9-27　不同的线框密度

9.5.3　圆柱体(Cylinder)

圆柱体(Cylinder)命令用于创建以圆或椭圆作底面且两端直径相等的圆柱体。圆柱体是与拉伸圆或椭圆相似的一种基本实体，但它没有拉伸斜角。

调用【圆柱体】命令的方法如下：

> 菜单栏：执行【绘图】/【建模】/【圆柱体】命令
> 工具栏：单击【建模】工具栏中的【圆柱体】按钮 ▢
> 命令行：Cylinder

命令行提示与操作如下：

　　命令: Cylinder↵　　　(执行圆柱体命令)
　　指定底面的中心点或 [三点(3P)/两点(2P)/切点、切点、半径(T)/椭圆(E)]:　　(确定圆柱体底面圆形的中心或选择其他选项)
　　指定底面半径或 [直径(D)]:　　(确定底面圆形的半径或直径)
　　指定高度或 [两点(2P)/轴端点(A)]:　　(指定圆柱体的高度)

【选项说明】

(1) 与圆锥体类似，在确定圆柱体的底面圆形时，可以指定中心点，还可以通过三点(3P)、两点(2P)以及切点、切点、半径(T)的方式来确定底面圆形；而选择"椭圆(E)"选项，则创建椭圆柱体，如图 9-28 所示。

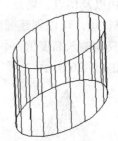

图 9-28　创建的圆柱体与椭圆柱体

(2) 确定圆柱体的高度时，可以直接指定高度值，也可以选择"轴端点(A)"，根据另一底面中心点的位置确定高度。

(3) 可以通过变量 Isolines 改变圆柱体的线框密度。

9.5.4　球体(Sphere)

球体(Sphere)命令用于创建三维实心球体,三维球体表面上的所有点到中心的距离都相等。创建球体只有一种形式,即中心轴与当前 UCS 的 Z 轴方向一致。

调用【球体】命令的方法如下:

> 菜单栏:执行【绘图】/【建模】/【球体】命令
> 工具栏:单击【建模】工具栏中的【球体】按钮○
> 命令行:Sphere

命令行提示与操作如下:

　　命令:Sphere↵　　(执行球体命令)

　　指定中心点或 [三点(3P)/两点(2P)/切点、切点、半径(T)]:　　(指定球体的中心,或者选择其他选项创建球体)

　　指定半径或 [直径(D)]:　　(确定球体的半径或直径)

同样,球体也是以线框的形式来显示的,线框的密度由系统变量 Isolines 来控制,数值越大线框越密。如图 9-29 所示分别为 Isolines=6 与 Isolines=20 的效果。

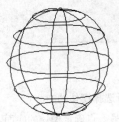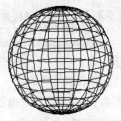

图 9-29　不同线框密度的球体

9.5.5　圆环体(Torus)

圆环体(Torus)命令用于创建与轮胎内胎相似的圆环体。圆环体与当前用户坐标系的 XY 平面平行且被此平面平分。

调用【圆环体】命令的方法如下:

> 菜单栏:执行【绘图】/【建模】/【圆环体】命令
> 工具栏:单击【建模】工具栏中的【圆环体】按钮◎
> 命令行:Torus

命令行提示与操作如下:

　　命令:Torus↵　　(执行圆环体命令)

　　指定中心点或 [三点(3P)/两点(2P)/切点、切点、半径(T)]:　　(确定圆环的中心或以其他方式确定圆环)

　　指定半径或 [直径(D)]:　　(确定圆环的半径)

　　指定圆管半径或 [两点(2P)/直径(D)]:　　(确定圆管的半径,即圆环体的粗细)

AutoCAD 提示输入圆环的中心后,提示输入圆环以及圆管的半径或直径。如果圆管的半径大于圆环的半径,则创建无中心孔的圆环体;如果圆环半径为负值,则创建一个类似于球的实体，如图 9-30 所示。

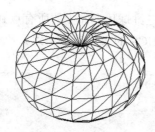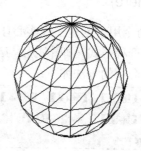

图 9-30　特殊的圆环体

9.5.6　楔体(Wedge)

楔体(Wedge)命令用于创建楔体模型，其形状类似于将长方体沿某一面的对角线方向切去一半。楔体的底面平行于当前 UCS 的 XY 平面，其倾斜面尖端沿 Z 轴正向。

调用【楔体】命令的方法如下：

> 菜单栏：执行【绘图】/【建模】/【楔体】命令
>
> 工具栏：单击【建模】工具栏中的【楔体】按钮◢
>
> 命令行：Wedge

命令行提示与操作如下：

命令: Wedge↵　　(执行楔体命令)

指定第一个角点或 [中心(C)]:　　(指定一点或者选择楔体的中心)

指定其他角点或 [立方体(C)/长度(L)]:　　(指定另一点确定楔体的底面，或者选择其他选项)

指定高度或 [两点(2P)]:　　(指定楔体的高度)

【选项说明】

(1) 执行楔体(Wedge)命令时，命令行中的提示与执行长方体(Box)命令时的选项相同，同名选项的功能也相同。

(2) 楔体的底面平行于当前 UCS 的 XY 平面，斜面正对第一个角点。

(3) 指定楔体的长度、宽度、高度时，可以为正值，也可以为负值。当输入的值为正时，表示该方向与坐标轴正方向相同；反之，则与坐标轴正方向相反。

(4) 楔体的尺寸由三种方式确定：默认为"指定角点"的方式，即指定楔体底面的第一点、与之相对的另一点以及高度创建楔体；"立方体"选项则创建所有边都相等的楔体；"长度"选项通过指定的长度、宽度和高度创建楔体。

例 9-7　创建一个长为 80、宽为 40、高为 60 的楔体和一个边长为 50 的等边楔体。

本例练习不同楔体的创建方法。由于已知楔体的长、宽、高，所以可以通过指定楔体的长度、宽度和高度来创建楔体。具体操作步骤如下：

(1) 创建不等边楔体。

命令: Wedge↵　　(执行楔体命令)

指定第一个角点或 [中心(C)]: 任取一点

指定其他角点或 [立方体(C)/长度(L)]: L↵　　(选择长度选项)

指定长度: 80↵   (指定楔体的长度)

指定宽度: 40↵   (指定楔体的宽度)

指定高度: 60↵   (指定楔体的高度)

(2) 创建等边楔体。

命令: Wedge↵   (执行楔体命令)

指定第一个角点或 [中心(C)]: 任取一点

指定其他角点或 [立方体(C)/长度(L)]: C↵   (选择立方体选项)

指定长度: 50↵   (指定等边楔体的边长)

完成了楔体的创建以后，需要改变视角才能得到满意的显示效果。使用自由动态观察器调整视角以后，效果如图 9-31 所示。

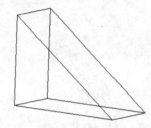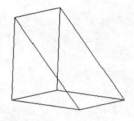

图 9-31   不等边楔体与等边楔体

9.5.7   拉伸(Extrude)

拉伸(Extrude)命令用于通过拉伸圆、闭合的多段线、多边形、椭圆、闭合的样条曲线、圆环或面域来创建特殊的实体对象。由于多段线可以是任意形状，因此使用拉伸(Extrude)命令可以创建不规则的实体，如图 9-32 所示。

拉伸前

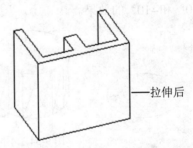 拉伸后

图 9-32   拉伸生成的实体对象

调用【拉伸】命令的方法如下:

> 菜单栏: 执行【绘图】/【建模】/【拉伸】命令
> 工具栏: 单击【建模】工具栏中的【拉伸】按钮⬆
> 命令行: Extrude

命令行提示与操作如下:

命令: Extrude↵   (执行拉伸命令)

当前线框密度: Isolines = 4   (自动显示的系统设置)

选择要拉伸的对象: 拾取对象   (选择要拉伸的对象)

　　选择要拉伸的对象:↵　　　(结束选择操作)

　　指定拉伸的高度或 [方向(D)/路径(P)/倾斜角(T)]:　　　(指定拉伸高度，或选择其他选项)

【选项说明】

　　(1) 拉伸的高度：用于指定拉伸的距离值。如果输入正值，则沿当前用户坐标系的 Z 轴正向拉伸对象；如果输入负值，则沿 Z 轴负向拉伸对象。

　　(2) 方向(D)：选择该项，可以通过指定的两点确定拉伸的长度和方向(方向不能与拉伸创建的扫掠曲线所在的平面平行)。

　　(3) 路径(P)：选择该项，可以使拉伸对象沿着指定的路径进行拉伸以创建实体。直线、圆、圆弧、椭圆、椭圆弧、多段线和样条曲线都可以作为路径。路径不能与剖面在同一个平面内。拉伸的实体开始于剖面所在的平面，终止于在路径端点处与路径垂直的平面，如图 9-33 所示。

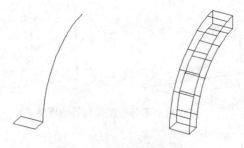

图 9-33　沿路径进行拉伸

　　(4) 倾斜角(T)：选择该项，可以设置拉伸的倾斜角度，取值范围为 −90°～+90°。如果拉伸斜角为 0°，将沿着被拉伸对象所在平面的垂直方向进行拉伸；正值表示逐渐变细地拉伸；负值表示逐渐变粗地拉伸。如图 9-34 所示，从左到右分别为拉伸对象，拉伸斜角为 0°、10° 和−10° 的效果。

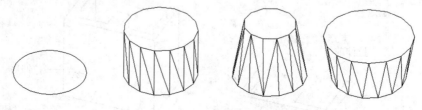

图 9-34　不同倾斜角的拉伸效果

　　　　　　在拉伸对象时，当用户指定一个较大的斜角或较长的拉伸高度时，可能会导致拉伸对象或拉伸对象的一部分在到达拉伸高度之前就已经汇聚到一点，此时将无法进行拉伸。

9.5.8　旋转(Revolve)

　　旋转(Revolve)命令通过旋转或扫掠闭合的多段线、多边形、圆、椭圆、闭合的样条曲线、圆环或面域来创建三维对象，但不能旋转相交或自交的多段线，如图 9-35 所示。旋转(Revolve)命令与旋转网格(Revsurf)命令相似，区别在于：旋转网格命令用于创建一个回转面，而旋转命令用于创建一个回转体。

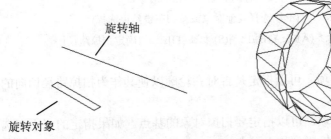

旋转轴

旋转对象

图 9-35　旋转生成的实体对象

调用【旋转】命令的方法如下：

菜单栏：执行【绘图】/【建模】/【旋转】命令
工具栏：单击【建模】工具栏中的【旋转】按钮
命令行：Revolve

命令行提示与操作如下：

命令: Revolve↵　　（执行旋转命令）

当前线框密度: Isolines = 4

选择要旋转的对象:　　　（选择要旋转的对象）

选择要旋转的对象:↵　　　（继续选择对象或按回车键结束选择）

指定轴起点或根据以下选项之一定义轴 [对象(O)/X/Y/Z]<对象>:　　　（确定轴起点或选择其他定义轴的方式）

指定轴端点:　　（确定轴端点，由起点与端点决定旋转轴）

指定旋转角度或 [起点角度(ST)] <360>:　　　（确定旋转角度，默认值为 360 度）

【选项说明】

(1) 默认状态下，通过指定旋转轴的起点与端点确定旋转轴。轴的正方向从起点指向端点，旋转的正方向由右手定则确定。

(2) 对象(O)：选择该项，将以已有的直线或多段线中的单条线段来定义旋转轴。轴的正方向是从这条直线上距旋转对象最近的端点指向最远的端点。

(3) X/Y/Z 轴：选择该项，则将当前用户坐标系的 X/Y/Z 轴的正向作为旋转轴。

9.5.9　扫掠(Sweep)

使用扫掠(Sweep)命令，可以沿开放或闭合的二维或三维路径扫掠开放或闭合的平面曲线(轮廓)创建新实体或曲面，并且可以扫掠多个对象，但是这些对象必须位于同一平面中。

调用【扫掠】命令的方法如下：

菜单栏：执行【绘图】/【建模】/【扫掠】命令
工具栏：单击【建模】工具栏中的【扫掠】按钮
命令行：Sweep

命令行提示与操作如下：

命令: Sweep↵　　（执行扫掠命令）

当前线框密度： Isolines=4

选择要扫掠的对象:　　(选择要扫掠的对象，即轮廓对象)

选择要扫掠的对象:↵　　(继续选择其他对象或按回车键结束选择)

选择扫掠路径或 [对齐(A)/基点(B)/比例(S)/扭曲(T)]:　　(确定扫掠路径)

【选项说明】

(1) 对齐(A)：选择该项，可以指定是否对齐轮廓以使其作为扫掠路径切向的法向。默认情况下，轮廓是对齐的。

(2) 基点(B)：选择该项，可以指定要扫掠对象的基点。如果指定的点不在选定对象所在的平面上，则该点将被投影到该平面上。

(3) 比例(S)：选择该项，可以指定比例因子以进行扫掠操作。从扫掠路径的开始到结束，比例因子将统一应用到扫掠的对象上。

(4) 扭曲(T)：选择该项，可以设置被扫掠的对象的扭曲角度。该角度控制沿扫掠路径全部长度的旋转量。选择该项以后，系统继续提示：

输入扭曲角度或允许非平面扫掠路径倾斜 [倾斜(B)]

<0.000>:　　(输入角度值或输入 B 选择倾斜)

选择扫掠路径 [对齐(A)/基点(B)/比例(S)/扭曲(T)]:　　(确定扫掠路径或选择其他选项)

例9-8　创建一个截面为矩形的螺旋体，如图9-36所示。

要绘制本例中的螺旋体，可以创建一个螺旋线作为扫掠路径，然后创建一个矩形作为扫掠对象，即轮廓，然后通过扫掠(Sweep)命令即可完成。具体操作步骤如下：

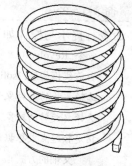

图 9-36　创建的螺旋体

(1) 单击菜单栏中的【视图】/【三维视图】/【西南等轴测】命令，将视图更改为西南等轴测视图。

(2) 分别绘制一个矩形与一条螺旋线，如图9-37所示。

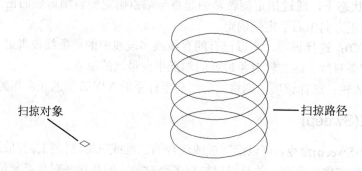

扫掠对象　　　　　　　　　　　　　　　扫掠路径

图 9-37　绘制的矩形和螺旋线

(3) 使用扫掠(Sweep)命令生成螺旋体。

命令: Sweep↵　　(执行扫掠命令)

当前线框密度： Isolines=4

选择要扫掠的对象: 拾取矩形　　(选择要扫掠的对象)

选择要扫掠的对象:↵　　(结束选择)

　　　　选择扫掠路径或 [对齐(A)/基点(B)/比例(S)/扭曲(T)]: T↵　　(选择扭曲选项)

　　　　输入扭曲角度或允许非平面扫掠路径倾斜 [倾斜(B)] <0.0000>: 360↵　　(输入扭曲角度)

　　　　选择扫掠路径或 [对齐(A)/基点(B)/比例(S)/扭曲(T)]:拾取螺旋线　　(选择扫掠路径,即将螺旋
　　　　线作为路径)

(4) 改变视觉样式。

　　单击菜单栏中的【视图】/【视觉样式】/【三维隐藏】命令,即可得到实例效果。如果选择了【概念】命令,则可以显示更多的细节,如图 9-38 所示。

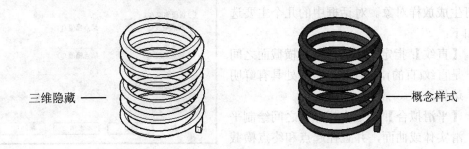

三维隐藏　　　　　　　　　　　　　　　　　　　　概念样式

图 9-38　改变视觉样式后的效果

9.5.10　放样(Loft)

　　使用放样(Loft)命令,可以通过指定一系列横截面来创建新的实体或曲面。横截面定义了结果实体或曲面的轮廓(形状)。横截面可以是开放的,如圆弧、样条曲线、二维多段线等;也可以是闭合的,如圆、椭圆、封闭的样条曲线等。

　　使用放样(Loft)命令时,至少必须指定两个横截面,必要时还需要指定一个二维对象作为放样路径,用于定义放样对象的深度。如图 9-39 所示为放样生成的实体对象。

图 9-39　放样生成的实体对象

调用【放样】命令的方法如下:

> 菜单栏: 执行【绘图】/【建模】/【放样】命令
> 工具栏: 单击【建模】工具栏中的【放样】按钮
> 命令行: Loft

命令行提示与操作如下:

　　　　命令: Loft↵　　(执行放样命令)

　　　　按放样次序选择横截面:　　(选择放样横截面)

　　　　按放样次序选择横截面:　　(选择放样横截面)

按放样次序选择横截面:↵   (继续选择放样横截面，或者按下回车键结束选择)

输入选项 [导向(G)/路径(P)/仅横截面(C)] <仅横截面>:   (按下回车键或选择其他选项)

【选项说明】

(1) 仅横截面(C)：该项为默认选项，直接按回车键即可，此时弹出【放样设置】对话框，如图 9-40 所示。

在该对话框中设置好参数并单击 确定 按钮，即可生成放样对象。对话框中的几个主要选项意义如下：

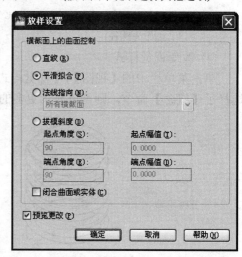

❖ 【直纹】：指定实体或曲面在横截面之间是直纹(直的)，并且在横截面处具有鲜明边界。

❖ 【平滑拟合】：指定在横截面之间绘制平滑实体或曲面，并且在起点和终点横截面处具有鲜明边界。

图 9-40   【放样设置】对话框

❖ 【法线指向】：控制实体或曲面在通过横截面处的曲面法线。

❖ 【拔模斜度】：控制放样实体或曲面的第一个和最后一个横截面的拔模斜度和幅值。

(2) 路径(P)：选择该项，可以指定一条路径，让横截面沿着路径进行放样，生成实体或曲面模型，如图 9-41 所示。

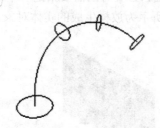

图 9-41   沿路径进行放样

(3) 导向(G)：选择该项，可以指定控制放样实体或曲面形状的导向曲线。导向曲线是直线或曲线，可以使用导向曲线来控制点如何匹配相应的横截面，以防止出现不希望看到的效果，如图 9-42 所示。

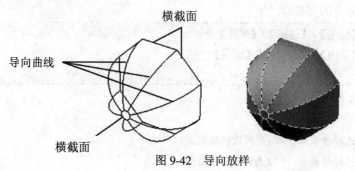

图 9-42   导向放样

多讲几句　　　用户可以为放样曲面或实体选择任意数目的导向曲线,但是每条导向曲线必须满足以下条件才能正常工作: ① 与每个横截面相交; ② 始于第一个横截面; ③ 止于最后一个横截面。

9.6　三维实体编辑

在 AutoCAD 中,用户可以使用系统提供的三维编辑命令来编辑三维对象,不但可以修改对象的尺寸和对象间的位置关系,还可以使用各种方法使对象更加真实与完美,如移动、镜像、布尔运算、阵列、倒角等。

9.6.1　布尔运算

布尔运算可以将两个或两个以上的实体或面域组合成一个新的复合体或面域。尽管布尔运算是在两个对象之间进行的,但 AutoCAD 允许在一个布尔运算命令中选择多个对象。在 AutoCAD 中有三种基本的布尔运算命令:并集(Union)、差集(Subtract)和交集(Intersect)。

并集、差集、交集命令允许在一个命令中同时选择多个实体和面域,但是实体只和实体进行组合,面域只和面域进行组合。在进行面域之间的组合时,只能组合位于同一平面内的面域,即一个布尔运算命令可以创建一个复合实体,但可能会创建多个复合面域。

1. 并集运算(Union)

并集命令用于完成相加的运算,即根据一个或多个原始的实体生成一个新的复合实体。在进行"并集"操作时,实体或面域并不进行复制,因此复合体的体积只会等于或小于原对象的体积。

调用【并集】命令的方法如下:

> 菜单栏: 执行【修改】/【实体编辑】/【并集】命令
>
> 工具栏: 单击【实体编辑】工具栏中的【并集】按钮 ⓪
>
> 命令行: Union

命令行提示与操作如下:

　　命令: Union↵　　(执行并集命令)

　　选择对象:　　(选择并集运算对象)

　　选择对象:　　(选择并集运算对象)

　　选择对象:↵　　(继续选择对象,或者按回车键确认)

执行并集命令以后,系统会提示"选择对象:",这时既可以逐一拾取要进行并集运算的对象,也可以一次选择多个对象,并且选择的对象可以重叠、相邻或不相邻。

例 9-9　如图 9-43 所示,将长方体和圆柱体连接成一个复合体。

　　命令: Union↵　　(执行并集命令)

　　选择对象: 同时拾取长方体和圆柱体　　(选择并集运算对象)

　　选择对象:↵　　(按下回车键结束操作)

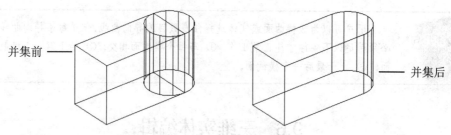

图 9-43　实体并集运算

2. 差集运算(Subtract)

差集命令用于完成减法运算，即从选定的实体中删除与另一个实体相重叠的公共部分。

调用【差集】命令的方法如下：

> 菜单栏：执行【修改】/【实体编辑】/【差集】命令
>
> 工具栏：单击【实体编辑】工具栏中的【差集】按钮 ⓪
>
> 命令行：Subtract

命令行提示与操作如下：

> 命令：Subtract↵　　(执行差集命令)
>
> 选择要从中减去的实体、曲面和面域...　　(系统提示)
>
> 选择对象：　　(选择被减对象)
>
> 选择对象：↵　　(确认选择)
>
> 选择对象：选择要减去的实体、曲面和面域...　　(系统提示)
>
> 选择对象：　　(选择要减去的对象)
>
> 选择对象：↵　　(按回车键结束操作)

如果对面域进行差集运算，两个面域必须位于同一平面上。另外，不能对网格对象使用差集命令。如果选择了网格对象，系统将提示用户将该对象转换为三维实体或曲面。

例 9-10　如图 9-44 所示，从长方体中减去圆柱体生成一个复合体。

> 命令：Subtract↵　　(执行差集命令)
>
> 选择要从中减去的实体、曲面和面域...
>
> 选择对象：拾取长方体　　(选择被减对象)
>
> 选择对象：↵　　(确认选择)
>
> 选择对象：选择要减去的实体、曲面和面域...
>
> 选择对象：拾取圆柱体　　(选择要减去的对象)
>
> 选择对象：↵　　(按回车键结束操作)

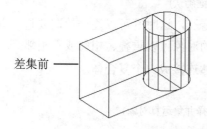
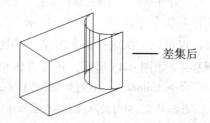

图 9-44　实体差集运算

3. 交集运算(Intersect)

交集命令用于完成相交运算，即将两个或多个对象的公共部分生成复合对象。如果选择的对象是实体，将计算两个或多个实体的公共部分的体积，并生成复合实体。如果选择的对象是面域，则计算两个或多个面域的重叠的面积，并生成复合面域。

调用【交集】命令的方法如下：

> 菜单栏：执行【修改】/【实体编辑】/【交集】命令
> 工具栏：单击【实体编辑】工具栏中的【交集】按钮 ⓪
> 命令行：Intersect

命令行提示与操作如下：

命令：Intersect↵　　(执行交集命令)

选择对象：　　(选择交集运算对象)

选择对象：　　(选择交集运算对象)

选择对象：↵　　(继续选择对象，或者按回车键确认)

显然，交集操作与并集操作基本一致，只需要选择对象并确认即可得到结果。选择对象时既可以逐一拾取，也可同时选择，如图 9-45 所示为交集运算结果。

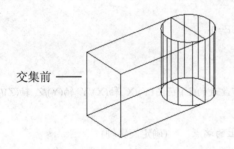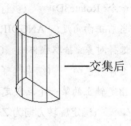

图 9-45　实体交集运算

9.6.2　三维旋转(Rotate3D)

在 AutoCAD 的三维空间中，用户可以使用三维旋转命令，围绕任意的三维空间轴线来旋转指定的对象。

该命令只能通过命令行来完成，具体操作如下：

命令：Rotate3D↵　　(执行三维旋转命令)

当前正向角度：ANGDIR=逆时针　ANGBASE=0

选择对象：　　(选择要旋转移动的三维实体)

选择对象：↵　　(继续选择或按回车键结束选择)

指定轴上的第一个点或定义轴依据[对象(O)/最近的(L)/视图(V)/X 轴(X)/Y 轴(Y)/Z 轴(Z)/两点(2)]：　　(指定第一个点)

指定轴上的第二个点：　　(指定第二个点，则使用两个点定义旋转轴)

指定旋转角度或[参照(R)]：　　(输入旋转角度)

【选项说明】

(1) 对象(O)：选择该项，可用指定的二维图形对象作为旋转轴。可以作为旋转轴的二维图形有直线、圆、圆弧和二维多段线。

(2) 最近的(L)：选择该项，使用最后一次定义的旋转轴。

(3) 视图(V)：选择该项，以通过指定点并与当前视图垂直的直线为旋转轴。

(4) X 轴(X)：选择该项，以通过指定点并与 X 轴平行的直线为旋转轴。

(5) Y 轴(Y)：选择该项，以通过指定点并与 Y 轴平行的直线为旋转轴。

(6) Z 轴(Z)：选择该项，以通过指定点并与 Z 轴平行的直线为旋转轴。

(7) 两点(2)：选择该项，通过指定两个点来定义旋转轴。

例 9-11　将如图 9-46 所示楔体绕 Z 轴旋转 30 度。

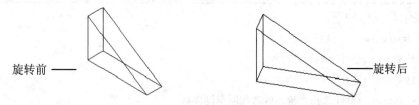

旋转前 ——　　　　　　　　　　　　　—— 旋转后

图 9-46　楔体旋转前、后的比较

具体操作步骤如下：

命令：Rotate3D↵　　(执行三维旋转命令)

当前正向角度：ANGDIR=逆时针 ANGBASE=0

选择对象：拾取楔体　　(选择旋转对象)

选择对象：↵　(结束选择)

指定轴上的第一个点或定义轴依据 [对象(O)/最近的(L)/视图(V)/X 轴(X)/Y 轴(Y)/Z 轴(Z)/两点(2)]：Z↵　(确定旋转方向为 Z 轴方向)

指定 Z 轴上的点 <0,0,0>：捕捉楔体高度边上的端点　　(确定旋转轴)

指定旋转角度或 [参照(R)]：30↵　(输入旋转角度)

在 AutoCAD 中，还提供了一个类似的命令——3Drotate。它也是三维旋转命令，但是与前者的操作不同。它使用三维旋转小控件，可以通过鼠标控制来自由旋转选定的对象，或者将旋转约束到坐标轴。

调用【3Drotate】命令的方法如下：

> 菜单栏：执行【修改】/【三维操作】/【三维旋转】命令
>
> 工具栏：单击【建模】工具栏中的【三维旋转】按钮 ⊕
>
> 命令行：3Drotate

执行上述命令之一后，选择要旋转的对象，则出现三维旋转小控件，如图 9-47 所示，在命令行中根据提示进行操作即可。

三维旋转小控件 ——

图 9-47　三维旋转小控件

命令: 3Drotate↵   (执行三维旋转命令)

UCS 当前的正角方向：ANGDIR=逆时针   ANGBASE=0

选择对象: (选择要旋转的对象)

选择对象:↵   (继续选择其他对象或按回车键确认选择)

指定基点: (设置旋转的中心点)

拾取旋转轴: (在三维旋转小控件上指定旋转轴。轴轨迹变为黄色时单击它，即表示它为旋
　　　转轨迹)

指定角的起点或键入角度: (通过单击鼠标指定旋转的起点，也可以输入角度值)

指定角的端点: (移动光标绕指定轴旋转对象，然后单击结束旋转)

如图 9-48 所示为使用 3Drotate 命令旋转对象的过程。

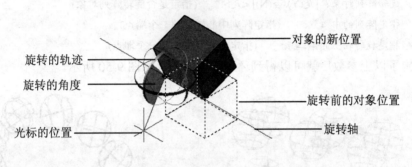

图 9-48   旋转过程

9.6.3   三维阵列(3Darray)

在 AutoCAD 的三维空间内，用户可以使用三维阵列命令来创建指定对象的三维阵列。
同二维阵列一样，三维阵列也有矩形阵列和环形阵列两种形式。

调用【三维阵列】命令的方法如下：

> 菜单栏：执行【修改】/【三维操作】/【三维阵列】命令
> 工具栏：单击【建模】工具栏中的【三维阵列】按钮
> 命令行：3Darray(简写为 3a)

命令行提示与操作如下：

命令: 3Darray↵   (执行三维阵列命令)

正在初始化... 已加载 3Darray。

选择对象: (选择要阵列的对象)

选择对象: ↵   (确认选择操作)

输入阵列类型 [矩形(R)/环形(P)]<矩形>:   (选择阵列类型)

在该提示下，用户有两种选择：一是矩形阵列，二是环形阵列。如果用户选择"矩形
(R)"选项，将创建一个三维矩形阵列，系统将提示用户指定阵列在 X、Y 和 Z 轴方向的数
目和间距，依次确定矩形阵列的行数、列数、层数、行间距、列间距和层间距。命令行提
示与操作如下：

输入行数(---)<1>:   (确定阵列的行数)

输入列数(Ⅲ)<1>:　　(确定阵列的列数)

输入层数(...)<1>:　　(输入层数，即在 Z 轴方向上的排列数)

指定行间距(---):　　(输入行间距，确定对象在 X 轴向上的间距)

指定列间距(Ⅲ):　　(输入列间距，确定对象在 Y 轴向上的间距)

指定层间距 (...):　　(输入层间距，确定对象在 Z 轴向上的间距)

确定了以上参数后就可以得到矩形阵列效果，如图 9-49 所示。

如果用户选择"环形(P)"选项，将创建一个三维环形阵列。此时系统首先提示用户指定阵列中项目的数目，以及这些项目将填充的角度。命令行提示与操作如下：

输入阵列中的项目数目:　　(输入阵列的实体数量)

指定要填充的角度(+=逆时针，-=顺时针)<360>:　　(指定阵列的角度范围)

旋转阵列对象? [是(Y)/否(N)] <是>:　　(指定是否旋转阵列对象)

指定阵列的中心点:　　(指定阵列中心轴线的一个端点)

指定旋转轴上的第二点:　　(指定中心轴线的另一个端点)

确定了以上参数后就可以得到环形阵列效果，如图 9-50 所示。

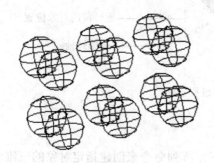 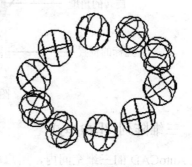

图 9-49　三维矩形阵列　　　　　图 9-50　三维环形阵列

在二维阵列中，环形阵列绕着一个中心点进行；而在三维阵列中，环形阵列则是绕着一条指定的轴进行的。另外，也可以使用二维阵列 Array 命令对三维对象进行阵列，但只能在一个平面内进行阵列，不能创建层数。

9.6.4　三维镜像(Mirror3d)

在 AutoCAD 的三维空间内，用户可以使用三维镜像命令沿指定的镜像平面来创建指定对象的空间镜像。

调用【三维镜像】命令的方法如下：

菜单栏：执行【修改】/【三维操作】/【三维镜像】命令

命令行：Mirror3d

命令行提示与操作如下：

命令: Mirror3d↵　　(执行三维镜像命令)

选择对象:　　(选择要镜像的对象)

选择对象:↵　　(继续选择其他对象或按下回车键确认)

指定镜像平面(三点)的第一个点或[对象(O)/最近的(L)/Z 轴(Z)/视图(V)/XY 平面(XY)/YZ 平面(YZ)/ZX 平面(ZX)/三点(3)] <三点>:　　　(指定镜像平面的一点)

在镜像平面上指定第二点:　　(指定镜像平面的第二点)

在镜像平面上指定第三点:　　(指定镜像平面的第三点, 由指定的三点确定一个平面作为镜像平面)

是否删除源对象? [是(Y)/否(N)] <否>:　　(确定是否删除源对象, 不删除的话则为镜像复制)

【选项说明】

(1) 对象(O)：选择该项, 使用指定的平面对象作为镜像平面。

(2) 最近的(L)：选择该项, 使用最后定义的镜像平面进行镜像处理。

(3) Z 轴(Z)：选择该项, 将根据平面上的一个点和平面法线上的一个点来定义镜像平面。

(4) 视图(V)：选择该项, 使用与当前视图平面平行的面作为镜像平面。

(5) XY 平面(XY)：选择该项, 使用通过指定点并与 XY 平面平行的面作为镜像平面。

(6) YZ 平面(YZ)：选择该项, 使用通过指定点并与 YZ 平面平行的面作为镜像平面。

(7) ZX 平面(ZX)：选择该项, 使用通过指定点并与 ZX 平面平行的面作为镜像平面。

(8) 三点(3)：选择该项, 通过指定的三个点来定义镜像平面。

例 9-12　创建一个楔体并将其进行三维镜像复制。

本例主要练习三维镜像操作, 对对象的尺寸与位置没有具体要求。具体操作步骤如下：

(1) 改变视图。单击菜单栏中的【视图】/【三维视图】/【东南等轴测】命令, 将视图转换为东南等轴测视图。

(2) 任意创建一个楔体, 如图 9-51 所示。

(3) 进行三维镜像操作。

命令: Mirror3d↵　　(执行三维镜像命令)

选择对象:↵ 拾取楔体　　(选择镜像对象)

选择对象:↵　(确认选择)

指定镜像平面(三点)的第一个点或[对象(O)/最近的(L)/Z 轴(Z)/视图(V)/XY 平面(XY)/YZ 平面(YZ)/ZX 平面(ZX)/三点(3)] <三点>: Z↵　　(选择 Z 轴确定镜像平面)

在镜像平面上指定点: 捕捉楔体右下角的端点

在镜像平面的 Z 轴 (法向) 上指定点: 捕捉楔体左下角的端点

是否删除源对象? [是(Y)/否(N)] <否>:↵　　(不删除源对象)

镜像楔体后的效果如图 9-52 所示。

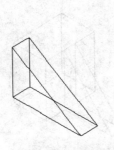

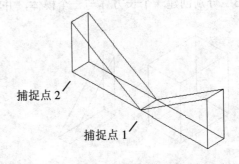

捕捉点 2

捕捉点 1

图 9-51　创建的楔体　　　　　　　 图 9-52　镜像后的楔体

9.6.5　对齐(Align)

在 AutoCAD 的三维空间内，用户可以使用对齐命令将指定的对象平移、旋转或按比例缩放，从而使其与目标对象对齐，如图 9-53 所示。

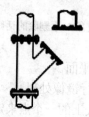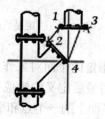

图 9-53　对齐操作的示意

调用【对齐】命令的方法如下：

菜单栏：执行【修改】/【三维操作】/【对齐】命令

命令行：Align(简写为 al)

命令行提示与操作如下：

命令：Align↵　　　　(执行对齐命令)

选择对象：　　　(选择要对齐的对象)

选择对象:↵　　　(继续选择其他对象，或按回车键确认选择)

指定第一个源点：　　　(指定源对象上的第一个点，这时要打开捕捉)

指定第一个目标点：　　　(指定目标对象上的第一个点)

指定第二个源点：　　　(指定源对象上的第二个点)

指定第二个目标点：　　　(指定目标对象上的第二个点)

指定第三个源点或 <继续>:↵　　　(按回车键结束，否则可以继续指定第三个点)

是否基于对齐点缩放对象？[是(Y)/否(N)] <否>:↵　　　(选择是否缩放对象)

【选项说明】

(1) 源对象指的是要对齐的对象，目标对象指的是作为对齐标准的图形实体。

(2) 系统最多允许用户指定三对对应点。如果只选取一对对应点，相当于执行了移动(Move)命令；选取两对对应点时，相当于执行了移动(Move)和缩放(Scale)命令；选取三对对应点时，相当于执行了移动(Move)和三维旋转(Rotate3D)命令。

例 9-13　分别创建一个长方体与一个楔体，并将楔体与长方体对齐，如图 9-54 所示。

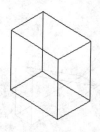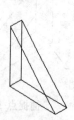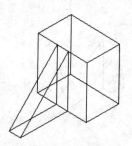

图 9-54　对齐前、后的效果

本例中在对齐楔体时进行了三维旋转，所以操作时应选取三对对应点。具体操作步骤如下：

(1) 改变视图。单击菜单栏中的【视图】/【三维视图】/【东南等轴测】命令，将视图转换为东南等轴测视图。

(2) 创建一个长方体与一个楔体。

(3) 进行对齐操作。

　　命令:Align↵　　(执行对齐命令)

　　选择对象: 拾取楔体　　(指定源对象)

　　选择对象:↵　　(确认选择)

　　指定第一个源点: 捕捉楔体底面宽边的中点

　　指定第一个目标点: 捕捉长方体底面长边的中点，如图 9-55 所示

　　指定第二个源点: 捕捉楔体侧面宽边的中点

　　指定第二个目标点: 捕捉长方体侧面长边的中点，如图 9-56 所示

　　指定第三个源点或 <继续>: 捕捉楔体底面宽边的端点

　　指定第三个目标点: 捕捉长方体底面长边的端点，如图 9-57 所示

对齐后的楔体与长方体如图 9-58 所示。

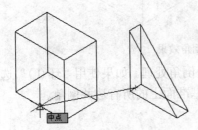

图 9-55　捕捉选取第一对对应点

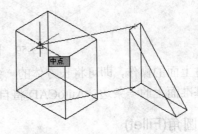

图 9-56　捕捉选取第二对对应点

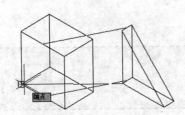

图 9-57　捕捉选取第三对对应点

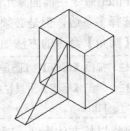

图 9-58　对齐后的楔体与长方体

9.6.6　倒角(Chamfer)

倒角(Chamfer)命令用于对所选的实体对象的边进行倒直角处理。如果要对网格对象进行倒角，则必须先将其转换为实体或曲面对象，然后才能完成此操作。

调用【倒角】命令的方法如下：

> 菜单栏：执行【修改】/【倒角】命令
>
> 工具栏：单击【修改】工具栏中的【倒角】按钮
>
> 命令行：Chamfer

　　前面已经介绍过倒角命令，这里仅介绍如何对三维实体对象进行倒角操作。如图 9-59 所示，对一个长方体的顶面进行倒角处理。具体操作步骤如下：

　　　　命令：Chamfer↵　　　（执行倒角命令）

　　　　（"修剪"模式)当前倒角距离 1=2.000，距离 2=2.000

　　　　选择第一条直线或 [放弃(U)多段线(P)/距离(D)/角度(A)/修剪(T)/方式(M)/多个(U)]：选择长方体的一条边　　　（AutoCAD 亮显其中的一个面并继续提示）

　　　　基面选择…

　　　　输入曲面选择选项 [下一个(N)/当前(OK)] <当前(OK)>：↵　　　（使用当前亮显的面作为基面）

　　　　指定基面的倒角距离<2.0000>: 30↵

　　　　指定其他曲面的倒角距离<2.0000>: 15↵

　　　　选择边或 [环(L)]：选择要倒角的边

　　　　选择边或 [环(L)]：↵　　　（完成一条边的倒角）

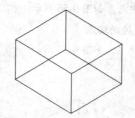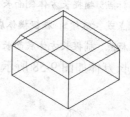

图 9-59　长方体的倒角效果

　　通过上面的操作，即可将长方体的一条边进行倒角处理。如果使用"环(L)"选项，只要选择基准面上的一条边，AutoCAD 将自动选中基准面上的所有边并倒角。

9.6.7　圆角(Fillet)

　　圆角(Fillet)命令在前面章节已经介绍过，它同样可以对三维实体的边进行圆角处理，并且可以选择多条边，但是必须分别选择这些边。

　　调用【圆角】命令的方法如下：

　　　　菜单栏：执行【修改】/【圆角】命令

　　　　工具栏：单击【修改】工具栏中的【圆角】按钮⌒

　　　　命令行：Fillet

　　下面仍然以长方体为例，对其垂直的四条边进行圆角处理，如图 9-60 所示。

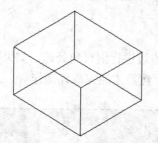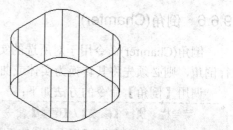

图 9-60　长方体的圆角效果

具体操作步骤如下：

　　命令：Fillet↵　　(执行圆角命令)

　　当前设置：模式 = 当前值，半径 = 当前值

　　选择第一个对象或 [放弃(U)多段线(P)/半径(R)/修剪(T)/多个(M)]：选择长方体的一条垂直边

　　输入圆角半径<10.0000>: 25↵　　(确定圆角半径)

　　选择边或 [链(C)/半径(R)]：选择长方体的第二条垂直边

　　选择边或 [链(C)/半径(R)]：选择长方体的第三条垂直边

　　选择边或 [链(C)/半径(R)]：选择长方体的第四条垂直边

　　选择边或 [链(C)/半径(R)]：↵　　(四条边同时进行圆角处理)

9.6.8　剖切(Slice)

剖切(Slice)命令用于切开实体，然后移去指定部分并生成新的实体。如果需要，可以保留切割实体的所有部分或指定的部分。切割后的实体保留原实体的图层和颜色特性。

调用【剖切】命令的方法如下：

> 菜单栏：执行【修改】/【三维操作】/【剖切】命令
> 命令行：Slice

命令行提示与操作如下：

　　命令：Slice↵　　(执行剖切命令)

　　选择要剖切的对象：　　(选择要剖切的对象)

　　选择要剖切的对象：　　(继续选择其他对象，或按回车键确认选择)

　　指定切面的起点或 [平面对象(O)/曲面(S)/Z 轴(Z)/视图(V)/XY(XY)/YZ(YZ)/ZX(ZX)/三点(3)]

<三点>：

【选项说明】

(1) 平面对象(O)：选择该项，使用指定的平面对象作为剖切面。

(2) 曲面(S)：选择该项，将剖切平面与曲面对齐。

(3) Z 轴(Z)：选择该项，通过平面上指定一点和在平面的 Z 轴(法向)上指定另一点来定义剖切面。

(4) 视图(V)：选择该项，以平行于当前视图的平面作为剖切面。

(5) XY(XY)/YZ(YZ)/ZX(ZX)：选择该项，将剖切面与当前 UCS 的 XY/YZ/ ZX 平面对齐。

(6) 三点(3)：选择该项，通过指定的三个点来定义剖切面。

例 9-14　将如图 9-61 所示的实体对象进行切割。

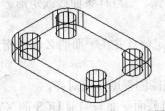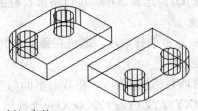

图 9-61　剖切实体

要完成本例，首先要创建一个实体模型，然后使用剖切(Slice)命令进行分割。具体操作步骤如下：

　　命令: Slice↙　　(执行剖切命令)

　　选择要剖切的对象: 拾取实体　　(选择要剖切的对象)

　　选择要剖切的对象:↙　(确认选择)

　　指定切面的起点或[平面对象(O)/曲面(S)/Z轴(Z)/视图(V)/XY(XY)/YZ(YZ)/ZX(ZX)/三点(3)] <三点>:↙　(通过三点确定剖切面)

　　指定平面上的第一个点: 拾取实体一条长边的中点

　　指定平面上的第二个点: 拾取实体另一条长边的中点

　　指定平面上的第三个点: 拾取实体第三条长边的中点

　　在所需的侧面上指定点或 [保留两个侧面(B)] <保留两个侧面>:↙　　(剖切后的两部分都保留)

9.6.9　截面(Section)

截面(Section)命令用于创建一个或多个实体的截面。截面用一个或多个面域来表示。AutoCAD 在当前层上创建面域并把它们插入到切割截面的位置。如果需要，可以使用移动(Move)命令来移动切割截面。如图 9-62 所示为使用 Section 命令创建的截面。

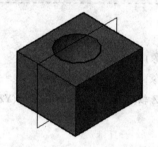

图 9-62　生成的截面模型

截面(Section)命令只能通过命令行来实现，具体操作如下：

　　命令: Section↙　　(执行截面命令)

　　选择对象:　　(选择要切割截面的对象)

　　选择对象:　　(继续选择其他对象，或按回车键确认选择)

　　指定截面上的第一个点，依照 [对象(O)/Z 轴(Z)/视图(V)/XY(XY)/YZ(YZ)/ZX(ZX)/三点(3)]<三点>:　　(选择一种截面方式)

【选项说明】

(1) 三点 (3)：该项为默认选项，通过三个点来定义一个截面平面。

(2) 对象 (O)：选择该项，可以将圆、椭圆、圆弧、二维样条曲线或矩形等定义为截面平面。

(3) Z 轴 (Z)：选择该项，通过在截面平面上指定一点并在平面的 Z 轴上指定另一点来定义截面平面。

(4) 视图 (V)：选择该项，将截面平面与当前视图的视图平面对齐。

(5) XY (XY) / YZ (YZ) / ZX (ZX)：选择该项，将截面平面与当前 UCS 的 XY/YZ/ZX 平面对齐。

9.7　本 章 习 题

1. 在 AutoCAD 中，有哪几种三维坐标形式？
2. 在 AutoCAD 中，如何使用三维导航工具观察图形？
3. 在 AutoCAD 中，三维模型有哪几种，它们之间的区别是什么？
4. 创建一个齿轮实体模型(不限尺寸)，如题图 9-1 所示。

题图 9-1

5. 如题图 9-2 所示，根据平面图创建三维实体图，厚度为 20。

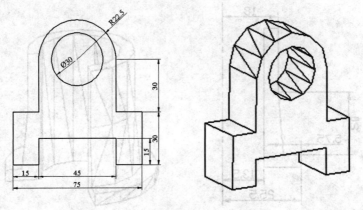

题图 9-2

6. 如题图 9-3 所示，根据三个视图创建三维实体图。

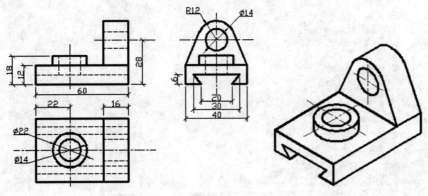

题图 9-3

7. 如题图 9-4 所示，根据三个视图创建三维实体图。

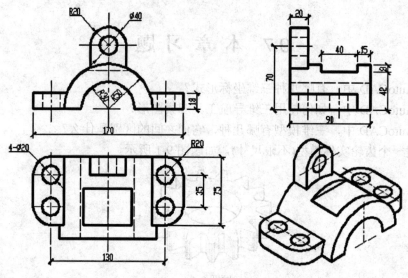

题图 9-4

8．如题图 9-5 所示，通过旋转创建实体。

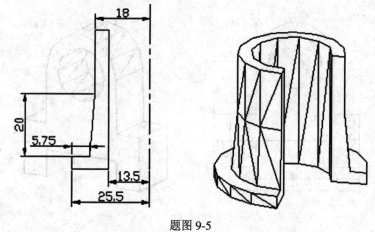

题图 9-5

中文版 AutoCAD 2010 基础教程

第 10 章　图形输出与打印

◎本章主要内容◎

- 图形布局
- 打印设置
- 本章习题

　　工程绘图的最终结果往往以图纸的形式来表达，所以图形的输出与打印是绘图过程中的最后一个环节，也是非常重要的一步。AutoCAD 提供了强大的输出功能，不但可以将图形文件输出到其他程序文档中，还可以通过打印机打印出来。

　　本章将介绍图形输出与打印的相关知识，包括模型空间、图纸空间与布局、打印机的设置、页面设置等，让用户学会如何打印一份完美的 CAD 图。

10.1　图　形　布　局

　　在 AutoCAD 中可以创建多种布局，每一个布局代表一张单独的打印输出的图纸。创建新布局以后还可以在布局中创建浮动视口。视口中的各个视图可以使用不同的打印比例。

10.1.1　模型空间和图纸空间

　　前面各个章节中所有的内容都是在模型空间中进行操作的。模型空间是一个三维坐标空间，主要用于几何模型的构建。在模型空间中，用户可以不考虑图形界限的范围，而只关心绘制图形的正确与否。

　　为了使用户在绘图过程中观察和绘图更加方便，可以在模型空间中打开多个视口。单击菜单栏中的【视图】/【视口】命令，在弹出的子菜单中选择相应的命令，就可以打开多个视口，如图 10-1 所示。

　　打开多个视口后，如果用户需要改变某一个视口的观察方向，必须先选择该视口使其成为当前视口，然后单击菜单栏中的【视图】/【三维视图】命令，在弹出的子菜单中选择相应的命令，从而改变观察方向，如图 10-2 所示。

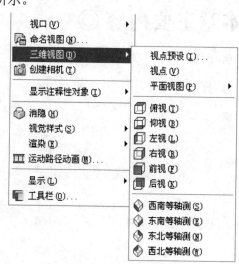

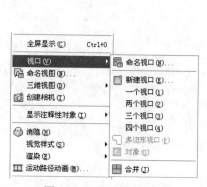

图 10-1　【视口】子菜单　　　　　　　　图 10-2　【三维视图】子菜单

　　在模型空间下，打开的每一个视口都可以分别定义不同的观察方向，但是不论改变哪一个视口中的实体对象，其他视口中的对象都会随之发生相应的改变。如图 10-3 所示为在模型空间中以三个视口观察图形。

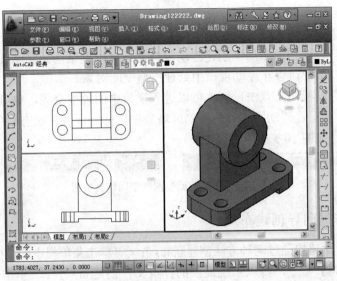

图 10-3　在模型空间中以三个视口观察图形

如果要将图形打印输出，则需要在图纸空间中完成。图纸空间就像一张图纸，打印之前可以在上面排列图形。图纸空间用于创建最终的打印布局，而不用于绘图或设计工作。在 AutoCAD 中，图纸空间是以布局的形式来使用的。一个图形文件可以包含多个布局，每个布局代表一张单独的打印输出图纸。

虽然在图纸空间中也允许使用多个视口，但是它与模型空间下使用的多个视口有本质的区别。模型空间下的多个视口是为绘制、观察图形提供方便的，而图纸空间下的多个视口是为合理布局图纸提供方便的，如图 10-4 所示。

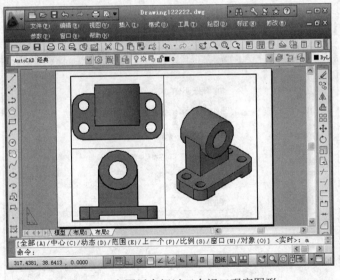

图 10-4　在图纸空间以三个视口观察图形

10.1.2　模型空间和图纸空间的切换

在绘图窗口底部选择【布局】选项卡，可以查看相应的布局，还可以进入相应的图纸空间环境。

　　在图纸空间中，用户可随时选择【模型】选项卡(或在命令行窗口中输入"Model")返回模型空间，也可以在当前布局中创建浮动视口来访问模型空间。浮动视口相当于模型空间中的视图对象，用户可以在浮动视口中处理模型空间对象。

　　在布局中的浮动视口上双击鼠标，可以进入视口中的模型空间，也可以在状态栏中单击 模型 按钮进入；如果在浮动视口外的布局区域双击鼠标，或者在状态栏中单击 图纸 按钮，则回到图纸空间，如图 10-5 所示。

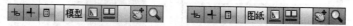

图 10-5　模型空间与图纸空间切换按钮

10.1.3　使用布局向导创建布局

　　在 AutoCAD 中可以通过两种方法创建新布局：① 单击菜单栏中的【插入】/【布局】/【来自样板的布局】命令，将以系统提供的样板文件创建布局；② 单击菜单栏中的【插入】/【布局】/【新建布局】命令，将以默认的打印设备创建布局。

　　除此以外，还可以使用布局向导创建布局。它引导用户一步一步地创建一个新的布局，每个向导页面都将提示用户为正在创建的布局指定相关的参数。

　　创建布局时，可以通过以下方法调用布局向导：

　　菜单栏(1)：执行【工具】/【向导】/【创建布局】命令
　　菜单栏(2)：执行【插入】/【布局】/【创建布局向导】命令
　　命令行：Layoutwizard

　　使用布局向导创建布局的具体步骤如下：

　　(1) 执行上述命令之一后，将弹出【创建布局-开始】对话框，如图 10-6 所示。在【输入新布局的名称】文本框中输入新布局的名称，如"零件图"。

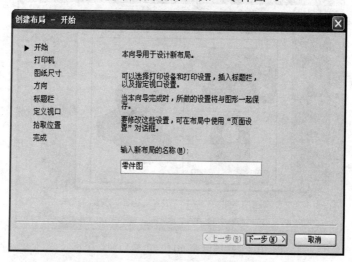

图 10-6　【创建布局-开始】对话框

　　(2) 单击 下一步(N) 按钮，则进入【创建布局-打印机】对话框，在这里选择已匹配的打印机，如图 10-7 所示。

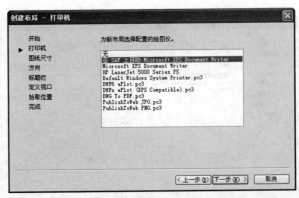

图 10-7 【创建布局-打印机】对话框

(3) 单击 下一步(N)> 按钮，则进入【创建布局-图纸尺寸】对话框。在这里可以选择打印图纸的尺寸，可用图纸尺寸是由上一步中选择的打印设备决定的，另外还可以选择图形单位，如图 10-8 所示。

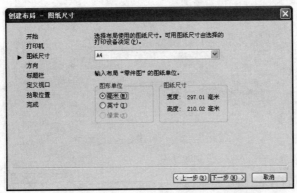

图 10-8 【创建布局-图纸尺寸】对话框

(4) 单击 下一步(N)> 按钮，则进入【创建布局-方向】对话框。在这里设置打印方向，可以横向打印也可以纵向打印，如图 10-9 所示。

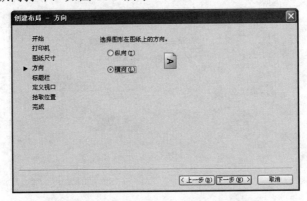

图 10-9 【创建布局-方向】对话框

(5) 单击 下一步(N)> 按钮，则进入【创建布局-标题栏】对话框。该对话框左侧列出了可用的图纸边框和标题栏样式，右侧是效果预览，在【类型】选项区中可以指定所选标题栏文件的插入方式，如图 10-10 所示。

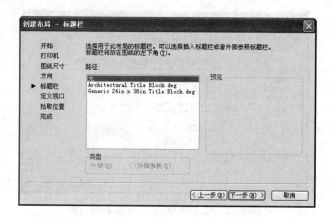

图 10-10　【创建布局-标题栏】对话框

　　(6) 单击 下一步(N) > 按钮，则进入【创建布局-定义视口】对话框，在这里用户可以指定视口的形式和比例，如图 10-11 所示。

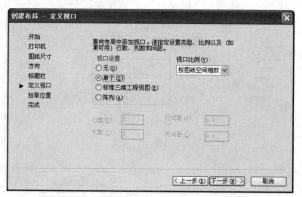

图 10-11　【创建布局-定义视口】对话框

　　(7) 单击 下一步(N) > 按钮，则进入【创建布局-拾取位置】对话框，在该对话框中可以指定视口在图纸空间中的位置，如图 10-12 所示。

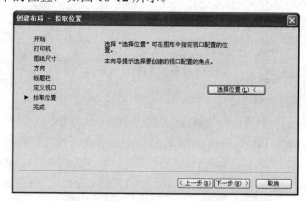

图 10-12　【创建布局-拾取位置】对话框

　　(8) 在该对话框中单击 选择位置(L) < 按钮，则关闭该对话框并返回绘图窗口。这时拖动鼠标可以指定视口配置的大小和位置，同时返回【创建布局-完成】对话框，如图 10-13 所示。

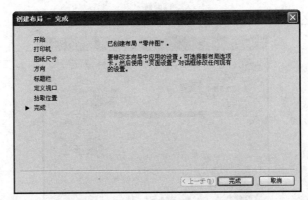

图 10-13　【创建布局-完成】对话框

(9) 单击 ▭完成▭ 按钮，结束向导命令，并根据以上设置创建了新布局，如图 10-14 所示。

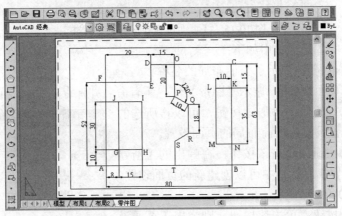

图 10-14　创建的新布局

　　　　　创建了新布局以后，在绘图窗口的下方会出现一个新的选项卡，并且以新布局的名称命名。在选项卡上单击鼠标右键，可以弹出一个快捷菜单，使用该菜单命令可以删除、新建、移动、重命名或复制布局。

10.1.4　布局的页面设置

　　页面设置是随布局一起保存的。它可以对打印设备和影响最终输出的外观与格式进行设置，并且能够将这些设置应用到其他的布局当中。

　　在绘图过程中首次选择【布局】选项卡时，将显示单一视口，并以带有边界的表来标识当前配置的打印机的纸张大小和图纸的可打印区域。

　　页面设置中指定的各种参数和布局将随图形文件一起保存，用户随时可以通过【页面设置管理器】对话框修改其中的参数。

　　调用【页面设置管理器】命令的方法如下：

> 菜单栏：执行【文件】/【页面设置管理器】命令
>
> 工具栏：单击【布局】工具栏中的【页面设置管理器】按钮 ▤
>
> 命令行：Pagesetup

执行上述命令之一后，将弹出【页面设置管理器】对话框，如图 10-15 所示。

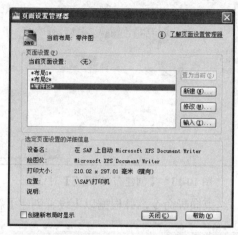

图 10-15　【页面设置管理器】对话框

该对话框中的各选项作用如下：

❖ 【当前布局】：显示了当前布局的名称。

❖ 【当前页面设置】：显示了图形文件中所有命名并保存的页面设置。

❖ 置为当前(S) 按钮：单击该按钮，可以将所选的
页面设置设置为当前布局的页面设置。

❖ 新建(N)... 按钮：单击该按钮，在弹出的【新建
页面设置】对话框中可以创建新的页面设置，
如图 10-16 所示。

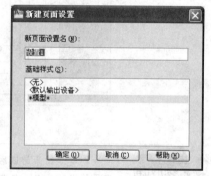

❖ 修改(M)... 按钮：单击该按钮，则弹出【页面设
置】对话框，可以设置详细的打印选项。稍
后详细介绍该对话框中的选项。

❖ 输入(I)... 按钮：单击该按钮，可以将外部文件
的页面设置导入到当前的图形文件中。

图 10-16　【新建页面设置】对话框

下面重点介绍【页面设置】对话框中的选项，如图 10-17 所示。

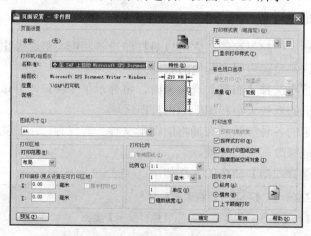

图 10-17　【页面设置】对话框

(1)　【打印机/绘图仪】选项区：用于选择和配置需要使用的打印设备。

❖　【名称】：在该下拉列表中可以选择当前配置的打印机。

❖　 特性(R) 按钮：单击该按钮，将弹出【绘图仪配置编辑器】对话框，从中可以查看或修改当前绘图仪的配置、端口、设备和文档设置，如图 10-18 所示。

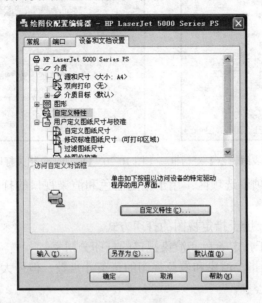

图 10-18　【绘图仪配置编辑器】对话框

(2)　【图纸尺寸】选项区：用于选择当前打印设备可用的标准图纸尺寸。如果没有选定打印机，将显示全部标准图纸尺寸。

(3)　【打印区域】选项区：用于指定要打印的区域。在【打印范围】下拉列表中提供了四种打印区域。

❖　布局：打印指定图纸尺寸的可打印区域内的所有内容，原点为布局中的(0,0)点。

❖　窗口：打印用户指定区域内的图形。选择"窗口"选项，将返回绘图窗口，等待用户指定打印区域。

❖　范围：打印当前空间中的所有几何图形。

❖　显示：打印【模型】选项卡的当前视口中的视图。

(4)　【打印偏移】选项区：用于指定相对于可打印区域左下角的偏移量。如果选择了【居中打印】选项，则自动计算偏移值以便居中打印。

(5)　【打印比例】选项区：用于选择或定义打印单位(英寸或毫米)与图形单位之间的比例关系。如果选择了【缩放线宽】选项，则线宽的缩放比例与打印比例成正比。

(6)　【打印样式表】选项区：用于指定当前赋予布局或视口的打印样式表。

❖　当在下拉列表中选择一种样式后，单击右侧的 按钮，可以打开【打印样式表编辑器】对话框，查看和修改打印样式，如图 10-19 所示。

❖　当在下拉列表中选择"新建"选项时，将打开【添加颜色相关打印样式表】向导对话框，用于创建新的打印样式表，如图 10-20 所示。

❖　选择【显示打印样式】选项，将在布局中显示打印样式。

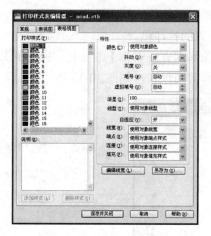 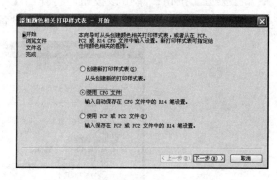

图 10-19　【打印样式表编辑器】对话框　图 10-20　【添加颜色相关打印样式表】向导对话框

（7）【着色视口选项】选项区：用于指定着色和渲染视口的打印方式，并确定它们的分辨率大小。

❖ 【着色打印】：用于指定视图的打印方式。

❖ 【质量】：用于指定着色和渲染视口的打印分辨率。

❖ 【DPI】：用于指定渲染和着色视图的每英寸点数，但最大不能超过当前打印设备的最大分辨率。

（8）【打印选项】选项区：用于设置打印选项，如打印线宽、打印样式、打印几何图形次序等。

❖ 【打印对象线宽】：选择该项，将打印对象与图层的线宽。

❖ 【按样式打印】：选择该项，将按照对象使用的样式以及打印样式表中定义的打印样式进行打印。

❖ 【最后打印图纸空间】：选择该项，先打印模型空间的几何图形，再打印图纸空间的几何图形。

❖ 【隐藏图纸空间对象】：选择该项，不打印在布局环境（图纸空间）中对象的消隐线，只打印消隐后的效果。

（9）【图形方向】选项区：用于指定图形是横向打印还是纵向打印。

❖ 【纵向】：选择该项，将使图形的顶部出现在图纸的短边，即纵向打印。

❖ 【横向】：选择该项，将使图形的顶部出现在图纸的长边，即横向打印。

❖ 【上下颠倒打印】：选择该项，无论使用哪一种图形方向都进行颠倒打印，即得到与设置相反的打印效果。

10.2　打　印　设　置

在 AutoCAD 中不但可以直接打印图形文件，还可以将文件的一个视图以及用户自定义的一部分打印出来。在打印图形之前，通常要完成一些设置，同时也要确保打印机安装无误，或者绘图仪能够正常使用。

10.2.1　打印设备的设置

在输出图形之前，需要添加和配置打印设备。最常见的打印设备有打印机和绘图仪。AutoCAD 中的绘图仪管理器用于配置本地或网络的非系统打印机及 Windows 系统打印机。

调用【绘图仪管理器】的方法如下：

> 菜单栏：执行【文件】/【绘图仪管理器】命令
>
> 命令行：Plottermanager

执行上述命令之一后，AutoCAD 将打开一个"Plotters"窗口，这个窗口就是绘图仪管理器，如图 10-21 所示。

图 10-21　绘图仪管理器窗口

如果要添加新的绘图仪或打印机，可以双击"添加绘图仪向导"图标，打开【添加绘图仪】向导对话框，如图 10-22 所示，按照向导的提示可以逐步完成添加。

如果双击了绘图仪配置图标，例如"DWG to PDF"图标，则打开【绘图仪配置编辑器】对话框，如图 10-23 所示，在这里可以对绘图仪进行相关设置。

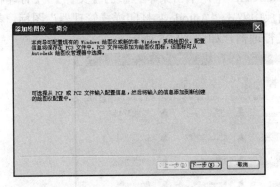

图 10-22　【添加绘图仪】向导对话框

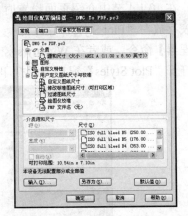

图 10-23　【绘图仪配置编辑器】对话框

多讲几句

安装了 AutoCAD 以后，在 Windows 的控制面板中将出现"Autodesk 打印样式管理器"和"Autodesk 绘图仪管理器"两个图标，双击它们也可以打开相应的管理器窗口。

10.2.2　打印预览

　　和 Word 一样，在 AutoCAD 中打印一个图形文件之前应进行打印预览，以检查要打印的图形文件是否满足要求，是否存在误差等。如果存在某些不足，可以直接在 AutoCAD 中修改，修改完后再打印，这样就可以避免打印出来的图纸存在某些偏差或不足。

　　单击菜单栏中的【文件】/【打印预览】命令，AutoCAD 将按照当前的页面设置、绘图设备设置及绘图样式表等在屏幕上显示最终要输出的图纸，如图 10-24 所示。

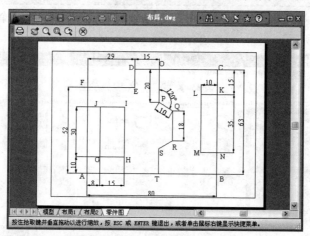

图 10-24　图形的打印预览

　　在预览窗口中，光标变成了带有加号和减号的放大镜，向上拖动光标可以放大图像，向下拖动光标可以缩小图像。要结束预览操作，可以直接按 Esc 键。

10.2.3　打印样式表

　　在 10.1.4 节中介绍页面设置时，需要选择"打印样式表"，实际上 AutoCAD 的打印样式表存放在"Plot Styles"窗口中。在 AutoCAD 中，单击菜单栏中的【文件】/【打印样式管理器】命令，或者在 Windows 控制面板中双击"Autodesk 打印样式管理器"图标，都可以打开"Plot Styles"窗口，即打印样式管理器，如图 10-25 所示。

图 10-25　打印样式管理器

　　如果用户要创建自己的打印样式表，可以在"Plot Styles"窗口中双击"添加打印样式表向导"图标，也可以在 AutoCAD 中单击菜单栏中的【工具】/【向导】/【添加打印样式表】命令，都将弹出【添加打印样式表】对话框，如图 10-26 所示。

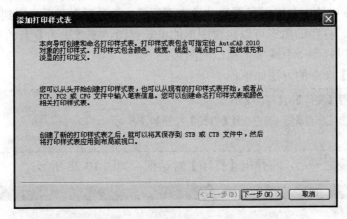

图 10-26　【添加打印样式表】对话框

在该向导对话框的提示下，通过单击 下一步(N) > 按钮，并设置每一步的参数选项，就可以向 "Plot Styles"窗口中添加新的打印样式表，例如添加一个名称为 "mystyle"的打印样式表。

添加了新的打印样式表之后，在【页面设置】对话框中就可以使用新建的打印样式表了。如图 10-27 所示，"mystyle"打印样式表将出现在【打印样式表】下拉列表中。

图 10-27　使用自建的打印样式表

打印样式表是一系列颜色、抖动、灰度、笔号、淡显、线型、线宽、端点样式、连接样式和填充样式的设置。所有的对象和图层都具有打印样式，使用打印样式能够改变图形中对象的打印效果。

10.2.4　打印

在 AutoCAD 中绘制与编辑了图形并检查无误后，通常要将图形打印到图纸上，或者生成一份电子图纸。打印的图形可以包含图形的单一视图，或者更为复杂的视图排列。根据不同的需要，可以打印一个或多个视口的图形。

调用【打印】命令的方法如下：

> 菜单栏：执行【文件】/【打印】命令
> 工具栏：单击【标准】工具栏中的【打印】按钮
> 命令行：Plot

执行上述命令之一后，将弹出【打印】对话框，如图 10-28 所示。

图 10-28　【打印】对话框

【打印】对话框中的内容与【页面设置】对话框中的内容基本相同，此外还可以设置以下选项：

- ❖　【名称】：在【页面设置】选项区的【名称】下拉列表中可以选择打印设置。
- ❖　 添加(O)... 按钮：单击该按钮，将打开【添加页面设置】对话框，如图 10-29 所示，可以从中添加新的页面设置。
- ❖　【打印到文件】：选择该项，系统会将打印图形输出到指定的文件而不是打印机，用户需要指定打印文件名和打印文件存储的路径。
- ❖　【打印份数】：用于设置每次打印图纸的份数。
- ❖　【后台打印】：选择该项，可以在后台打印图形。
- ❖　【打开打印戳记】：选择该项，可以在每个输出图形的某个角落上显示绘图标记以及生成日志文件。此时单击其右侧的 按钮，将打开【打印戳记】对话框，在该对话框中可以设置打印戳记字段，包括图形名、布局名称、日期和时间、打印比例、设备名及图纸尺寸等，如图 10-30 所示。

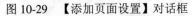

图 10-29　【添加页面设置】对话框　　　　　图 10-30　【打印戳记】对话框

❖　　【将修改保存到布局】：选择该项，可以将【打印】对话框中改变的设置保存到布局中。

以上各部分都设置完成以后，在【打印】对话框中单击 确定 按钮，则 AutoCAD 将开始输出图形并动态显示打印进度。如果图形输出时出现错误或者要中断输出，可以按 Esc 键，此时 AutoCAD 将结束图形输出操作。

10.3　本 章 习 题

1．模型空间与图纸空间的区别是什么？
2．如何使用布局向导创建新布局？
3．打印图形的主要过程有哪些？
4．打印图形时，一般需要设置哪些打印参数？
5．如何使用【打印】对话框设置打印环境？